EUL VERLAG

Reihe: Rechnungslegung und Wirtschaftsprüfung · Band 35

Herausgegeben von Prof. (em.) Dr. Dr. h. c. Jörg Baetge, Münster, Prof. Dr. Hans-Jürgen Kirsch, Münster, und Prof. Dr. Stefan Thiele, Wuppertal

Dr. Andreas Fischer

Entwicklung eines länderübergreifenden Bilanzratingmodells

Eine empirische Untersuchung anhand deutscher und italienischer Jahresabschlüsse

Mit einem Geleitwort von Prof. Dieter Kempf,
Vorstandsvorsitzender der DATEV eG sowie
Präsident des Bundesverbands Informationswirtschaft,
Telekommunikation und neue Medien (BITKOM)

EUL VERLAG

Bibliografische Information der Deutschen Nationalbibliothek

Die Deutsche Nationalbibliothek verzeichnet diese Publikation in der Deutschen Nationalbibliografie; detaillierte bibliografische Daten sind im Internet über <http://dnb.d-nb.de> abrufbar.

Dissertation, Westfälische Wilhelms-Universität Münster, 2011

D 6

ISBN 978-3-8441-0119-5
1. Auflage Januar 2012

JOSEF EUL VERLAG GmbH
Brandsberg 6
53797 Lohmar
Tel.: 0 22 05 / 90 10 6-6
Fax: 0 22 05 / 90 10 6-88
E-Mail: info@eul-verlag.de
http://www.eul-verlag.de

Bei der Herstellung unserer Bücher möchten wir die Umwelt schonen. Dieses Buch ist daher auf säurefreiem, 100% chlorfrei gebleichtem, alterungsbeständigem Papier nach DIN 6738 gedruckt.

Geleitwort

Bei der Diskussion unterschiedlicher Modelle der Bonitätsbeurteilung von Unternehmen wird immer wieder deutlich, wie schwierig dies angesichts der doch deutlichen Unterschiede der angewandten Rechnungslegungsgrundsätze bei den zugrundeliegenden Jahresabschlüssen ist. So zeigen sich bereits bei Jahresabschlüssen, die nach International Financial Reporting Standards (IFRS) aufgestellt sind, deutliche Unterschiede im Bilanzrating zu jenen Jahresabschlüssen, die nach den Regeln des Deutschen Handelsgesetzbuchs aufgestellt sind. Umso mehr gilt dies aber, wenn man versucht, das Bilanzrating von Jahresabschlüssen zu vergleichen, die nach jeweils nationalen Bilanzierungsregeln erstellt wurden. Gerade bei mittelständischen Unternehmen jedoch ist die Aufstellung von Jahresabschlüssen nach nationalen Bilanzierungsregeln deutlich häufiger anzutreffen als die Anwendung der IFRS. Die betroffenen Unternehmen, aber auch ihre Kreditgeber und ihre betriebswirtschaftlichen und steuerlichen Berater bedürfen deshalb eines länderübergreifenden Bilanzratingsystems, das es jedoch auch nach intensiver wissenschaftlicher Suche bisher nicht gibt. Die zunehmende Internationalisierung, auch von mittelständischen Unternehmen, ließ es angeraten erscheinen, dieses Thema im Rahmen einer Kooperation des Instituts für betriebswirtschaftliches Management (Prof. Dr. Jens Leker) an der Universität Münster und der DATEV eG, Nürnberg, wissenschaftlich aufarbeiten zu lassen.

Die Arbeit von Andreas Fischer stellt am Beispiel deutscher und italienischer Jahresabschlüsse dar, wie ein einheitliches Bilanzratingmodell entwickelt werden könnte. Dabei verwendet die Arbeit die Bilanzierungsregeln des HGB vor dem Bilanzrechtsmodernisierungsgesetz (BilMoG), da für die empirische Validierung noch zu wenig Jahresabschlüsse nach „neuem HGB“ vorliegen. Die Übertragung der Ergebnisse der Arbeit auf Jahresabschlüsse, die nach dem „neuen HGB“ erstellt sind, sollte jedoch keine zusätzlichen Schwierigkeiten aufwerfen, da durch das Bilanzrechtsmodernisierungsgesetz internationale Rechnungslegungs Eingang in das HGB gefunden haben.

Aus der Kombination wissenschaftlicher Vorgehensmodelle, die der Autor in einem umfangreichen theoretischen Teil der Arbeit darstellt, mit den empirischen Ergebnissen aus der Analyse des bereinigten Datenbestands von mehr als 3 Mio. Jahresabschlüssen von ca. 1 Mio. italienischen Unternehmen und nahezu 2,5 Mio Jahresabschlüssen von ca. 900.000 deutschen Unternehmen, zeigt der Autor auf, dass es möglich ist, ein gemeinsames Bilanzratingmodell für Deutschland und Italien darzustellen. Zudem zeigt die Arbeit, dass das internationale Modell eine vergleichbare Klassifikationsleistung wie die nationalen System erbringt. Es sollte damit also möglich sein, die gewonnenen Ergebnisse auch auf andere nationale Kombinationen zu übertragen.

Mit der vorliegenden Arbeit gelingt dem Autor nicht nur eine überzeugende wissenschaftliche Aufarbeitung des Themas, sondern auch eine intensive empirische Validierung der These, dass es auch bei unterschiedlichen nationalen Rechnungslegungssystemen hinreichend trennfähige Kennzahlen gibt, die ein vergleichendes Bilanzrating ermöglichen und damit eine sichere Grundlage für eine Bonitätsbeurteilung bieten. Die Arbeit leistet deshalb sowohl für die Wissenschaft als auch für die Praxis einen gleichermaßen wertvollen Beitrag.

Nürnberg, im Dezember 2011
Dieter Kempf

Vorwort des Verfassers

Die vorliegende Arbeit entstand während meiner Tätigkeit als wissenschaftlicher Mitarbeiter im Ratingteam von Prof. Dr. Jens Leker an der Westfälischen Wilhelms-Universität Münster. Sie wurde von der Wirtschaftswissenschaftlichen Fakultät im April 2011 als Dissertation angenommen.

Mein Dank für die wissenschaftliche Betreuung gilt meinem Doktorvater Prof. Dr. Jens Leker sowie meinem Zweitgutachter Prof. Dr. Hans-Jürgen Kirsch.

Für die vielen wertvollen Diskussionen und Hinweise möchte ich besonders meinem Vorgesetzten in der DATEV eG Dr. Harald Krehl, gleichermaßen Mentor und Freund, danken. Er war mir nicht nur in fachlicher, sondern auch in menschlicher Sicht Vorbild: Als Doktorand konnte ich mir keinen besseren Beistand wünschen.

Dank gebührt auch der DATEV eG, welche mich stets unterstützt und mir alle notwendigen Freiräume verschafft hat, um mein Dissertationsprojekt erfolgreich beenden zu können. Insbesondere möchte ich mich an dieser Stelle bei Herrn Prof. Dieter Kempf für die durch ihn erfahrene vorbildliche Unterstützung, die zahlreichen interessanten Gespräche sowie sein Vorwort in der vorliegenden Arbeit bedanken.

Auch meinen Kollegen am Institut für betriebswirtschaftliches Management am FB12 danke ich für Ihre Unterstützung und Freundschaft. Hervorzuheben sind mein Kollege Dipl.-Wirtschaftschemiker Martin Kirchner, der viel Geduld mit mir und meinen Telefonen hatte, Dipl-Kfm. Paul Markus Konrad für seine Unterstützung vor allem hinsichtlich statistischer Fragestellungen, Frau Dipl.-Kffr., Dipl.-Wirtschaftsingenieurin (FH) Nathalie Sick für Korrekturlesen, Geduld, moralische Unterstützung und regelmäßiger Versorgung mit dem besten Apfelkuchen der Welt, Dr. Uwe Kehrel für die zahlreichen fachlichen Diskussionen sowie seine wertvollen Hinweise zu wissenschaftlichen und persönlichen Fragestellungen.

Nicht vergessen möchte ich meine engsten Freunde Jörg Bußmann und M.Sc. Sven Scholz, welche mir jederzeit eine große Stütze waren. Neben der seelisch-moralischen Unterstützung, welche eine Dissertation wohl grundsätzlich erfordert, danke ich Jörg Bußmann noch für seine Hilfe hinsichtlich meiner Forschungsdatenbank, ohne die ich wohl noch heute promovieren würde.
Des Weiteren danke ich Herrn Dipl.-Inf. André Marx, Herrn B.A. David Sonius, Frau B.A. Stefanie Zuger und Herrn Christoph Thümmler für ihre vielfältige Unterstützung.

Zu guter Letzt gilt mein Dank meiner Familie. Herrn Bernd Jacobi danke ich für Korrekturlesen und stilistische Beratung. Insbesondere mein Vater Prof. Dr. Josef Fischer und meine Mutter Eva Jacobi waren mir während meiner gesamten Ausbildung und darüber hinaus stets eine große Hilfe: Ihnen ist die vorliegende Arbeit gewidmet.

Münster, im Dezember 2011
Andreas Fischer

Abbildungsverzeichnis

Tabellenverzeichnis

Abkürzungsverzeichnis

AfA	Absetzung für Abnutzung
AK- / HK-Prinzip	Anschaffungskosten- und Herstellungskostenprinzip
AktG	Aktiengesetz
AR	Accuracy-Ratio
AUC	Area-under-Curve
BilMoG	Bilanzrechtsmodernisierungsgesetzes
BS	Brier-Score
C.C.	Codice Civile
CAP	Cumulativ Accuracy Profile
CNDC	Consiglio Nazionale die Dottori Commercialisti
CNRC	Consiglio Nazionale die Ragioniere Commercialisti
CONSOB	Commissione Nazionale per le Società e la Borsa
DBS_{A-B}	Differenz
DE	Deutschland
DRSC	Deutsches Rechnungslegungs Standards Committee
E	Erwartungswert
EBIT	Earnings before interest and taxes
EBITDA	Earnings before interest, taxes, depreciation, and amortization
EDAS	European Database for Annual Statements
EG	Europäische Gemeinschaft
EStG	Einkommenssteuergesetz
EU	Europäische Union
EWG	Europäische Wirtschaftsgemeinschaft
FAR	False Alarm Rate
Fifo	First in - first out
FN	Falsch Negativ, Anzahl der falsch als solvent klassifizierten Unternehmen
FP	Falsch Positiv, Anzahl der falsch als insolvent klassifizierten Unternehmen
G	Gesund
gem.	Gemäß
GK	Gini-Koeffizient
GKV	Gesamtkostenverfahren
GoB	Grundsätze ordnungsmäßiger Buchführung
GoF	Geschäfts- oder Firmenwert
GuV	Gewinn- und Verlustrechnung

HGB	Handelsgesetzbuch
HGBnF	Handelsgesetzbuch neue Fassung (nach BilMoG)
Hifo	Highest in - first out
HR	Hit Rate
H1	Alternativhypothese
H0	Nullhypothese (HN)
IASB	International Accounting Standards Board
ID	Identifikationsnummer
IDW	Institut der Wirtschaftsprüfer
IFRS	International Financial Reporting Standards
InsO	Insolvenzordnung
inkl.	inklusive
IOSCO	International Organization of Securities Commissions
i.S.d.	Im Sinne der/des
IT	Italien
IÜS	Internes Überwachungssystem
i.V.m.	In Verbindung mit
K	Krank
Kifo	Konzern in - first out
Kilo	Konzern in - last out
KNN	Künstliche neuronale Netze
Lifo	Last in - first out
Lofo	Lowest in - first out
L'OIC	L'Organismo Italiano di Contabilità
MV	Materialised view
NACE	Nomenclature statistique des activités économiques dans la Communauté européenne
ÖnB	Österreichische Nationalbank
PD	Probability of default
R^2	Bestimmtheitsmaß
RAP	Rechnungsabgrenzungsposten
RDF	Relative Default Frequency
$RDF_{Portfolio}$	Relative Default Frequency des Portfolio
$RDF_{skaliert}$	Skalierte Relative Default Frequency
$RDF_{Stichprobe}$	Relative Default Frequency der Stichprobe
$RDF_{unskaliert}$	Unskalierte Relative Default Frequency
Rev	Revision (bei NACE)

RHB	Roh-, Hilfs- und Betriebsstoffe
ROC	Receiver Operating Characteristics (ROC)
s.o.	Siehe oben
SN	Sensitivität, Anteil der richtig als insolvent klassifizierten Unternehmen
SoPo	Sonderposten
SP	Spezifität, Anteil der richtig als solvent klassifizierten Unternehmen
SVM	Support Vector Machines
U	Unternehmen
UKV	Umsatzkostenverfahren
UV	Umlaufvermögen
v. a.	Vor allem
VFE Lage	Vermögens-, Finanz- und Ertragslage
VG	Vermögensgegenstände
vgl.	Vergleiche
VIF	Variance Inflation Factor
VLL	Verbindlichkeiten aus Lieferungen und Leistungen
WN	Wahr Negativ, Anzahl der richtig als solvent klassifizierten Unternehmen
WP	Wahr Positiv, Anzahl der richtig als insolvent klassifizierten Unternehmen
Ziff.	Ziffer

Symbolverzeichnis

DBS_{A-B}	erwartete Differenz
e_α	empirischer Alpha-Fehler
e_β	empirischer Beta-Fehler
I_i	jeweilige Ausprägung des Bonitätsindikators
K_0	Konstante
k_i	Koeffizient des jeweiligen Bonitätsindikators
p	Wahrscheinlichkeit
p_k	k-te Wahrscheinlichkeit
R_j^2	Bestimmtheitsmaß für die Regression der unabhängigen Variablen x_j
x_j	unabhängige Variable x_j
Y	abhängige Variable Y
σ	Standardabweichung
Σ	Summe

1 Einleitung

1.1 Problemstellung und Ziel der Arbeit

Die wirtschaftliche Entwicklung der letzten Jahre ist von stetig zunehmenden internationalen Verflechtungen gekennzeichnet. Für die davon betroffenen Unternehmen ist – neben der Erweiterung potentieller Absatzmärkte – auch die Erschließung neuer Finanzierungsquellen ein nicht zu unterschätzender Vorteil.[1] Jedoch wird die im Rahmen einer Finanzierung notwendige Bonitätsbeurteilung aufgrund einer international stark heterogenen Rechnungslegungslandschaft für potentielle Investoren und Banken erheblich erschwert. Vergleichbare und transparente Jahresabschlussinformationen sind für eine bilanzdatengestützte Bonitätsbeurteilung deshalb von entscheidender Bedeutung.[2]

Auch vor diesem Hintergrund bemühen sich behördliche und private Standardisierungsgremien um eine Harmonisierung der Rechnungslegung. Zentrales Ergebnis dieser Anstrengungen sind die International Financial Reporting Standards (IFRS).[3] Die Anwendung der IFRS ist seit 2005 für kapitalmarktorientierte Konzernunternehmen in der Europäischen Union (EU) verpflichtend.[4] In Deutschland wird auch den nicht-kapitalmarktorientierten Unternehmen die Möglichkeit eingeräumt, nach IFRS zu bilanzieren. Trotzdem wird dieser Standard lediglich von einem Bruchteil aller Unternehmen angewendet.[5] Alle übrigen bilanzierungspflichtigen Unternehmen nutzen für ihren Jahresabschluss den nationalen Rechnungslegungsstandard gemäß Handelsgesetzbuch (HGB), da die IFRS insbesondere von kleinen und mittleren Unternehmen als zu komplex angesehen werden.[6] Dies ist kein rein deutsches Phänomen, sondern eines, das sich in allen anderen Mitgliedsstaaten der EU beobachten lässt. Nach wie vor dominieren die jeweiligen nationalen Rechnungslegungsstandards die Bilanzierungspraxis in den einzelnen Ländern.[7]

Trotz der dargelegten Problematik können viele global agierende Unternehmen nicht mehr auf den Zugang zu internationalen Finanzierungsquellen verzichten. Zudem versuchen international tätige Investoren und Banken mit genau diesen Unternehmen Geschäfte zu generieren. Voraussetzung dafür, dass Eigen- und Fremdkapitalgeber auf der einen und kapitalsuchende Unterneh-

---

1 Vgl. Kirsch, Dohrn (2003), S. 159.

2 Vgl. Leker et al. (2008), S. 284.

3 Vgl. Coenenberg et al. (2009), S. 51.

4 Vgl. Europäische Union (2002), Art. 4.

5 Vgl. Mazars (2008), S. 25.

6 Vgl. Henkel et al. (2010), S. 62.

7 Vgl. Küting, Weber (2009), S. 17.

men auf der anderen Seite zusammenfinden, ist ein verlässliches Beurteilungssystem. So ist zum Beispiel im Rahmen der Kreditvergabe nach den Vorgaben von Basel II eine Bonitätsbeurteilung des kreditsuchenden Unternehmens durch den Fremdkapitalgeber zumindest auf Basis eines Bilanzratings[8] zwingend erforderlich, um einen krisenbedingten Zahlungsausfall rechtzeitig zu erkennen.[9] Für international agierende Banken und Investoren bedeutet das wiederum, dass sie für die Bonitätseinschätzung von Unternehmen aus verschiedenen Ländern, die nicht nach IFRS bilanzieren, grundsätzlich ein länderübergreifendes Beurteilungssystem für ihre Finanzierungsentscheidungen benötigen, wenn sie eine einheitliche und vergleichbare Risikoeinschätzung erreichen möchten. Da bislang jedoch noch keine derartigen Beurteilungssysteme existieren, können potentielle Gläubiger bis heute nur auf unterschiedliche landesspezifische Bilanzratingsysteme zurückgreifen.[10] Im Extremfall müsste ein Kreditinstitut, welches in allen Ländern der EU tätig ist, mehr als zwanzig eigenständige Ratingsysteme entwickeln. Abgesehen von der mangelnden Vergleichbarkeit der Ergebnisse sind auch die Kosten, welche die Entwicklung und der Einsatz verschiedener nationaler Ratingsysteme mit sich brächten, nicht zu unterschätzen. Aus diesen Gründen ist es nachvollziehbar, dass der Bedarf an länderübergreifenden Ratingsystemen sowohl von Seiten der Kapitalgeber als auch von den Regulierungsbehörden und Ratingagenturen immer wieder betont wird.[11]

Die Entwicklung eines länderübergreifenden Ratingmodells ist jedoch komplex, da unterschiedliche nationale Rechnungslegungsvorschriften eine Jahresabschlussanalyse erheblich erschweren.[12] Bilanzratings verarbeiten Jahresabschlüsse, die aus den Geschäftsvorfällen einer Periode resultieren. Mit Hilfe von Rechnungslegungsnormen werden diese Vorfälle zu einem Jahresabschluss verdichtet. Die Anwendung verschiedener Rechnungslegungsstandards und die damit verbundene potentielle Ausnutzung von Wahlrechten können zu abweichenden Jahresabschlüssen führen, obwohl ihnen identische Geschäftsvorfälle zu Grunde liegen. „Wie bei zwei Künstlern, die ein und dasselbe Motiv malen, entstehen zwei verschiedene Bilder.“[13]

---

[8] Während umfassende Unternehmens- bzw. Emittentenratingverfahren auch qualitative Informationen in die Ermittlung der Unternehmensbonität mit einbeziehen, basieren Bilanzratingverfahren ausschließlich auf Jahresabschlussinformationen, vgl. hierzu auch Botterweck (2007), S. 9 ff.

[9] Vgl. Baseler Ausschuss für Bankenaufsicht (2004), S. 7 ff.

[10] Wie Gespräche des Verfassers mit Vertretern international tätiger Banken zeigen, wird derzeit in solchen Fällen mit nationalen „Insellösungen“ gearbeitet, wenn kein Konzernabschluss auf IFRS-Basis vorliegt. Über die Nachteile dieser Vorgehensweise z. B. für die Bestimmung der Kreditkonditionen als auch für die Portfoliosteuerung der Banken ist man sich durchaus bewusst.

[11] Vgl. u. a. Moody´s (2003), S. 7.

[12] Vgl. Küting, Weber (2009), S. 17.

[13] Küting, Weber (2009), S. 17.

Dieses Phänomen wird besonders deutlich im Falle der Umstellung von HGB auf IFRS.[14] Mahlstedt zeigt in diesem Zusammenhang, dass die Bilanzsummen durchschnittlich[15] um 15,4%, das Anlagevermögen um 25,1%, das Umlaufvermögen um 1,0%, das Eigenkapital um 24,9% und das Fremdkapital um 10,7% voneinander abweichen.[16] Dieses Beispiel verdeutlicht, welchen starken Einfluss unterschiedliche Rechnungslegungsstandards auf das Jahresabschlussbild haben können. Aufgabe des Bilanzanalytikers ist es, dieses Bild zu entschlüsseln und unabhängig von angewendeten Rechnungslegungsstandards Rückschlüsse auf die tatsächliche wirtschaftliche Lage (Realebene) des zu beurteilenden Unternehmens zu ziehen:

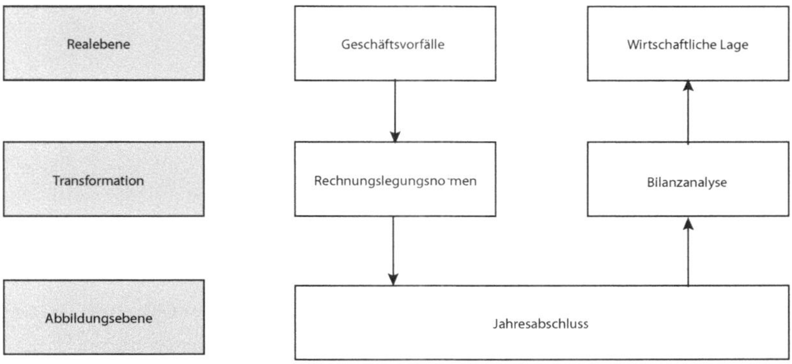

Abb. 1 Einfluss der Rechnungslegung auf die Abbildung der wirtschaftlichen Lage im Jahresabschluss.[17]

Im Rahmen der Bilanzanalyse müssen insbesondere vor dem Hintergrund der Vergleichbarkeit von Jahresabschlüssen alle Effekte abweichender Rechnungslegung sowie die Auswirkungen ausgenutzter Wahlrechte – soweit möglich – eliminiert werden.[18] Aufgabe des Bilanzratings ist es anschließend, ein objektives[19] Gesamturteil[20] über ein Unternehmen zu fällen.

Vor dem Hintergrund dieser Problemstellung zielt die vorliegende Arbeit darauf ab, am Beispiel

14 Zu den teilweise erheblichen Auswirkungen der Umstellung der Rechnungslegung auf den Jahresabschluss und das Bilanzrating siehe Mahlstedt (2008).

15 Arithmetisches Mittel.

16 Vgl. Mahlstedt (2008), S. 193.

17 In Anlehnung an Baetge et al. (2004), S. 37 ff.

18 Dieser Grundsatz wird als Neutralisationsprinzip bezeichnet. Vgl. hierzu Baetge et al. (2004), S. 38 ff.

19 Bilanzratingsysteme werden der Gruppe der objektiven Verfahren der Gesamturteilsbildung zugeordnet. Vgl. hierzu Baetge et al. (2004), S. 535 ff.

20 Vgl. hierzu Baetge et al. (2004), S. 495 ff.

der Länder Deutschland und Italien ein länderübergreifendes Bilanzratingsystem zu entwickeln, das in der Lage ist, die Nachteile nationaler Einzellösungen zu vermeiden und gleichzeitig den Ansprüchen zu genügen, die an die Klassifikationsleistung länderspezifischer Systeme gestellt werden.

Die gewählte Zielsetzung wirft im Wesentlichen drei Forschungsfragen auf:

1. Welche Unterschiede bestehen zwischen der deutschen und der italienischen Rechnungslegung?
2. Welche Umgliederungen und Bereinigungen müssen vorgenommen werden, um deutsche und italienische Jahresabschlüsse mit Hilfe eines einheitlichen Modells beurteilen zu können?
3. Ist es möglich, ein länderübergreifendes Bilanzratingsystem zu entwickeln, welches eine ähnliche Klassifikationsleistung wie die entsprechenden nationalen Modelle gewährleistet?

1.2 Aufbau und Abgrenzung

Für die Beantwortung der aufgeworfenen Fragestellungen bietet sich eine Dreiteilung der Arbeit an. Im zweiten Kapitel werden zunächst im Rahmen eines Vergleichs die Unterschiede in der Rechnungslegung nach dem deutschen HGB und dem italienischen Codice Civile (C.C.) herausgearbeitet. Dieser Rechtsvergleich bildet wiederum die Grundlage für die erforderlichen Umgliederungen und Bereinigungen, die vorgenommen werden müssen, um deutsche und italienische Jahresabschlüsse mit einem einheitlichen Ratingmodell beurteilen zu können.

Dem schließt sich im dritten Kapitel die Darstellung der unterschiedlichen Methoden an, die für die Entwicklung von Ratingmodellen grundsätzlich zur Verfügung stehen. Hierbei werden die wesentlichen Schritte erörtert, die für die Entwicklung eines leistungsfähigen Ratingverfahrens zu beachten sind. Daraus wird ein Vorgehensmodell abgeleitet, das dem empirischen Teil zugrunde gelegt wird.[21]

Den Kern der Arbeit bildet das vierte Kapitel, in welchem zunächst die vorab herausgearbeiteten Rechnungslegungsunterschiede empirisch validiert und die Konsequenzen für eine länderübergreifende Jahresabschlussanalyse abgeleitet werden. Nach Plausibilisierung und Bereinigung der Daten werden im nächsten Schritt ein deutsches und ein italienisches Bilanzratingmodell

[21] Die im dritten Kapitel entwickelten Bilanzratingmodelle zur Trennung von solventen und insolventen Unternehmen basieren ausschließlich auf Jahresabschlussdaten. Qualitative Informationen, wie sie etwa in die Emittentenbeurteilung externer Ratingagenturen einfließen, werden also explizit nicht berücksichtigt. Dennoch werden aus Gründen der Vereinfachung die Begriffe „Rating“ und „Bilanzrating“ in dieser Arbeit synonym verwendet.

geschätzt. Unter Berücksichtigung der Erkenntnisse aus den empirisch validierten Rechnungslegungsunterschieden erfolgt abschließend die Entwicklung eines länderübergreifenden Bilanzratingmodells für Deutschland und Italien.[22]

Abschließend werden die wichtigsten Ergebnisse noch einmal zusammengefasst, kritisch gewürdigt und ein Ausblick auf künftige Entwicklungen gegeben.

Im Hinblick auf die Aussagekraft und die Interpretation der Ergebnisse sei noch auf folgende Einschränkungen hingewiesen:

Mit dem Inkrafttreten des Bilanzrechtsmodernisierungsgesetzes (BilMoG) am 29.05.2009 ist eine tiefgreifende Änderung in der deutschen Rechnungslegung verbunden.[23] Obwohl die Anwendung des neuen HGBs nach BilMoG ab dem 31.12.2008 verpflichtend[24] ist,[25] sind Jahresabschlüsse nach BilMoG – insbesondere von ausgefallenen Unternehmen – für die Entwicklung eines statistisch validen Bilanzratingmodells bisher noch nicht in ausreichender Anzahl vorhanden.

Vor diesem Hintergrund werden deshalb ausschließlich Jahresabschlüsse, welche nach dem „alten“ Handelsrecht (also vor BilMoG) erstellt wurden, betrachtet. Dementsprechend ist der Rechtsstand der verwendeten Gesetze der 31.12.2008.[26] Die Ausführungen im Rahmen des Rechtsvergleichs beziehen sich ausschließlich auf Einzel- und nicht auf Konzernabschlüsse.

---

[22] Da sich die grundlegenden Erörterungen und Analysen in der vorliegenden Arbeit nur auf deutsche und italienische Jahresabschlüsse beziehen, beschränkt sich der Begriff „länderübergreifend“ konsequenterweise lediglich auf eine übergreifende Betrachtung der beiden Länder Deutschland und Italien.

[23] Vgl. Gelhausen et al. (2010), S. 24.

[24] Auf Jahres- und Konzernabschlüsse für das nach dem 31. Dezember 2007 beginnende Geschäftsjahr darf das Handelsgesetzbuch in der Fassung des Bilanzrechtsmodernisierungsgesetzes (HGB neu) angewendet werden. Die §§ 241a, 242 Abs. 4, § 267 Abs. 1 und 2 sowie § 293 Abs. 1 müssen auf Jahres- und Konzernabschlüsse für das nach dem 31. Dezember 2007 beginnende Geschäftsjahr angewendet werden (vgl. §§ 66 und 67 EGHB).

[25] Vgl. § 66 EGHGB.

[26] An einzelnen Stellen, welche besonders gekennzeichnet sind, wird jedoch auch Bezug auf neuere Rechtsquellen genommen.

2 Deutsche und italienische Rechnungslegung im Vergleich

2.1 Entwicklung der Rechnungslegung im Zeitverlauf

Der Ursprung der modernen Rechnungslegung ist auf den venezianischen Mönch Luca Pacioli zurückzuführen.[27] In seinem Werk „Summa de Arithmetica, Geometria, Proportioni et Proportionalita" aus dem Jahre 1494 fasste er unter dem Begriff „Venezianische Methode" buchhalterische Prinzipien zusammen, welche bis heute im Wesentlichen Bestand haben. Die erste Bilanz stellte der Hauptbuchhalter der Fugger Matthäus Schwarz auf, welcher zuvor eine Ausbildung in Venedig absolvierte. Auf Basis der „Venezianischen Methode" entwickelten sich die jeweiligen nationalen Rechnungslegungsstandards. Abbildung 2 zeigt wesentliche Entwicklungsschritte der deutschen und der italienischen Rechnungslegung sowie schematisch den Grad der Harmonisierung ab dem Jahre 1978 im Zeitverlauf. Die Mittellinie in der Abbildung symbolisiert eine fiktive vollständig harmonisierte europäische Rechnungslegung ab dem Jahre 1978. Darunter sind eine umfassende Umsetzung der entsprechenden EG-Richtlinien sowie der Verzicht auf die Ausnutzung von eingeräumten Wahlrechten zu verstehen.

1978 bemühten sich verschiedene europäische Institutionen erstmals um eine Harmonisierung der Rechnungslegung in Europa. Die ersten Bemühungen manifestierten sich in der EG-Richtlinie 78/660/EWG. In der Präambel dieser Richtlinie wurden als Ziele die Harmonisierung der Rechnungslegung und die Erhöhung des Informationsniveaus der Jahresabschlüsse innerhalb der Europäischen Union genannt.[28] Die Richtlinie war jedoch von Kompromissen gekennzeichnet, die sich im Wesentlichen in Form erheblicher Ermessensspielräume ausdrückten.[29] Diese Spielräume wurden von den damaligen Mitgliedsstaaten der EG unterschiedlich stark genutzt. Deutschland setzte die Richtlinienvorgaben erstmals 1985 mit dem Bilanzrichtliniengesetz um und nutzte dabei die eingeräumten Ermessensspielräume relativ stark aus. Italien hingegen reagierte erst 1991 mit dem Decredo Legislativo Nr. 127 auf die Richtlinie 78/660/EWG und konkretisierte diesen im Jahre 2003 mit den Decredi Legislativi Nr. 6 und Nr. 394, womit es damit die Spielräume der Richtlinie in geringerem Maße als Deutschland ausnutzte.

---

27 Vgl. Pacioli (1494), S. 47 ff.

28 Vgl. Vierte Richtlinie 78/660/EWG des Rates vom 25. Juli 1978 aufgrund von Artikel 54 Absatz 3 Buchstabe g) des Vertrages über den Jahresabschluss von Gesellschaften bestimmter Rechtsformen, Amtsblatt Nr. L 222 vom 14/08/1978 S. 0011 – 0031.

29 Vgl. Rost (1991), S. 219.

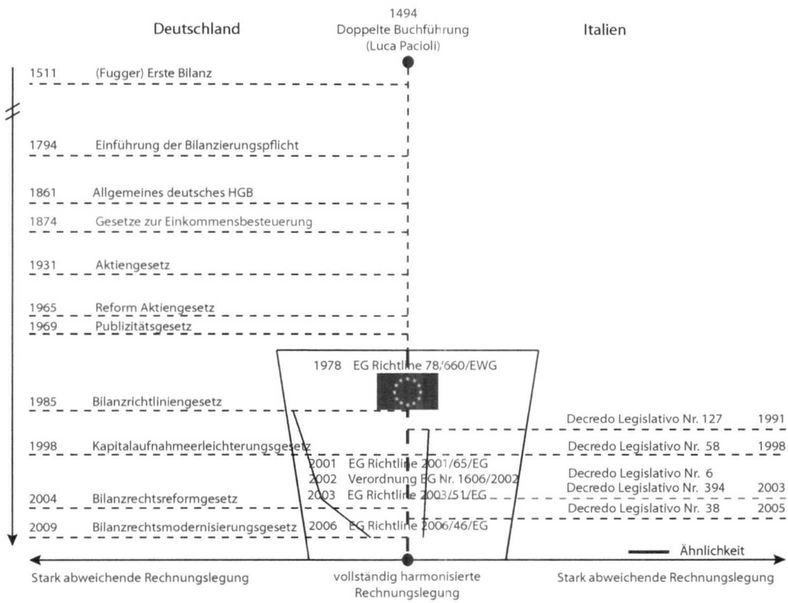

Abb. 2 Historische Entwicklung deutscher und italienischer Rechnungslegung.[30]

Die letzte und damit aktuelle EU-Richtlinie, welche sich auf die Rechnungslegung bezieht, stammt aus dem Jahr 2006. Es handelt sich hierbei um die Richtlinie 2006/46/EG.[31] Auch sie macht deutlich, dass die EU eine Anpassung der europäischen Rechnungslegungsvorgaben an eine kapitalmarktorientierte Bilanzierung im Sinne der IFRS forciert.[32]

Zusammenfassend ist festzuhalten, dass die Bestrebungen der EU, eine harmonisierte europäische Rechnungslegung zu etablieren, Wirkung zeigen. Besteht das gemeinsame Ziel in einer vollständig harmonisierten europäischen Rechnungslegung, so hat sich Italien diesem Ziel in der Vergangenheit konsequenter als Deutschland genähert, das erst im Jahre 2009 durch Umsetzung des BilMoG dem gemeinsamen Ziel wieder deutlich näher gekommen ist.

30 Die Abbildung erhebt keinen Anspruch auf Vollständigkeit. Insbesondere der Grad der Harmonisierung – symbolisiert durch die roten Linien – hat rein schematischen Charakter.

31 Vgl. Richtlinie 2006/46/EG des Europäischen Parlaments und des Rates vom 14.6.2006 zur Änderung der Richtlinien des Rates 78/660/EWG und 83/349/EWG hinsichtlich der Jahresabschlüsse: Entstehungsgeschichte, nationale Umsetzung, Gerichtsentscheidungen.

32 Vgl. Eikenberg (2008), S. 38.

2.2 Rechtliche Grundlagen

2.2.1 Deutschland

Die deutsche Rechnungslegung ist traditionell vom Gesetzesrecht geprägt. Vorschriften zur Rechnungslegung finden sich vorrangig im HGB, insbesondere in den §§ 238 – 342e HGB. Neben dem HGB existieren weitere Gesetze, die, wie beispielsweise das Aktiengesetz (AktG), die deutsche Rechnungslegung beeinflussen. Die notwendige Flexibilität des gesetzlich fixierten Normgerüstes wird durch die Grundsätze ordnungsmäßiger Buchführung (GoB) gewährleistet.[33]

Der unbestimmte Rechtsbegriff GoB wurde vom Gesetzgeber eingeführt,[34] um die Vielfalt von Einzelsachverhalten, welche in ihrer Gesamtheit nicht von den Detailvorschriften erfasst werden können, abzudecken, sowie neue Entwicklungen der Wirtschaftspraxis adäquat berücksichtigen zu können. Die GoB sind Bestandteil der Generalnormen für die Buchführung[35] und den Jahresabschluss[36] und gelten grundsätzlich unabhängig von der Rechtsform für alle Kaufleute. Die GoB wurden vor ihrer gesetzlichen Kodifizierung durch das Bilanzrichtliniengesetz im Jahre 1985 deduktiv aus dem handelsrechtlichen Zwecksystem abgeleitet.[37] Die Weiterentwicklung der GoB erfolgte anschließend und erfolgt noch heute durch die hermeneutische Methode[38] unter Berücksichtigung induktiver und betriebswirtschaftlich deduktiver Komponenten. Die handelsrechtliche Rechtsauslegung und -fortbildung liegt grundsätzlich bei der Gerichtsbarkeit. Aufgrund der Verknüpfung von Steuerrecht und Handelsrecht, welche sich in der umgekehrten Maßgeblichkeit[39] gem. § 5 Abs. 1 Satz 2 EStG manifestiert, hat insbesondere die Steuergerichtsbarkeit in der Vergangenheit die Entwicklung und Präzisierung der GoB vorangetrieben.[40] Fachliche Äußerungen von privatrechtlichen Organisationen wie beispielsweise des Instituts der Wirtschaftsprüfer (IDW) beeinflussten die GoB bisher nur im begrenztem Umfang.[41] Jedoch reagierte der Gesetzgeber im Jahre 1998 mit der Einführung eines privaten Rechnungslegungsgremiums i.S.d. § 342 HGB namens „Deutsches Rechnungslegungs Standards Committee“ (DRSC)[42] auf den

---

33 Vgl. Eikenberg (2008), S. 43.

34 Unter anderem durch § 243 Abs. 1 HGB.

35 Vgl. § 238 Abs. 1 HGB.

36 Vgl. §§ 243 Abs. 1 und 264 Abs. 2 Satz 1 HGB.

37 Vgl. Baetge et al. (2011a), S. 102 f.

38 Weitere Ausführungen bezüglich Hermeneutik siehe Baetge et al. (2011a), S. 107 f.

39 Die umgekehrte Maßgeblichkeit wurde durch das BilMoG aufgehoben.

40 Vgl. Emmrich (1999), S. 50 ff.

41 Vgl. Eikenberg (2008), S. 45 f.

42 Der Rechnungslegungsbeirat setzt sich gem. § 342a Abs. 2 HGB aus Vertretern dreier Bundesministerien, vier Vertretern von Unternehmen, vier Vertretern wirtschaftsprüfender Berufe und zwei Vertretern aus Hochschulen zusammen.

zunehmenden Anpassungsdruck (hinsichtlich internationaler Standards) auf die deutsche Rechnungslegung. In diesem Zusammenhang ist bemerkenswert, dass sich der gesetzliche Auftrag des DRSC ausdrücklich auf Grundsätze der Konzernrechnungslegung bezieht. Aufgrund der Gesetzessystematik und der generellen Gültigkeit der GoB ist jedoch eine Ausstrahlungswirkung auf den Einzelabschluss unvermeidbar.

2.2.2 Italien

Auch die italienische Rechnungslegung ist von Gesetzesrecht geprägt. Die wesentlichen Artikel sind im fünften Buch, insbesondere im Abschnitt 9, des Zivilgesetzbuches C.C. niedergeschrieben. Für die Auslegung der Vorschriften stehen eine Reihe von kodifizierten Prinzipien[43] (insbesondere in Art. 2423 - 2423-bis C.C.) zur Verfügung, welche jedoch nicht ein solch breites Spektrum von ungeregelten Einzelsachverhalten wie die deutschen GoB abdecken. Als Ergänzung und zur weiteren Auslegung der Gesetzesnormen[44] werden regelmäßig die sogenannten Principi Contabili herangezogen. Hierbei handelt es sich um Stellungnahmen[45] (Standards) zu Fragen der Buchführung, Bilanzierung und Bewertung, welche von den Dachverbänden der italienischen Steuerberater[46] und Wirtschaftsprüfer[47] veröffentlicht wurden. Die Standards beeinflussen über den Verweis des Art. 2217 Abs. 2 Satz 2 C.C.[48] das gesamte materielle Bilanzrecht.[49] Da auch mit Hilfe der Standards[50] nicht alle potentiellen Bilanzierungsfragen gelöst werden können, wird auf eine subsidiäre Geltung der IFRS verwiesen.[51]

Handelsrechtliche Rechtsauslegung und Fortbildung liegen auch in Italien theoretisch bei den Gerichten. Jedoch sind Gerichtsentscheidungen im italienischen Bilanz- oder Steuerrecht eher selten. In den wenigen Fällen, in denen eine gerichtliche Entscheidung getroffen wird, verzichten die Gerichte vielfach auf eine kritische Auseinandersetzung mit den fachlichen Vorgaben. Die Entscheidungsbegründung erfolgt in der Regel durch einen rezipierenden Rückgriff auf die Principi

---

43 Beispielsweise das Realisationsprinzip, kodifiziert in Art. 2423-bis Art 1. Nr. 2 C.C.

44 Außerdem werden vereinzelt amtliche Stellungnahmen des Ministeriums und Beschlüsse der Börsenaufsicht (CONSOB) zur Gesetzesauslegung und Konkretisierung herangezogen.

45 Konkret handelt es sich um 30 Dokumente.

46 Der italienische Dachverband der eingetragenen Steuerberater trägt den Namen „Consiglio Nazionale die Ragioniere Commercialisti (CNRC).

47 Der italienische Dachverband der eingetragenen Wirtschaftsprüfer trägt den Namen „Consiglio Nazionale die Dottori Commercialisti (CNDC)“

48 Gem. Art. 2217 Abs. 2 Satz 2 C.C. hat sich jeder Unternehmen bei der Bewertung an die Vorschriften, welche für Aktiengesellschaften festgesetzt wurden, zu halten (falls anwendbar).

49 Vgl. Eikenberg (2008), S. 73 ff.

50 Im Rahmen der Ausarbeitung der Principi Contabili wurden grundsätzlich die IFRS als Orientierungshilfe genutzt.

51 Vgl. Husemann, Jungen (1989), S. 264.

Contabili.[52] Daraus resultiert eine erhebliche Bedeutung der Principi Contabili für die italienische Rechnungslegung.[53] Der Grund für die geringe Entscheidungsdichte italienischer Gerichte liegt in der uneinheitlichen Rechtsprechung und der daraus resultierenden Rechtsunsicherheit sowie in einer sehr langen Verfahrensdauer und den damit verbundenen finanziellen Risiken.[54]

Allein der Stellenwert der Principi Contabili in der italienischen Rechnungslegung macht deutlich, welchen weitreichenden Einfluss die berufsständischen Organisationen der Steuerberater (CNRC) und Wirtschaftsprüfer (CNDC) haben. Jedoch wurde im Jahre 2001 mit der „Organismo Italiano die Contabilità (LÓIC)“ eine neue nationale Standardisierungsorganisation in der Rechtsform einer Stiftung geschaffen. Ihr gehören sowohl die CNRC als auch die CNDC sowie verschiedene Unternehmensverbände, Vertreter der Börse und Vertreter der Hochschulen an. Dem LÓIC obliegen seit 2001 die Weiterentwicklung der Principi Contabili, die Beratung des Gesetzgebers im Kontext der Rechnungslegung sowie die Vertretung Italiens in internationalen Standardisierungsgremien.[55]

2.3 Zwecke und Grundsätze nationaler Rechnungslegungsstandards

Zum Zweck eines Vergleichs deutscher und italienischer Rechnungslegungsstandards ist ein tieferes Verständnis der jeweiligen Standards hilfreich. Vor diesem Hintergrund erscheint es sinnvoll, zunächst die nationalen Zwecksysteme und Grundsätze der Rechnungslegung näher zu betrachten.

2.3.1 Zwecksystem

In Deutschland sind die sogenannten Generalnormen im dritten Buch des HGB kodifiziert. Im Wesentlichen lassen sich aus diesen Normen die Zwecke des handelsrechtlichen Jahresabschlusses ableiten.[56] Nachfolgende Abbildung visualisiert das Zwecksystem des handelsrechtlichen Jahresabschlusses.

---

52 Vgl. Eikenberg (2008), S. 73.

53 ebenda.

54 Vgl. Buse (2002), S. 676.

55 Vgl. Eikenberg (2008), S. 74 f.

56 Vgl. Baetge et al. (2011a), S. 92 ff.

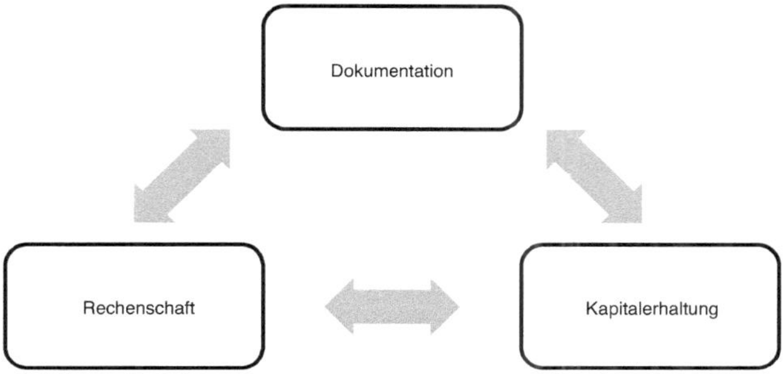

Abb. 3 Zwecksystem des handelsrechtlichen Jahresabschlusses.[57]

Der Dokumentationsgrundsatz lässt sich direkt aus § 238 Abs. 1 HGB ableiten. Demnach wird eine übersichtliche, vollständige und für Dritte nachvollziehbare Aufzeichnung aller Geschäftsvorfälle verlangt. Dieser grundlegende Zweck ist Voraussetzung für die Erfüllung der weiteren vom Gesetzgeber intendierten Jahresabschlusszwecke.[58]

Der Rechenschaftsgrundsatz lässt sich nicht direkt aus dem Wortlaut des Gesetzes ableiten, jedoch aus dem Bedeutungszusammenhang der gesetzlichen Vorschriften. § 238 Abs. 1 Satz 1 HGB verlangt von jedem Kaufmann „die Lage seines Vermögens nach den Grundsätzen ordnungsmäßiger Buchführung ersichtlich zu machen". Eine Konkretisierung erfährt dieser Zweck durch § 264 Abs. 2 Satz 1 HGB, welcher nur für Kapitalgesellschaften und haftungsbeschränkte Personengesellschaften gilt. Demnach muss der Jahresabschluss unter Beachtung der GoB ein den tatsächlichen Verhältnissen entsprechendes Bild der Vermögens-, Finanz- und Ertragslage der Gesellschaft vermitteln.[59]

Der Grundsatz der Kapitalerhaltung (Gläubigerschutz) lässt sich sowohl aus dem Wortlaut diverser gesetzlicher Vorschriften[60] als auch aus deren Bedeutungszusammenhang ablesen bzw. ableiten. Im Fokus dieser Vorschriften steht der Gläubigerschutz. Allein § 253 Abs. 1 Satz 1 HGB („Vermögensgegenstände sind höchstens mit den Anschaffungs- oder Herstellungskosten (…) anzusetzen") zeigt die Absicht der Legislative, eine Überbewertung der Aktiva zu verhindern. Aber auch das Vorsichts- und Imparitätsprinzip, welche in § 252 Abs. 1 Nr. 4 HGB kodifiziert sind, verdeutlichen den Stellenwert des Kapitalerhaltungsgrundsatzes in der deutschen Rechnungslegung.

57 In Anlehnung an Baetge et al. (2011a), S. 141.

58 Vgl. Baetge et al. (2011a), S. 93.

59 Für eine ausführliche Herleitung des zweiten Zwecks vgl. Baetge et al. (2011a), S. 93 ff.

60 Beispielsweise §§ 248 Abs. 2., 252 Abs. 1 Nr. 4, 253 HGB.

Bei der Analyse der handelsrechtlichen Vorschriften sowie deren Bedeutungszusammenhängen wird deutlich, dass vom Gesetzgeber vielfach jeweils ein Zweck in den Vordergrund gestellt wird.[61] Regelmäßig handelt es sich dabei entweder um den Grundsatz der Rechenschaft oder der Kapitalerhaltung. Es stellt sich an dieser Stelle die Frage, ob einer der Zwecke dominiert. Sicherlich ist eine vergleichbare Gewichtung der beiden Zwecke vor dem Hintergrund einer ausgewogenen Berücksichtigung der Interessen aller Adressaten bzw. Interessensgruppen des handelsrechtlichen Jahresabschlusses (gesetzlicher Interessensausgleich) richtig und vom Gesetzgeber auch angestrebt. Ob diese Bestrebungen erfolgreich sind, wird im Schrifttum kontrovers diskutiert. So sehen beispielsweise Baetge und Kirsch keine Dominanz eines einzelnen Zwecks.[62] Moxter hingegen bezeichnet die Dominanz des Gläubigerschutzprinzips als Kennzeichen deutscher Bilanzen.[63] Letztlich ist die Beantwortung der Frage nach der Dominanz eines Zweckes bzw. der Ausgewogenheit im Zwecksystem eine Frage der Perspektive, welche pauschal[64] nur schwer zu beantworten ist.

Das italienische Zwecksystem ähnelt dem deutschen hinsichtlich seines Inhalts. Der Zweck der Dokumentation lässt sich aus Art. 2214 C.C. i. V. m. Art. 2717 C.C. ableiten. Demnach muss jeder Unternehmer ein „Tagebuch" und ein Inventarbuch führen sowie alle Rechnungsunterlagen und geschäftsrelevanten Korrespondenzen geordnet nach Geschäftsjahren aufbewahren. Zudem ist jährlich die wertmäßige Entwicklung sämtlicher Aktiva und Passiva darzustellen. Jedes Geschäftsjahr ist mit der Bilanz und der Gewinn- und Verlustrechnung (GuV) abzuschließen, die klar und wahrheitsgemäß die erzielten Gewinne und erlittenen Verluste ausweisen.

Das Prinzip der Rechenschaft (Informationsfunktion) ist in Art. 2423 Abs. 2 - 4 C.C. kodifiziert: „Der Jahresabschluss muss klar verfasst sein und wahrheitsgemäß und fehlerfrei die Vermögens- und Finanzlage der Gesellschaft und das wirtschaftliche Ergebnis des Geschäftsjahres darlegen."[65]

Das Gläubigerschutzprinzip (Kapitalerhaltung) lässt sich aus dem Bedeutungszusammenhang der jeweiligen Vorschriften ableiten, nicht jedoch unmittelbar aus dem Gesetzestext. Art. 2423 - bis Abs. 1 Nr. 1 und 2 C.C. besagen: „Die Bewertung der Posten muss mit Vorsicht und unter Zugrundelegung einer auf die Weiterführung der Geschäftstätigkeit gerichteten Beurteilung sowie unter Berücksichtigung der wirtschaftlichen Bedeutung des betreffenden Bestandteils der Aktiva oder Passiva erfolgen. Es können ausschließlich die bis zum Tag der Beendigung des Geschäftsjahres

---

[61] Vgl. Baetge et al. (2011a), S. 101.

[62] Vgl. Baetge, Kirsch (2002), Kap. 4, Rn. 47.

[63] Vgl. Moxter (1984), S. 105 f.; vgl. auch Watrin (2001), S. 173.

[64] Eine differenzierte Betrachtung von Einzel- und Konzernabschluss ist hier sicherlich sinnvoll.

[65] Art. 2423 Abs. 2-4 C.C..

realisierten Gewinne angegeben werden." Art. 2423 - bis Abs. 1 Nr. 4 C.C. drückt weiterhin aus: „Die Risiken und Verluste, die auf ein Geschäftsjahr entfallen, müssen auch dann berücksichtigt werden, wenn sie nach dessen Abschluss bekannt werden." Einen weiteren Hinweis auf den Gläubigerschutz gibt Art. 2430 C.C. wonach im Rahmen der Gewinnverwendung zwingend jährlich fünf Prozent des Gewinns in die gesetzliche Rücklage einzustellen sind, bis diese mindestens einen Betrag von zwanzig Prozent des Gesellschaftskapitals erreicht.

An dieser Stelle ist das italienische Recht restriktiver als das deutsche, welches gem. § 150 Abs. 2 AktG nur eine gesetzliche Rücklagenbildung verlangt, bis die Kapitalrücklage[66] den zehnten oder den in der Satzung bestimmten höheren Teil des Grundkapitals erreicht. Auch die in Art. 2446 Abs. 1 C.C. i. V. m. Art 2482 - bis C.C. kodifizierte Verlustanzeigepflicht, welche eine bestimmte Relation zwischen Nettokapital und dem nominalen Gesellschaftskapital fordert, lässt restriktivere Wertgrenzen als in vergleichbaren deutschen Gesetzen[67] erkennen.

Trotz der starken Verankerung des Gläubigerschutzgedankens im C.C. folgt der italienische Gesetzgeber nicht stringent den wesentlichen Prinzipen, auf welchen der Gläubigerschutz basiert. Das Vorsichtsprinzip erfährt beispielsweise eine Lockerung durch Art. 2426 Nr. 5 Satz 1 C.C., welcher explizit die Aktivierung selbst erstellter immaterieller Vermögensgegenstände vorschreibt, solange die allgemeinen Aktivierungsvoraussetzungen erfüllt sind. Die Durchbrechung des Realisationsprinzips zeigt sich in der Möglichkeit der Aktivierung von noch nicht realisierten Teilgewinnen im Kontext langfristiger Aufträge (vgl. Art 2426 Nr. 11 C.C.). Ein weiteres Beispiel sind regelmäßig erscheinende Sondergesetze, welche dem Bilanzierenden die Möglichkeit geben, bestimmte Vermögensgegenstände zu Zeitwerten zu bewerten. Hier wird zugunsten der Informationsfunktion das Anschaffungskosten- und Herstellungskostenprinzip (AK- / HK-Prinzip) als Teilprinzip des Realisationsprinzips i.S.d. § 252 Abs. 1 Nr. 4 Halbsatz 2 HGB (kodifiziert in Art. 2423 - bis Art 1. Nr. 2 C.C.) durchbrochen. Die italienische Legislative belegt in diesem Fall allerdings die Differenz zwischen Buchwert und Zeitwert mit einer Ausschüttungssperre (Einstellung in ausschüttungsgesperrte Rücklagen). Dadurch wird dem Gläubigerschutzgedanken Rechnung getragen.[68]

Es stellt sich also auch im italienischen Recht die Frage nach der Ausgewogenheit des Zwecksystems. Wie in Deutschland besteht ein Spannungsverhältnis zwischen der Rechenschaftsfunktion und der Kapitalerhaltung.

---

66 gem. 272 Abs. 2 Nr. 1 bis 3 HGB.

67 Beispielsweise § 19 InsO.

68 Vgl. Art. 2426 Nr. 4 Satz 3, 2423 Abs. 4 Satz 3 C.C..

Oberstes Ziel der italienischen Rechnungslegung ist allerdings die Wiedergabe einer wahren und zutreffenden Vermögens- und Finanzlage der Gesellschaft und des wirtschaftlichen Ergebnisses des Geschäftsjahres (Informationsfunktion).[69] Um dies zu gewährleisten, erlaubt der Gesetzgeber an verschiedenen Stellen die Durchbrechung von Prinzipien, welche dem Gläubigerschutz zuzuordnen sind. Jedoch wird in solchen Fällen regelmäßig mit Hilfe von Ausschüttungssperren der Effekt der Durchbrechung gemindert.[70] Insgesamt gelingt es damit der italienischen Rechnungslegung trotz ihrer Fokussierung auf die Informationsvermittlung den Grundsatz der Kapitalerhaltung nicht zu vernachlässigen.

Zusammenfassend kann festgehalten werden, dass die Zwecke der deutschen und italienischen Rechnungslegungsstandards (Dokumentation, Information und Kapitalerhaltung) inhaltlich weitgehend kongruent sind. Lediglich die Gewichtung einzelner Grundsätze im Zwecksystem weicht voneinander ab. Während der deutsche Einzelabschluss vom Gläubigerschutzgedanken (Kapitalerhaltung) geprägt ist, steht im italienischen Recht eher die Informationsfunktion (Rechenschaft) des Jahresabschlusses im Vordergrund.

2.3.2 Grundsätze ordnungsmäßiger Buchführung

Sowohl in Deutschland als auch in Italien sind zusätzliche Regelungen notwendig, um die handelsrechtlichen Vorschriften auszulegen. In Deutschland werden diese als GoB bezeichnet. In Italien sind vergleichbare Regeln im Gesetzestext sowie in den Principi Contabili enthalten. Da die deutschen GoB einerseits ein breiteres Spektrum an Einzelsachverhalten als die italienischen Regelungen abdecken und andererseits eine in sich schlüssige Struktur[71] aufweisen, orientiert sich die folgende synoptische Analyse an der Struktur der deutschen GoB.

2.3.2.1 Dokumentationsgrundsätze

Ein Bestandteil der deutschen GoB sind die Dokumentationsgrundsätze, welche sich im Wesentlichen aus den §§ 238 und 239 HGB ableiten lassen. Folgende Grundsätze sind den deutschen Dokumentationsgrundsätzen[72] zuzuordnen:

---

[69] Vgl. Eikenberg (2008), S. 64.

[70] Vgl. Magrini (2004), S. 131 ff.

[71] Die folgenden Ausführungen orientieren sich an der Strukturierung der GoB von Baetge et al. (vgl. Baetge et al. (2001a), S.141).

[72] Zur umfassenden Erläuterung einzelner Grundsätze vgl. Baetge et al. (2011a), S. 112 ff.

- Systematischer Aufbau der Buchführung
- Sicherung der Vollständigkeit der Konten
- Vollständige und verständliche Aufzeichnung
- Beleggrundsatz / Einzelerfassung
- Einhaltung der Aufbewahrungs- und Aufstellungsfristen
- Sicherung der Zuverlässigkeit und Ordnungsmäßigkeit des Rechnungswesens durch ein der Art und Größe des Unternehmen angemessenes Internes Überwachungssystems (IÜS)
- Dokumentation und Sicherung der IÜS

Im italienischen Handelsrecht existiert eine Reihe vergleichbarer Regelungen.[73] Weitere Regelungen, welche zu einer grundsätzlichen Vergleichbarkeit deutscher und italienischer Dokumentationsgrundsätzen führen, finden sich sowohl in den Principi Contabili[74] als auch im C.C..[75] Da die Dokumentationsgrundsätze allerdings nicht zu einem tieferen Verständnis der Unterschiede in der jeweiligen nationalen Rechnungslegung beitragen, werden diese hier nicht weiter betrachtet.

2.3.2.2 Rahmengrundsätze

Mit Hilfe der Rahmengrundsätze soll eine aussagefähige und vergleichbare Darstellung der wirtschaftlichen Lage von Unternehmen sichergestellt werden. Wesentliche Teile dieser Grundsätze sind in den §§ 239 Abs. 2, 243 Abs. 2, 246 und 253 Abs. 1 HGB zu finden.[76]

Ein in diesem Kontext entscheidendes Prinzip ist der Grundsatz der „Richtigkeit", welcher einen wahren und intersubjektiv nachprüfbaren Jahresabschluss verlangt. Ein weiteres Prinzip mit einer ähnlichen Stoßrichtung ist der Grundsatz der „Klarheit und Übersichtlichkeit", welcher eine eindeutige Postenbezeichnung sowie einen verständlichen und übersichtlichen Jahresabschluss fordert.

---

[73] Exemplarisch sei an dieser Stelle auf Art. 2214 C.C. verwiesen: „Der Unternehmer, der eine Handelstätigkeit ausübt, hat ein Tagebuch und ein Inventarbuch zu führen. Er hat außerdem die anderen nach der Art und des Umfangs des Unternehmens erforderlichen Rechnungsunterlagen zu führen und geordnet nach jedem Geschäft die Urschriften der erhaltenen Briefe, Telegramme und Rechnungen sowie die Abschriften der versendeten Briefe, Telegramme und Rechnungen aufzubewahren."

[74] Beispielsweise PC 24.

[75] Beispielsweise Art. 2219, 2423 Abs. 2, 2216, 2019, 2020, 2216 C.C..

[76] Vgl. Baetge et al. (2011a), S. 114 ff.

Auch das italienische Handelsrecht verlangt in Art. 2423 Abs. 2 C.C., dass der Jahresabschluss klar verfasst sein sowie wahrheitsgemäß und fehlerfrei die VFE-Lage der Gesellschaft darlegen muss.

Des Weiteren gilt der Grundsatz der Vergleichbarkeit, welcher eine Beibehaltung von Bewertungsmethoden (Stetigkeit) sowie die Erläuterungen potentieller Unstetigkeiten verlangt. In Italien schreibt Art. 2423 - bis Abs. 1 Nr. 6, Abs. 2 C.C. vor, dass die Bewertungskriterien nicht von einem auf das andere Geschäftsjahr geändert werden können. Grundsätzlich sind jedoch in Ausnahmenfällen Abweichungen möglich, welche unter Angabe der Auswirkungen auf die VFE im Anhang des Jahresabschlusses zu erläutern sind.

Weiterer Bestandteil der Rahmengrundsätze ist der Grundsatz der Vollständigkeit. Demnach müssen alle aufzeichnungs- und buchungspflichtigen Vorgänge erfasst sowie alle erkennbaren Risiken im Jahresabschluss berücksichtigt werden. Das italienische Pendant zu diesem Prinzip findet sich in Art. 2216 C.C., nach dem täglich alle Geschäfte, welche sich auf das Unternehmen beziehen, im sogenannten Tagebuch zu erfassen sind. Art. 2423 bis Abs. 1 Satz 4. C.C. ergänzt, dass alle Risiken und Verluste zu berücksichtigen sind, welche auf das Geschäftsjahr entfallen, auch wenn sie erst nach dessen Beendigung bekannt werden.

Das deutsche Stichtags- und Periodisierungsprinzip ist als Ergänzung des Vollständigkeitsprinzips zu interpretieren. Das Stichtagsprinzip verlangt die Abbildung betrieblicher Sachverhalte zum Bilanzstichtag. Das Periodisierungsprinzip schreibt eine Zuordnung aller Ein- und Auszahlungen im jeweiligen Geschäftsjahr vor.[77] Eine ähnliche Forderung stellt Art. 2423 bis Abs. 1 Satz 3. C.C. auf: „unabhängig vom Tag des Eingangs oder der Zahlung sind nur jene Einnahmen und Lasten zu berücksichtigen, die auf das Geschäftsjahr entfallen".

Verbleibender Bestandteil der deutschen Rahmengrundsätze ist der Grundsatz der Wirtschaftlichkeit, welcher ein ökonomisch vernünftiges Verhältnis zwischen Aufwand des Bilanzierenden und zusätzlichem Informationsertrag für die Adressaten verlangt. Im italienischen Handelsrecht schreibt Art. 2423 bis Abs. 1 Nr. 1 C.C. vor, dass die Bewertung aller Posten unter Berücksichtigung der wirtschaftlichen Bedeutung des betreffenden Bestandteils erfolgen muss.

Vor diesem Hintergrund kann zusammenfassend festgehalten werden, dass die deutschen und die italienischen Rahmengrundsätze weitestgehend kongruent sind.

---

[77] Vgl. Baetge et al. (2011a), S. 129.

2.3.2.3 Systemgrundsätze

Bei den Systemgrundsätzen handelt es sich um allgemein gültige und handelsrechtlich kodifizierte[78] „Basis GoB" mit deren Hilfe ein einheitliches und zweckgerichtetes GoB System sichergestellt werden soll.[79]

Das Going-Concern-Prinzip (Fortführung der Unternehmenstätigkeit) schreibt vor: „Bei der Bewertung ist von der Fortführung der Unternehmenstätigkeit auszugehen, sofern dem nicht tatsächliche oder rechtliche Gegebenheiten entgegenstehen" (§ 252 Abs. 1 Nr. 2 HGB). Eine vergleichbare Formulierung findet sich im C.C., welcher in Art. 2423 bis Abs.1 Nr. 1 C.C. fordert, dass die „Bewertung der Posten (...) unter Zugrundelegung einer auf die Weiterführung der Geschäftstätigkeit gerichteten Beurteilung (...) erfolgen" muss.

Ein weiterer Bestandteil der Systemgrundsätze ist die sogenannte Pagatorik. Dieser Grundsatz trägt der von Schmalenbach formulierten Forderung nach einer Aufteilung von Einnahmen und Ausgaben auf die Geschäftsjahre Rechnung.[80] Kodifiziert ist dieser Grundsatz in § 252 Abs. 1 Nr. 5 HGB: „Aufwendungen und Erträge des Geschäftsjahres sind unabhängig von den Zeitpunkten der entsprechenden Zahlung im Jahresabschluss zu berücksichtigen." In der italienischen Rechnungslegung wird durch Art. 2423 bis Abs. 1 Nr. 3 C.C. eine vergleichbare Forderung aufgestellt. Demnach sind „unabhängig vom Tag des Eingangs oder der Zahlung nur jene Einnahmen und Lasten zu berücksichtigen, die auf das Geschäftsjahr entfallen".

Des Weiteren existiert das Prinzip der Einzelbewertung (§ 252 Abs. 1 Nr. 3 HGB), welches eine einzelne Bewertung jedes Vermögensgegenstandes und jeder Schuld vorschreibt. Auch dieser Grundsatz ist im italienischen C.C. verankert. Gem. Art. 2423 bis Abs. 1 Nr. 5 C.C. sind die „verschiedenartigen Bestandteile in einzelnen Posten gesondert zu bewerten".

2.3.2.4 Ansatzgrundsätze für die Bilanz

Die Ansatzgrundsätze regeln diejenigen Bedingungen, welche zu einer Aktivierung eines Vermögensgegenstandes bzw. Passivierung einer Schuld führen.[81] Ein Vermögensgegenstand ist nach dem deutschen Verständnis grundsätzlich zu aktivieren, wenn er selbständig verwertbar ist. Diese Voraussetzung wird als abstrakte Aktivierungsfähigkeit bezeichnet. Ergänzt wird dieser Grundsatz durch die

---

78 Vgl. § 252 Abs. 1 HGB.

79 Vgl. Fey (1987), S. 104 ff.

80 Vgl. Schmalenbach (1953), S. 55.

81 Vgl. Baetge et al. (2011a), S. 127.

sogenannte konkrete Aktivierungsfähigkeit. Diese bezieht sich auf einzelne gesetzliche Vorschriften, welche die Aktivierung von bestimmten Vermögensgegenständen explizit zulässt oder gar vorschreibt, obwohl die abstrakte Aktivierungsfähigkeit nicht gegeben ist. Die konkrete Aktivierungsfähigkeit beinhaltet auch Aktivierungsverbote für bestimmte Vermögensgegenstände, obwohl diese selbständig verwertbar und damit theoretisch abstrakt aktivierungsfähig sind.[82]

Im Vergleich zum deutschen Recht ist der Begriff des Vermögensgegenstandes im italienischen Recht deutlich weiter gefasst. Der italienische Gesetzgeber orientiert sich eher an den angloamerikanischen Rechnungslegungsstandards.[83] Der Fokus liegt hierbei in der Informationsfunktion.[84] Zentrales Kriterium für die abstrakte Aktivierungsfähigkeit ist die Vorlage eines nachweisbaren mehrjährigen Nutzens[85] für das Unternehmen.[86] Im Kontext immaterieller Vermögensgegenstände ist diese Forderung sogar gesetzlich kodifiziert.[87] Gerade am Beispiel der immateriellen Vermögensgegenstände zeigt sich jedoch die Problematik einer solch weitgefassten Definition, ist es doch problematisch, einen künftigen Nutzen nachzuweisen. Der Nachweis eines Nutzenpotentials soll gemäß dem Schrifttum[88] intersubjektiv nachprüfbar sein und dem allgemeinen kaufmännischen Vorsichtsgedanken entsprechen. Wie auch in der deutschen Rechnungslegung wird die italienische abstrakte Aktivierungsfähigkeit durch bestimmte gesetzliche Vorschriften[89] ergänzt, welche für bestimmte Vermögensgegenstände – unabhängig vom Vorliegen der abstrakten Aktivierungsfähigkeit – eine bzw. keine Aktivierung erlauben oder vorschreiben (konkrete Aktivierungsfähigkeit).

In Deutschland ist analog zu den Aktivierungsgrundsätzen für die Passivierung einer Schuld zwischen abstrakter und konkreter Passivierungsfähigkeit zu differenzieren. Die abstrakte Passivierungsfähigkeit schreibt vor, dass eine Schuld zu passivieren ist, wenn eine Verpflichtung vorliegt, die zu einer wirtschaftlichen Belastung führt und quantifizierbar ist. Ergänzt wird die abstrakte durch die konkrete Passivierungsfähigkeit, welche abgrenzt, ob eine abstrakt passivierungsfähige Schuld aufgrund abweichender gesetzlicher Vorschriften nicht passiviert werden muss oder darf, respektive eine nicht abstrakt passivierungsfähige Schuld passiviert werden darf oder muss.[90]

---

82 Vgl. Baetge et al. (2011a), S. 127.

83 Vergleiche beispielsweise die Definition des Begriffs „assets“ in IASB Framework 49(a).

84 Vgl. Abschnitt 2.3.1.

85 Außerdem müssen die Kosten abgrenzbar und eindeutig zuordenbar sein.

86 Vgl. Eikenberg (2008), S. 158.

87 Vgl. Art 2426 Nr. 5 Satz 1 und Nr. 6 C.C..

88 Vgl. Principi Contabili, documento n. 24.

89 Beispielsweise Art. 2426 Nr. 5 C.C..

90 Vgl. Baetge at al. (2011a), S. 170 ff.

In Italien ist der Begriff einer Schuld im Wesentlichen analog zu Deutschland definiert. Das Schrifttum differenziert in Italien zwar nicht explizit zwischen abstrakter und konkreter Passivierungsfähigkeit, trotzdem wird hinsichtlich der Passivierung einer Schuld in beiden Ländern gleich verfahren.[91]

2.3.2.5 Definitionsgrundsätze für den Jahreserfolg

Durch die Definitionsgrundsätze wird festgelegt, zu welchem Zeitpunkt Einnahmen und Ausgaben erfolgswirksam oder erfolgsneutral zu erfassen sind.[92] Diesen Grundsätzen sind das Realisationsprinzip sowie das Prinzip der Abgrenzung der Sache und der Zeit nach zuzuordnen. Das Realisationsprinzip gem. § 252 Abs. 1 Nr. 4 Halbsatz 2 HGB schreibt vor, dass Gewinne im Jahresabschluss nur dann berücksichtigt werden dürfen, wenn sie am Abschlusstag realisiert sind. Des Weiteren stellt dieses Prinzip sicher, dass Beschaffungsvorgänge grundsätzlich erfolgsneutral sind und sich somit keine Reinvermögensmehrung infolge von Wertsteigerungen der Vermögensgegenstände ergeben (Anschaffungs-, Herstellungskostenprinzip gem. § 253 Abs. 1 Satz 1 HGB).[93] Das Pendant im italienischen Recht findet sich in Art. 2423b bis Abs. 1 Nr. 2 C.C. wieder. Demnach „dürfen ausschließlich die bis zum Tage der Beendigung des Geschäftsjahres erzielten Gewinne ausgewiesen werden". Art. 2426 Abs. 1 Satz 1 ergänzt, dass Anlagevermögen zu Anschaffungs- oder Herstellungskosten auszuweisen ist.

Das Prinzip der Abgrenzung der Sache nach ist als Ergänzung des Realisationsprinzips zu verstehen und fordert eine Zuordnung der Erträge einer Periode zu den Aufwendungen, welche erforderlich waren, um diese Erträge zu generieren.[94] Das Prinzip der Abgrenzung der Zeit nach ergänzt dieses und besagt, dass zeitraumbezogene Aufwendungen und Erträge anteilig den einzelnen Perioden zuzurechnen sind.[95] Auch in Italien wird vorgeschrieben, dass Aufwendungen, welche durch Erträge einer Periode verursacht wurden, in der gleichen Periode wie die Erträge auszuweisen sind.[96]

---

[91] Vgl. Wilcke (1993), S. 187 ff.

[92] Vgl. Baetge et al. (2011a), S. 128.

[93] Vgl. Moxter (2003), S. 41.

[94] Vgl. Leffson (1987), S. 300.

[95] Vgl. Baetge et al. (2011a), S. 132.

[96] Vgl. Greving (1994), S. 16.

2.3.2.6 Kapitalerhaltungsgrundsätze

Ein Zweck der Rechnungslegung ist die Kapitalerhaltung.[97] Im Rahmen der GoB wird diesem Zweck durch die Kapitalerhaltungsgrundsätze Rechnung getragen, welche als Imparitäts- und Vorsichtsprinzip bezeichnet werden.

Das Imparitätsprinzip fordert „(...) alle vorhersehbaren Risiken und Verluste, die bis zum Abschlusstag entstanden sind, zu berücksichtigen, selbst wenn diese erst zwischen dem Abschlussstichtag und dem Tag der Aufstellung des Jahresabschlusses bekannt geworden sind (...)".[98] Dieses Prinzip stellt also sicher, dass bestimmte Aufwendungen der Zukunft bereits in derjenigen Periode berücksichtigt werden, in welcher sie verursacht wurden. Das Imparitätsprinzip ist damit als eine Ergänzung des Realisationsprinzips im Sinne des Kapitalerhaltungsgrundsatzes zu verstehen.[99] Vor diesem Hintergrund fordert die italienisches Legislative durch Art. 2423 bis Abs. 1 Nr. 4 C.C., dass alle Risiken und Verluste zu berücksichtigen sind, die auf das Geschäftsjahr entfallen, auch wenn sie erst nach dessen Beendigung bekannt werden.

Das Vorsichtsprinzip steht in engem Zusammenhang[100] mit dem Imparitätsprinzip und wird im Schrifttum als einer der wichtigsten GoB bezeichnet.[101] Es folgt dem von Schmalenbach formulierten Postulat: „Der Kaufmann soll sich im Zweifel lieber ärmer als reicher rechnen".[102] Das Vorsichtsprinzip fordert, dass Vermögen im Zweifel mit dem niedrigeren und Schulden mit dem höheren Wert bewertet werden sollen. Eine ähnliche Formulierung findet sich in Art 2423 bis Abs. 1 Nr. 1 C.C. wonach „die Bewertung der Posten vorsichtig (...)" vorzunehmen ist.

---

97 Vgl. Abschnitt 2.3.

98 § 252 Abs. 1 Satz 4 HGB.

99 Vgl. Leffson (1987), S. 340.

100 Beide Prinzipien sind in den § 252 Abs. 1. Nr. 4 HGB kodifiziert.

101 Vgl. Leffson (1987), S. 465.

102 Vgl. Schmalenbach (1953), S. 83.

2.4 Grundsätze der Bewertung

2.4.1 Zugangsbewertung

Nachdem eine Entscheidung anhand der Ansatzgrundsätze für eine Aktivierung eines Vermögensgegenstandes bzw. für die Passivierung einer Schuld gefallen ist, muss festgelegt werden, mit welchem Wert der Vermögensgegenstand oder die Schuld in der Bilanz zu erfassen ist. § 253 Abs. 1 Satz 1 HGB schreibt vor, dass Vermögensgegenstände höchstens mit den um die Abschreibungen verminderten Anschaffungs- oder Herstellungskosten anzusetzen sind. Es ist deshalb an dieser Stelle zielführend, die jeweiligen nationalen Begriffe der Anschaffungs- und Herstellungskosten näher zu betrachten und potentielle Unterschiede herauszuarbeiten.

Die Definition des Begriffs der Anschaffungskosten erfolgt im deutschen Recht durch § 255 Abs. 1 HGB: „Anschaffungskosten sind die Aufwendungen, die geleistet werden, um einen Vermögensgegenstand zu erwerben und ihn in einen betriebsbereiten Zustand zu versetzen, soweit sie dem Vermögensgegenstand einzeln zugeordnet werden können. Zu den Anschaffungskosten gehören auch die Nebenkosten sowie die nachträglichen Anschaffungskosten. Anschaffungspreisminderungen sind abzusetzen.“ Die italienische Definition ist deutlich kürzer und findet sich in Art 2426 Nr. 1 C.C.: „Das Anlagevermögen ist zu den Anschaffungs- oder Herstellungskosten auszuweisen. Zu den Anschaffungskosten zählen auch die Nebenkosten.“ Trotzdem ist sich das Schrifttum einig, dass keine wesentlichen Unterschiede zwischen der deutschen und der italienischen Definition des Anschaffungskostenbegriffs besteht.[103] Etwas komplexer gestaltet sich der Vergleich der Herstellungskostendefinitionen.

[103] Beispielsweise Greving (1994), S. 19.

Tabelle 1: Bestandteile der Herstellungskosten nach deutschem und italienischem Handelsrecht.[104]

Bestandteile Herstellungskosten	**Deutschland**		**Italien**	
Materialeinzelkosten	Einbeziehungspflicht	§ 255 Abs. 2 Satz 2 HGB	Einbeziehungspflicht	Art. 2426 Nr. 1 C.C.
Fertigungseinzelkosten				
Sondereinzelkosten der Fertigung				
Materialgemeinkosten	Einbeziehungswahlrecht	§ 255 Abs. 2 Satz 3 HGB	Einbeziehungswahlrecht	
Fertigungsgemeinkosten				
Abschreibungen				
Kosten der allgemeinen Verwaltung		§ 255 Abs. 2 Satz 4 HGB	Einbeziehungsverbot	
Aufwendungen für soziale Einrichtungen des Betrieb				
Aufwendungen für freiwillige soziale Leistungen				
Aufwendungen für betriebliche Altersversorgung				
Fremdkapitalzinsen, für Fremdkapital, welches zur Finanzierung der Herstellung eines Vermögensgegenstandes verwendet wurde		§ 255 Abs. 3 HGB	Einbeziehungswahlrecht	
Vertriebskosten	Einbeziehungsverbot	§ 255 Abs. 2 Satz 6 HGB	Einbeziehungsverbot	

Obige Tabelle stellt die Bestandteile der Herstellungskosten gegenüber und zeigt, für welche Kosten bzw. Aufwendungen eine Einbeziehungspflicht, ein -wahlrecht oder -verbot besteht.

Hinsichtlich der Einbeziehungspflichten und -verbote weichen im Kontext der Herstellungskosten die italienischen Vorschriften nicht von den deutschen ab. Nur hinsichtlich der Einbeziehungswahlrechte räumt der deutsche Gesetzgeber dem Bilanzierenden mehr Spielräume ein.

Für Schulden schreibt § 253 Abs. 1 Satz 2 HGB vor, dass „Verbindlichkeiten zu ihrem Rückzahlungsbetrag, Rentenverpflichtungen, für die eine Gegenleistung nicht mehr zu erwarten ist, zu ihrem Barwert und Rückstellungen nur in Höhe des Betrags anzusetzen sind, der nach vernünftiger kaufmännischer Beurteilung notwendig ist. Rückstellungen dürfen nur abgezinst werden, soweit die ihnen zugrundeliegenden Verbindlichkeiten einen Zinsanteil enthalten."

[104] Eigene Darstellung.

In Italien sind Verbindlichkeiten mit ihrem Nennwert oder dem höheren Rückzahlungsbetrag zu bilanzieren.[105] Rückstellungen hingegen müssen mit demjenigen Betrag, welcher nach vernünftiger kaufmännischer Beurteilung notwendig ist, passiviert werden.[106] Hinsichtlich der Zugangsbewertung von Schulden bestehen demnach faktisch keine Unterschiede zwischen Deutschland und Italien.

2.4.2 Folgebewertung

Ist die Zugangsbewertung für einen Vermögensgegenstand erfolgt, muss, wenn es sich um einen abnutzbaren Gegenstand im Sinne des Gesetzes handelt, ein Abschreibungsplan erstellt werden.[107] In diesem Plan werden die Höhe der regelmäßigen (planmäßigen) Abschreibungen festgelegt und die daraus resultierenden Restwerte dargestellt. Die Höhe der Abschreibungen wird durch den Abschreibungswert, die Abschreibungsmethode und die Abschreibungsdauer determiniert. Tabelle 2 zeigt, dass die handelsrechtlichen Vorschriften in Deutschland und Italien im Kontext der abschreibbaren Gegenstände fast identisch sind. Einzig im Falle von Grundstücken ermöglicht der italienische Gesetzgeber – im Gegensatz zur deutschen Legislative – den Bilanzierenden eine planmäßige Abschreibung.

Tabelle 2: Vergleich der Abschreibungsgegenstände.[108]

	Deutschland		Italien	
	planmäßig	außerplanmäßig	planmäßig	außerplanmäßig
Grundstücke		✔	✔	✔
Abnutzbares Anlagevermögen	✔	✔	✔	✔
Umlaufvermögen		✔		✔

Ein weiterer Unterschied besteht hinsichtlich der außerplanmäßigen Abschreibungen. Zwar sind die Gründe, welche zu einer außerplanmäßigen Abschreibung führen können, identisch, jedoch darf in Deutschland gem. § 253 Abs. 5 HGB ein niedrigerer Wertansatz, welcher aus einer außerplanmäßigen Abschreibung resultiert, beibehalten werden, auch wenn Gründe für die außerplanmäßige Abschreibung nicht mehr bestehen. Dies ist in Italien nicht gestattet: Hier gilt gem. Art 2426 Abs. 9 C.C. grundsätzlich das Wertaufholungsgebot.

---

105 Vgl. Wilcke (1993), S. 190.

106 Vgl. Greving (1994), S. 37 ff.

107 Vgl. § 253 Abs. 3 HGB.

108 Eigene Darstellung.

Hinsichtlich der planmäßigen Abschreibungsmethoden stehen dem deutschen Bilanzierenden neben der linearen und der degressiven zusätzlich die progressive Abschreibung und die Leistungsabschreibung zur Verfügung. In Italien hingegen darf planmäßig nur linear oder degressiv abgeschrieben werden.[109]

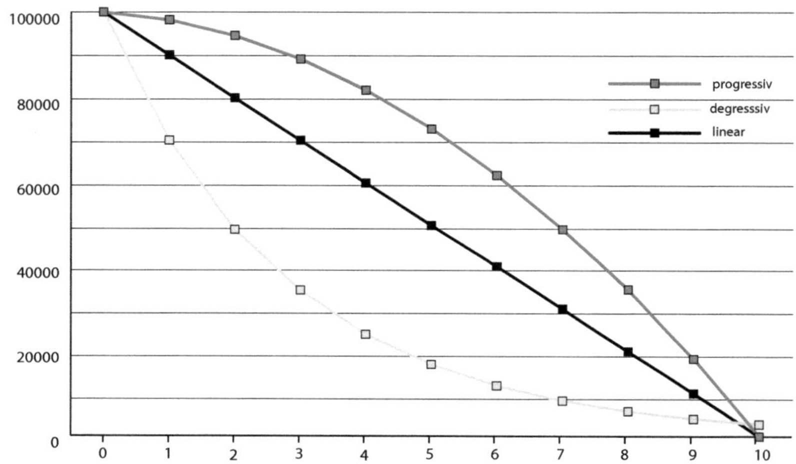

Abb. 4 Vergleich der Restbuchwerte unterschiedlicher Abschreibungsmethoden.[110]

Abbildung 4 zeigt beispielhaft[111] die Auswirkungen unterschiedlicher Abschreibungsmethoden auf die Restbuchwerte im Zeitverlauf. Es ist deutlich zu erkennen, dass eine progressive Abschreibung während des gesamten Zeitverlaufs zu höheren Restbuchwerten führt.

In Italien sind sämtliche immateriellen Vermögensgegenstände gem. Art. 2426 5 und 6 C.C. innerhalb von fünf Jahren oder weniger abzuschreiben. In Deutschland hingegen sind diese Vermögensgegenstände linear über die geplante Nutzungsdauer[112] abzuschreiben. Hinsichtlich der Abschreibungsdauer für abnutzbares Anlagevermögen bestehen nur geringe Unterschiede. Wie auch in Deutschland wird die Abschreibungsdauer in der Regel durch „Absetzung für Abnutzung (AfA)-Tabellen"[113], welche von den entsprechenden Ministerien veröffentlich werden, determi-

[109] Vgl. Principi Contabili, documento n. 24, S. 15 ff.

[110] Eigene Darstellung.

[111] Als Beispiel wurde die Abschreibung eines Anlagegutes (Buchwert bei Zugang 100.000) über 10 Jahre angenommen.

[112] In Deutschland wird ein aktivierter GoF üblicherweise in Anlehnung an das Steuerrecht über 15 Jahre abgeschrieben.

[113] AfA-Tabellen sind notwendig, um die steuerrechtlichen Abschreibungen zu bestimmen. Sie werden vom Bundesministerium für Finanzen veröffentlicht und beeinflussen aufgrund der umgekehrten Maßgeblichkeit auch den handelsrechtlichen Jahresabschluss.

niert.[114] Jedoch werden in Italien Abschreibungen auf Sachanlagen im Zugangsjahr unabhängig vom Zeitpunkt der Ingebrauchnahme nur in Höhe der Hälfte des Normalabschreibungssatzes verrechnet.

Eine Besonderheit im Kontext der Abschreibungen besteht jedoch im italienischen Recht. Dort ist es möglich, Grundstücke planmäßig abzuschreiben, wenn das Grundstück als wesentlicher Bestandteil des darauf errichteten Gebäudes angesehen wird.[115] In Deutschland hingegen ist die planmäßige Abschreibung von Grundstücken untersagt.

2.5 Wahlrechte

Wahlrechte sind aus bilanzanalytischer Sicht von besonderer Bedeutung, da sie erheblichen Einfluss auf die Darstellung der wirtschaftlichen Lage eines Unternehmens haben. Sie ermöglichen dem Bilanzierenden eine gezielte Periodisierung von Aufwendungen und Erträgen und haben dadurch eine direkte Wirkung auf den Jahresüberschuss bzw. -fehlbetrag eines Unternehmens.

Um Unternehmen sinnvoll miteinander vergleichen zu können, muss die Wirkung potentiell ausgenutzter Wahlrechte – soweit möglich – eliminiert werden. Dazu ist es notwendig, sich die rechnungslegungsspezifischen Wahlrechte vor Augen zu führen. Es werden deshalb im Folgenden die italienischen den deutschen Wahlrechten gegenübergestellt. Dabei wird zwischen Aktivierungs-, Passivierungs-, Wertansatz- und Methodenwahlrechten differenziert.

Hinsichtlich des Aktivierungswahlrechts gibt es zwischen Deutschland und Italien wesentliche Unterschiede. Zwar besteht in beiden Ländern ein Aktivierungswahlrecht für Ingangsetzungsaufwendungen und derivative Geschäfts- oder Firmenwerte (GoF), jedoch wird dem italienischen Bilanzierenden durch das Wahlrecht zur Aktivierung von „Aufwendungen für Forschung, Entwicklung und Werbung“ ein breiter bilanzpolitischer Spielraum eingeräumt.[116] In Deutschland dürfen im Gegensatz zu Italien[117] aktivische latente Steuern sowie Zölle, Verbrauchersteuer und Umsatzsteuer, soweit sie auf am Abschlussstichtag auszuweisende Vermögensgegenstände des Vorratsvermögens entfallen, als Rechnungsabgrenzungsposten aktiviert werden.[118] Diese Rechte werden allerdings selten in Anspruch genommen und sind in ihrer Wirkung daher begrenzt. Ein Disagio darf nach deutschem Recht aktiviert werden; in Italien hingegen besteht hierfür ein Ak-

---

114 Vgl. Wilcke (1993), S. 176.

115 Vgl. Wilcke (1993), S. 176.

116 Vgl. Art. 2426 Abs. 5 C.C..

117 Vgl. Wilcke (1993), S. 187.

118 Vgl. § 250 Abs. 1 Satz 2 HGB.

tivierungsgebot.[119] Tabelle 3 zeigt die länderspezifischen Aktivierungswahlrechte sowie Verweise auf die entsprechenden Gesetzesstellen.

Tabelle 3: Synoptische Darstellung der Aktivierungswahlrechte in Deutschland und Italien.[120]

Aktivierungswahlrechte	
Deutschland	**Italien**
Aufwendungen für die Ingangsetzung und Erweiterung des Geschäftsbetriebs (§ 269 HGB)	Aufwendungen für die Errichtung und Erweiterung des Unternehmens (Art. 2426 Nr. 5 C.C.)
Derivativer Geschäfts- oder Firmenwert (§ 255 Abs. 4 HGB)	Derivativer Geschäftswert (Art. 2426 Nr. 6 C.C.)
Aktivische latente Steuern (§ 274 Abs. 2 HGB)	
Rechnungsabgrenzungsposten (Zölle, Verbrauchersteuer, Umsatzsteuer) (§ 250 Abs. 1 Satz 2 Nr. 1 und 2 HGB)	
Disagio (§ 250 Abs. 3 HGB)	
	Aufwendungen für Forschung, Entwicklung und Werbung (Art. 2426 Nr. 5 C.C.)
	In Ausführung befindliche Arbeiten auf Bestellung (Art. 2426 Nr. 11 C.C.)

Dem deutschen Bilanzierenden steht eine Reihe von Passivierungswahlrechten zur Verfügung. Insbesondere die Möglichkeit der Bildung von Aufwandsrückstellungen gem. § 249 Abs. 2 HGB ist bei der Periodisierung von Jahresüberschüssen ein in der Praxis vielfach genutztes Instrument.

In Italien hingegen bestehen keine expliziten Passivierungswahlrechte,[121] jedoch eröffnen bewusst kodifizierte Interpretationsspielräume im Gesetzestext dem italienischen Bilanzierenden ebenfalls bilanzpolitische Spielräume.[122] Tabelle 4 zeigt die deutschen Passivierungswahlrechte sowie die Verweise auf die jeweiligen Gesetzesstellen.

---

119 Vgl. § 250 Abs. 3 HGB und Art. 2426 Abs. 7 C.C..

120 Eigene Darstellung.

121 Vgl. Wilcke (1993), S. 169.

122 Beispielsweise bei der Bemessung der Höhe von Rückstellungen.

Tabelle 4: Synoptische Darstellung der Passivierungswahlrechte in Deutschland und Italien.[123]

Passivierungswahlrechte	
Deutschland	**Italien**
Wertaufholungsrücklagen (§ 58 Abs. 2a AktG § 29 Abs. 4 GmbHG)	In Italien bestehen keine Passivierungswahlrechte.
Sonderposten mit Rücklagenanteil (§ 247 Abs. 3 HGB i. V. m. §§ 273 und 281 Abs. 1 Satz 1 HGB)	
Rückstellungen	
Pensionsrückstellungen (Zusage vor dem 01.01.1987) (Art. 28 Abs. 1 EGHGB)	
für unterlassene Instandhaltungsaufwendungen (Nachholung vom 4. bis 12 Monat) (§ 249 Abs. 1 Satz 3 HGB)	
Aufwandsrückstellungen (§ 249 Abs. 2 HGB)	

Unter anderem am Beispiel des Wertansatzwahlrechts zeigt sich der Fokus des deutschen Gesetzgebers auf den Gläubigerschutz.[124] Er räumt hier dem deutschen Bilanzierenden eine Reihe von Abschreibungswahlrechten ein, welche im Falle ihrer Ausnutzung zu einer bilanziell wertmäßigen Reduktion der betroffenen Vermögensgegenstände führen. Insbesondere die Abschreibungen im Rahmen vernünftiger kaufmännischer Beurteilungen i.S.d. § 253 Abs. 4 HGB i. V. m. § 279 Abs. 2 HGB sowie das Beibehaltungswahlrecht für einen niedrigeren Wertansatz i.S.d. §§ 253 Abs. 5 und 254 Satz 2 HGB i. V. m. § 280 Abs. 1 und 2 HGB führen zu bilanzpolitischen Spielräumen. In Italien hingegen bestehen zwar keine Abschreibungswahlrechte, jedoch ähnliche Ermessensspielräume[125] wie in Deutschland. Beispielsweise gibt es in Italien für alle Gesellschaften ein Wertaufholungsgebot im Kontext außerplanmäßiger Abschreibungen. Von besonderer Bedeutung sind die italienischen Aufwertungsgesetze, welche unregelmäßig erlassen werden und nur von begrenzter zeitlicher Gültigkeit sind. Diese erlauben dem italienischen Bilanzierenden eine erfolgsneutrale Aufwertung bestimmter Vermögensgegenstände zu Zeitwerten.[126] Diese Wahlrechte stehen zwar nicht regelmäßig zur Verfügung, können aber während ihrer Verfügbarkeit durch

123 Eigene Darstellung.

124 Siehe auch Abschnitt 2.3.1.

125 Beispielsweise die Bemessung der Nutzungsdauer von Anlagegütern.

126 Siehe auch Eikenberg (2008), S. 154 ff.

Anwendung zu massiven bilanziellen Veränderungen führen. Tabelle 5 zeigt die deutschen und italienischen Wertansatzwahlrechte im Vergleich.

Tabelle 5: Synoptische Darstellung der Wertansatzwahlrechte in Deutschland und Italien.[127]

Wertansatzwahlrechte	
Deutschland	**Italien**
außerplanmäßige Abschreibungen im Anlagevermögen bei nur vorübergehender Wertminderung (§ 253 Abs. 2 Satz 3 HGB i. V. m. § 279 Abs. 1 Satz 2 HGB)	
Abschreibungen auf den zukünftigen Wertschwankungswert im Umlaufvermögen (§ 253 Abs. 3 Satz 3 HGB)	
Abschreibungen im Rahmen vernünftiger kaufmännischer Beurteilung (§ 253 Abs. 4 HGB i. V. m. § 279 Abs. 2 HGB)	
steuerlich motivierte Abschreibungen (§ 254 HGB i. V. m. § 279 Abs. 2 HGB)	
Beibehaltungswahlrecht für einen niedrigeren Wertansatz (§§ 253 Abs. 5 und 254 Satz 2 HGB i. V. m. § 280 Abs. 1 und 2 HGB)	
	Bewertung der Beteiligungen an beherrschenden oder verbunden Unternehmen mit den Anschaffungskosten (AK) oder mit einem Betrag, der dem anteiligen, sich aus dem letzten Jahresabschluss dieser Unternehmen ergebenden Eigenkapital entspricht (Art. 2426 Nr. 4 C.C.)
	Aufwertung von Vermögensgegenständen (ermöglicht durch unregelmäßige Sondergesetze mit beschränkter zeitlichen Gültigkeit)

Hinsichtlich des Methodenwahlrechts sind Deutschland und Italien durchaus vergleichbar. Die Bewertung des Vorratsvermögens darf in beiden Ländern durch Einzel-, Fest-, Gruppenbewertung und Verbrauchsfolgeverfahren erfolgen. Auch die Freiheitsgrade im Rahmen der Ermittlung

[127] Eigene Darstellung.

von Herstellungskosten sind grundsätzlich vergleichbar.[128] Nur bei der Wahl der Abschreibungsmethoden kann der deutsche Bilanzierende auf ein breiteres Spektrum als der Italiener zurückgreifen. Ihm stehen zusätzlich die progressive Abschreibung und die Leistungsabschreibung zur Verfügung.[129] Tabelle 6 zeigt deutsche und italienische Methodenwahlrechte im Vergleich.

Tabelle 6: Synoptische Darstellung des Methodenwahlrechts in Deutschland und Italien.[130]

Methodenwahlrechte	
Deutschland	**Italien**
Einzel-, Fest-, Gruppenbewertung, Verbrauchsfolgeverfahren (§ 256 HGB i. V. m. § 240 Abs. 2 und 4 HGB)	Bewertung von Betriebs- und Geschäftsausstattungen, Roh-, Hilfs- und Betriebsstoffe zu Festwerten (Art. 2426 Nr. 12 C.C.) Die Kosten vertretbarer Güter können nach gewogenen Durchschnittswerten oder auf Grund des „first in - first out - Verfahrens" (Fifo) oder: „last in - first out - Verfahrens" (Lifo) berechnet werden (Art. 2426 Nr. 10 C.C.)
Ermittlung der Herstellungskosten (§ 255 Abs. 2 und 3 HGB)	Ermittlung der Herstellungskosten (Art. 2426 Nr. 1 C.C.)
Abschreibungsmethoden (§§ 253 Abs. 2 und 255 Abs. 4 Satz 2 und 3 HGB)	Abschreibungsmethoden

[128] Vgl. hierzu Abschnitt 2.4.1.

[129] Vgl. hierzu Abschnitt 2.4.2.

[130] Eigene Darstellung.

2.6 Jahresabschlussposten im Überblick

Nachdem der grundlegende Aufbau der nationalen Rechnungslegungsstandards dargelegt und wesentliche Unterschiede herausgearbeitet wurden, erfolgt im folgenden Abschnitt eine synoptische Analyse der Bilanz- und GuV-Strukturen. Der Aufbau der Analyse orientiert sich demzufolge an der Struktur der Bilanz und der GuV.

2.6.1 Bilanz

2.6.1.1 Aktiva

2.6.1.1.1 Bilanzierungshilfen

Gem. § 272 Abs. 1 Satz 3 HGB besteht ein Wahlrecht hinsichtlich des Ausweises von nicht eingeforderten ausstehenden Einlagen. Demnach dürfen diese ausstehenden Einlagen offen vom gezeichneten Kapital abgesetzt werden. In diesem Fall ist der verbleibende Betrag als Posten „Eingefordertes Kapital“ in der Hauptspalte der Passiva sowie der noch nicht eingezahlte Betrag unter den Forderungen gesondert auszuweisen. Alternativ können die nicht eingeforderten ausstehenden Einlagen gem. § 272 Abs. 1 Satz 2 HGB als „davon Vermerk“ vor dem Anlagevermögen ausgewiesen werden.

Im italienischen Handelsrecht ist für ausstehende Einlagen nur ein aktivischer Ausweis vergleichbar § 272 Abs. 1 Satz 2 HGB vorgesehen. Insofern müsste für eine vergleichende Analyse deutscher und italienischer Jahresabschlüsse bei den deutschen Abschlüssen der passivische Ausweis von ausstehenden Einlagen durch Umgliederung in eine Darstellung gem. § 272 Abs. 1 Satz 2 HGB sichergestellt werden.

Tabelle 7: Synopse der ausstehenden Einlagen.[131]

	Deutschland	Italien
Bezeichnung im Jahresabschluss:	Ausstehende Einlagen	Forderungen gegen die Gesellschafter für noch geschuldete Einzahlungen, mit gesonderter Angabe des schon eingeforderten Teils.
Verweis / Erläuterung:	§ 272 Abs. 1 Satz 2 HGB „Die ausstehenden Einlagen auf das gezeichnete Kapital sind auf der Aktivseite vor dem Anlagevermögen gesondert auszuweisen und entsprechend zu bezeichnen; die davon eingeforderten Einlagen sind zu vermerken."	Art. 2424 A. C.C.
Ansatz:	Ansatzgebot (Achtung: Ausweiswahlrecht bei nicht eingeforderten ausstehenden Einlagen gem. § 272 Abs. 1 Satz 3 HGB)	Ansatzgebot

Gem. § 269 HGB dürfen „Aufwendungen für die Ingangsetzung des Geschäftsbetriebs" als Bilanzierungshilfen aktiviert werden. Der Posten ist nicht den Vermögensgegenständen hinzuzurechnen und in der Bilanz vor dem Anlagevermögen auszuweisen. Außerdem besteht im Falle einer Aktivierung eine Erläuterungspflicht. Dem Posten dürfen Aufwendungen, welche für die Gründung des Unternehmens angefallen sind, nicht hinzugerechnet werden.[132] Darüber hinaus ist eine dem Betrage nach entsprechende Rücklage in den jederzeit auflösbaren Gewinnrücklagen zu bilden (Ausschüttungssperrfunktion).

Der Begriff der Ingangsetzungsaufwendungen ist im italienischen Schrifttum der deutschen Definition zwar ähnlich, wird inhaltlich jedoch weiter gefasst. Neben allen Aufwendungen, welche laut deutschem Handelsrecht dem Posten hinzugerechnet werden dürfen, können auch Gründungskosten zugeordnet werden.[133]

Durch die Möglichkeit der Aktivierung von Gründungsaufwendungen stehen den italienischen Unternehmen größere bilanzpolitische Spielräume zur Verfügung als Unternehmen, welche nach

---

[131] Eigene Darstellung.

[132] Vgl. § 248 Abs. 1 HGB.

[133] Vgl. Principi Contabili, documento n. 24, S. 13.

deutschem Handelsrecht bilanzieren. Auch hinsichtlich des Ausweises bestehen Unterschiede: In Italien sind Ingangsetzungsaufwendungen Bestandteil der immateriellen Vermögensgegenstände.

Ein weiterer Unterschied besteht hinsichtlich der Abschreibungen. Gem. § 282 HGB muss der Posten in weniger als vier Jahren abgeschrieben werden. Art. 2426 Abs. 2 und 5 C.C. erlauben eine maximale Abschreibungsdauer von fünf Jahren.

Tabelle 8: Synopse der Aufwendungen für Ingangsetzung und Erweiterung des Geschäftsbetriebs.[134]

	Deutschland	**Italien**
Bezeichnung im Jahresabschluss:	Aufwendungen für die Ingangsetzung und Erweiterung des Geschäftsbetriebs	Aufwendungen für die Errichtung und Erweiterung des Unternehmens
Verweis / Erläuterung:	§ 269 HGB Die Aufwendungen für die Ingangsetzung des Geschäftsbetriebs und dessen Erweiterung dürfen, soweit sie nicht bilanzierungsfähig sind, als Bilanzierungshilfe aktiviert werden i. V. m. § 248 Abs. 1 HGB Aufwendungen für die Gründung des Unternehmens und für die Beschaffung des Eigenkapitals dürfen in der Bilanz nicht als Aktivposten aufgenommen werden.	Art. 2424 B) I. 1. C.C. i. V. m. Art. 2426 Abs. 5 C.C. Aufwendungen für die Errichtung und Erweiterung des Unternehmens … die einen mehrjährigen Nutzen haben, können mit der Zustimmung des Kontrollrats, falls ein solcher besteht, auf der Aktivseite verbucht werden.
Ansatz:	Aktivierungswahlrecht	Aktivierungswahlrecht

2.6.1.1.2 Anlagevermögen

2.6.1.1.2.1 Immaterielle Vermögensgegenstände

Struktur und Inhalt der italienischen immateriellen Vermögensgegenstände (VG) weichen deutlich vom deutschen HGB ab. Insbesondere die Möglichkeit der Aktivierung selbstgeschaffener immaterieller VG bietet im Vergleich zum HGB den italienischen Bilanzierenden erhebliche bilanzpolitische Spielräume. Im italienischen Recht existiert lediglich ein Aktivierungsverbot für

[134] Eigene Darstellung.

originäre Firmenwerte. Entscheidend für eine Aktivierung ist die Nachweisbarkeit eines künftigen Nutzenvorteils.[135]

Konkret besteht in Deutschland für Forschungs- und Entwicklungskosten sowie Kosten für Werbung ein striktes Aktivierungsverbot. Im italienischen Recht können sowohl Forschungs- und Entwicklungskosten als auch Kosten für Werbung unter dem Aktivposten „Aufwendungen für Forschung, Entwicklung und Werbung" erfasst werden. Hinsichtlich der Forschungs- und Entwicklungskosten existiert im italienischen Recht eine Dreiteilung in die Bereiche Grundlagenforschung, Angewandte Forschung und Entwicklungstätigkeit. Aufwendungen für Grundlagenforschung sollen aufgrund unsicherer Nutzenerwartungen nicht aktiviert werden. Für die Aufwendungen, welche aus der Angewandten Forschung und der Entwicklungstätigkeit resultieren, besteht explizit ein Aktivierungswahlrecht. Wie auch bei anderen Rechnungslegungsstandards,[136] ist die Abgrenzung von Forschungs- und Entwicklungsaufwendungen problematisch. Auch im italienischen Recht fehlt es hier an konkreten Vorgaben. Demnach besteht an dieser Stelle ein gewisser bilanzpolitischer Spielraum.[137] Hinsichtlich der Werbungskosten besteht gem. Art. 2426 Nr. 5. Satz 1 C.C. ein Aktivierungswahlrecht.

Des Weiteren besteht gem. § 246 Abs. 1 HGB (Vollständigkeitsgebot) eine Aktivierungspflicht für alle entgeltlich erworbenen immateriellen Vermögensgegenstände und gem. § 248 Abs. 2 HGB ein Aktivierungsverbot für selbstgeschaffene immaterielle Vermögensgegenstände. Hier zeigt sich ein erheblicher Unterschied zum C.C.. Im italienischen Recht müssen – bei Erfüllung der allgemeinen Aktivierungsvoraussetzungen – auch selbstgeschaffene immaterielle Vermögensgegenstände aktiviert werden. Die Voraussetzungen sind gegeben, wenn die Kosten abgrenzbar und eindeutig zuordenbar sind sowie ein künftiger Nutzenvorteil nachgewiesen werden kann.

Gem. § 255 Abs. 4 Satz 1 HGB darf ein derivativer GoF aktiviert werden; ein Aktivierungsverbot besteht hingegen für originäre GoF.[138] Die italienischen Regelungen entsprechen den deutschen an dieser Stelle weitgehend – lediglich die vorgeschriebene maximale Abschreibungsdauer beträgt in Italien fünf und in Deutschland vier Jahre.

---

[135] Vgl. Eikenberg (2008), S. 162.

[136] Beispielsweise IFRS.

[137] Vgl. Eikenberg (2008), S. 168.

[138] Vgl. § 248. Abs. 2 HGB.

Tabelle 9: Synopse der immaterielle Vermögensgegenstände.[139]

<table>
<tr><th></th><th>Deutschland</th><th>Italien</th></tr>
<tr><td>Bezeichnung im Jahresabschluss:</td><td>Immaterielle Vermögensgegenstände</td><td>Immaterielles Anlagevermögen</td></tr>
<tr><td>Verweis:</td><td>§ 266 Abs. 2 A. I. HGB</td><td>Art. 2424 B) I. C.C.</td></tr>
<tr><td rowspan="6">Bestandteile:</td><td>II. Aufwendungen für die Ingangsetzung und Erweiterung des Geschäftsbetriebs → (Bilanzierungshilfe und NICHT Bestandteile der immateriellen VGs)</td><td>1. Aufwendungen für die Errichtung und Erweiterung des Unternehmens</td></tr>
<tr><td>X</td><td>2. Aufwendungen für Forschung, Entwicklung und Werbung</td></tr>
<tr><td rowspan="2">1. Konzessionen, gewerbliche Schutzrechte und ähnliche Rechte und Werte sowie Lizenzen an solchen Rechten und Werten</td><td>3. Gewerbliche Patentrechte und Nutzungsrechte an geistigen Werken</td></tr>
<tr><td>4. Konzessionen, Lizenzen, Marken und ähnliche Rechte</td></tr>
<tr><td>2. Geschäfts- oder Firmenwert</td><td>5. Geschäftswert</td></tr>
<tr><td>3. Geleistete Anzahlungen</td><td>6. In Entstehung befindliches Anlagevermögen</td></tr>
<tr><td></td><td></td><td>7. Sonstiges</td></tr>
</table>

Hinsichtlich der Aktivierung von geleisteten Anzahlungen auf immaterielle Vermögensgegenstände bestehen keine Unterschiede zwischen Deutschland und Italien. Ein Sammelposten für immaterielle Vermögensgegenstände existiert im deutschen Handelsrecht nicht. Seine Existenz im italienischen Recht zeigt den grundsätzlich „offeneren" Ansatz hinsichtlich der Periodisierung von Aufwendungen, welche im Zusammenhang mit immateriellen Vermögensgegenständen stehen. Unter diesem Posten können beispielsweise Aufwendungen für selbsterstellte Software, welche keinen Urheberschutz genießt, erfasst werden. Die Existenz dieses Sammelpostens in Verbindung mit den allgemeinen Aktivierungsvoraussetzungen im italienischen Recht zeigt, dass der deutsche mit dem italienischen Bilanzposten „Immaterielle Vermögensgegenstände" nur bedingt vergleichbar ist.

[139] Eigene Darstellung. Das Zeichen „X" in der Abbildung kennzeichnet die fehlende Existenz eines vergleichbaren Postens im jeweiligen Rechnungslegungsstandard.

2.6.1.1.2.2 Sachanlagevermögen

Hinsichtlich Struktur und Inhalt ist das deutsche Sachanlagevermögen dem italienischen materiellen Anlagevermögen ähnlich. Tabelle 10 zeigt eine synoptische Darstellung des Sachanlagevermögens.

Tabelle 10: Synopse des Sachanlagevermögens.[140]

	Deutschland	Italien
Bezeichnung im Jahresabschluss:	Sachanlagevermögen	Materielles Anlagevermögen
Verweis:	§ 266 Abs. 2 A. II. HGB	Art. 2424 B) II. C.C.
Bestandteile:	1. Grundstücke, grundstücksgleiche Rechte und Bauten einschließlich der Bauten auf fremden Grundstücken	1. Grundstücke und Gebäude
	2. Technische Anlagen und Maschinen	2. Anlagen und Maschinen
	3. Andere Anlagen, Betriebs- und Geschäftsausstattung	3. Betriebs- und Geschäftsausstattungen
	X	4. Sonstige Vermögenswerte
	4. Geleistete Anzahlungen und Anlagen im Bau	5. Im Entstehen befindliches Anlagevermögen und Anzahlungen

Zu Abweichungen kommt es jedoch bei den Wertansätzen. Zwar werden italienische materielle Vermögensgegenstände des Anlagevermögens wie in Deutschland zu den fortgeschriebenen Anschaffungs- und Herstellungskosten[141] bilanziert, jedoch können die italienischen Aufwertungsgesetze[142] in bestimmten Perioden[143] zu einer Neubewertung der Vermögensgegenstände führen. In Italien besteht im Gegensatz zu Deutschland die Möglichkeit, Grundstücke unter bestimmten Voraussetzungen planmäßig abzuschreiben. Das deutsche Wahlrecht[144] zur Beibehaltung eines niedrigeren Wertansatzes[145] führt jedoch tendenziell zu einem niedrigeren Wertansatz des Sachanlagevermögens in Deutschland.

---

140 Eigene Darstellung.

141 Aufgrund der leicht abweichenden Definition von Anschaffungs- und Herstellungskosten kann es schon bei der Zugangsbewertung zu unterschiedlichen Wertansätzen kommen. Siehe weiterführende Abschnitt 2.4.1.

142 Vgl. weiterführend Abschnitt 2.5.

143 Zuletzt im Kalenderjahr 2008.

144 Dieses gilt nicht für Kapital- und Personenhandelsgesellschaften.

145 Vgl. auch Abschnitt 2.5.

2.6.1.1.2.3 Finanzanlagen

Die Finanzanlagen unterscheiden sich bezüglich ihrer Struktur und der Postenbezeichnungen; inhaltlich ähneln sie sich jedoch. Der deutsche Posten „Anteile an verbunden Unternehmen" wird in Italien als „Beteiligung an abhängigen Unternehmen" bezeichnet. Die deutsche Definition eines verbundenen Unternehmens gem. § 271 Abs. 2 HGB i. V. m. § 290 HGB entspricht dabei der italienischen Definition des abhängigen Unternehmens gem. Art 2359 C.C.. Der italienische Begriff „verbundenes Unternehmen" (ebenfalls definiert in Art. 2359 C.C.) ist mit dem deutschen Begriff des „assoziierten Unternehmens" gem. § 311 Abs. 1 HGB gleichzusetzen. Außerdem existieren in Italien zusätzlich noch die Posten „Beteiligungen an beherrschenden Unternehmen" und „Beteiligungen an sonstigen Unternehmen". Die Definition eines beherrschenden Unternehmens lässt sich aus Art. 2359 C.C. ableiten und kann unter dem deutschen Begriff der Beteiligung i.S.d. § 271. Abs. 1 Satz 1 HGB subsumiert werden. Der italienische Posten „sonstige Unternehmen" ist ein Sammelposten für Anteile an Unternehmen, welche langfristig gehalten werden sollen und entspricht somit grundsätzlich ebenfalls der deutschen Definition einer Beteiligung.

Die italienische Definition der Ausleihungen im Kontext des Finanzanlagevermögens entspricht der deutschen. Lediglich die Aufteilung der Ausleihungen auf die verschiedenen Posten unterscheidet sich voneinander.

Der deutsche Posten „Wertpapiere des Anlagevermögens" beinhaltet Wertpapiere, welche länger als ein Jahr gehalten werden sollen und nicht als Anteile an verbundenen Unternehmen oder Beteiligungen angesehen werden; insofern hat dieser Posten den Charakter eines Sammelpostens.[146] In Italien werden vergleichbare Wertpapiere unter dem Posten „Sonstige Wertpapiere" ausgewiesen. In nachfolgender Tabelle werden die deutschen und italienischen Posten der Finanzanlagen gegenübergestellt.

---

[146] Vgl. Baetge et al. (2011a), S. 314.

Tabelle 11: Synopse der Finanzanlagen.[147]

	Deutschland	Italien (C.C.)
Bezeichnung im Jahresabschluss:	Finanzanlagen	Finanzanlagevermögen
Verweis:	§ 266 Abs. 2 A. III. HGB	Art. 2424 B) III. C.C.
Bestandteile:		1. Beteiligung an:
	1. Anteile an verbundenen Unternehmen	a) abhängigen Unternehmen
	2. Beteiligungen	b) Konzernunternehmen c) beherrschenden Unternehmen d) sonstige Unternehmen
		2. Forderungen
	3. Ausleihungen an verbundene Unternehmen	a) gegen abhängige Unternehmen
	4. Ausleihungen an Unternehmen mit denen ein Beteiligungsverhältnis besteht	b) gegen Konzern-unternehmen c) gegen beherrschende Unternehmen
	5. Sonstige Ausleihungen, davon an Gesellschafter	d) gegen sonstige Unternehmen
	6. Wertpapiere des Anlagevermögens	3. Sonstige Wertpapiere

Hinsichtlich der Zugangsbewertung von Finanzanlagen besteht zwischen dem deutschen und dem italienischen Recht nur ein geringer Unterschied, welcher aus der leicht abweichenden Definition der Anschaffungs- und Herstellungskosten beider Länder resultiert.[148] Sowohl in Deutschland als auch in Italien werden die Finanzanlagen grundsätzlich zu Anschaffungs- oder Herstellungskosten bewertet. In Italien besteht außerdem die Möglichkeit (Wahlrecht), Beteiligungen an verbunden oder beherrschenden Unternehmen gem. Art. 2426 Nr. 4 C.C. mit dem anteiligen Eigenkapital der Beteiligungsgesellschaft anstatt der Anschaffungskosten zu bilanzieren.

Auch im Kontext der Folgebewertung bestehen nur geringe Unterschiede. In beiden Ländern sind im Falle einer dauerhaften Wertminderung außerplanmäßige Abschreibungen auf den niedrigeren Wert vorzunehmen. In Deutschland besteht zusätzlich die Möglichkeit (Wahlrecht) auch bei einer vorübergehenden Wertminderung außerplanmäßig abzuschreiben. In Deutschland und Italien

[147] Eigene Darstellung.

[148] Vgl. weiterführend Abschnitt 2.4.1.

besteht beim Wegfall der Gründe für die außerplanmäßige Abschreibung die Pflicht der Wertaufholung. Nach italienischem Recht sind unter den Finanzanlagen auch „Eigene Anteile" als eigenständiger Posten zu buchen, wenn diese längerfristig gehalten werden. Da in Deutschland eine Erfassung eigener Anteilen gem. § 266 Abs. 2 HGB nur im Umlaufvermögen vorgesehen ist, wird der entsprechende italienische Posten im Rahmen der synoptischen Darstellung in das Umlaufvermögen umgegliedert.

2.6.1.1.3 Umlaufvermögen

2.6.1.1.3.1 Vorräte

Strukturell und inhaltlich ähneln sich der deutsche und der italienische Bilanzposten „Vorräte". Der deutsche Posten „unfertige Erzeugnisse" wird im italienischen Standardbilanzierungsschema in Form zweier einzelner Posten (im Fertigungsprozess befindlichen und halbfertige Erzeugnisse, in Ausführung befindlichen Arbeiten und Bestellungen) dargestellt.

Sowohl in Deutschland als auch in Italien erfolgt die Zugangsbewertung zu Anschaffungs- oder Herstellungskosten.[149] Hinsichtlich der Folgebewertung bestehen nur geringfügige Unterschiede. In beiden Ländern wird zwischen Gruppen-, Sammel- und Festbewertung[150] differenziert. Lediglich im Rahmen der Sammelbewertung ist es in Deutschland nach herrschender Meinung[151] möglich, neben First In – First Out (Fifo) und Last In – First Out (Lifo) weitere Verbrauchsfolgeverfahren[152] anzuwenden.

In beiden Ländern ist im Kontext des Vorratsvermögens das Niederstwertprinzip anzuwenden.[153] Jedoch darf nach deutschem Recht ein niedriger Wertansatz beibehalten werden, selbst wenn der Grund für den niedrigeren Wertansatz entfällt.[154] In Italien ist dies nicht möglich; hier gilt gem.

---

149 Vgl. Abschnitt 2.4.1.

150 Eine Bewertung des Vorratsvermögens zu Festwerten ist in Deutschland nur zulässig, wenn der Gesamtwert des bewerteten Bestandes von nachrangiger Bedeutung ist sowie regelmäßig ersetzt wird und geringen wertmäßigen Schwankungen unterliegt. Gem. Art. 2426 Abs. 12 C.C. dürfen in Italien Betriebs- und Geschäftsausstattungen, Roh-, Hilfs- und Betriebsstoffe zu einem gleichbleibenden Wert ausgewiesen werden, wenn sie ständig erneuert werden und insgesamt im Verhältnis zu den Aktiva des Jahresabschlusses von geringer Bedeutung sind, sofern nicht erhebliche Änderungen ihres Ausmaßes, ihres Werts und ihrer Zusammensetzung eintreten.

151 Vgl. Beck´scher Bilanz-Kommentar (1995). HGB, § 256 HGB, Rn. 5-16.

152 Das Fifo- und das Lifo-Verfahren wird im Gesetzestext explizit genannt. Die Literatur ist sich jedoch darüber einig, dass in Deutschland weitere Verfahren wir beispielsweise Hifo, Lofo, Kifo oder Kilo zulässig sind, wenn die Verfahren den GoB entsprechen und es sich um gleichartige Gegenstände des Vorratsvermögens handelt. Vgl. Baetge et al. (2011a), S. 353 ff.

153 Vgl. Wilcke (1993), S. 184.

154 Vgl. § 253 Abs. 5 HGB.

Art. 2426 Nr. 9 C.C. ein grundsätzliches Wertaufholungsgebot. Des Weiteren sind in Deutschland Abschreibungen auf das Umlaufvermögen im Rahmen vernünftiger kaufmännischer Beurteilungen zulässig, wenn diese verhindern, dass in Zukunft der Wertansatz des Vermögensgegenstandes aufgrund von Wertschwankungen geändert werden muss.[155] Tabelle 12 zeigt den Posten Vorräte und die dazugehörigen Unterposten in einer synoptischen Darstellung.

Tabelle 12: Synopse der Vorräte.[156]

	Deutschland	**Italien (C.C.)**
Bezeichnung im Jahresabschluss:	Vorräte	Restbestände
Verweis:	§ 266 Abs. 2 B. I. HGB	Art. 2424 C). C.C.
Bestandteile:	1. Roh-, Hilfs- und Betriebsstoffe	1. Roh-, Hilfs- und Betriebsstoffe
	2. Unfertige Erzeugnisse, unfertige Leistungen	2. Im Fertigungsprozess befindliche und halbfertige Erzeugnisse
		3. In Ausführung befindliche Arbeiten und Bestellungen
	3. Fertige Erzeugnisse und Waren	4. Fertiggestellte Produkte und Waren
	4. Geleistete Anzahlungen	5. Anzahlungen

2.6.1.1.3.2 Forderungen und sonstige Vermögensgegenstände

Strukturell ähneln sich der deutsche und der italienische Posten „Forderungen und sonstige Vermögensgegenstände". Die deutsche Aufgliederung der Forderungen ist etwas genauer, da § 268 Abs. 4 Satz 1 HGB den Ausweis kurzfristiger Forderungen (Laufzeit < 1 Jahr) in einem eigenen „davon Posten" vorschreibt. Im Bereich der „sonstigen Vermögensgegenstände" differenziert dafür das C.C. stärker als das deutsche Handelsrecht. Tabelle 13 zeigt die deutschen Forderungen und sonstigen Vermögensgegenstände sowie die italienischen Forderungen in einer synoptischen Darstellung.

---

155 Vgl. § 253 Abs. 3 Satz 3 HGB.

156 Eigene Darstellung.

Tabelle 13: Synopse der Forderungen und sonstiger Vermögensgegenstände / Forderungen.[157]

	Deutschland	**Italien**
Bezeichnung im Jahresabschluss:	Forderungen und sonstige Vermögensgegenstände	Forderungen
Verweis:	§ 266 Abs. 2 B. II. i. V. m. § 268 Abs. 4 HGB	Art. 2424 C). C.C.
Bestandteile:	1. Forderungen aus Lieferung und Leistung, davon mit einer RLZ > 1 Jahr	1. Gegen Kunden
	2. Forderungen gegen verbundene Unternehmen, davon mit einer RLZ > 1 Jahr	2. Gegen abhängige Unternehmen
		3. Gegen Konzernunternehmen
		4. Gegen beherrschende Unternehmen
	3. Forderungen gegen Unternehmen, mit denen ein Beteiligungsverhältnis besteht, davon mit einer RLZ > 1 Jahr	5. Gegen andere
	4. Sonstige Vermögensgegenstände	5 – bis. Guthaben abgabenrechtlicher Natur
		6 – ter. Steuervorauszahlungen

Hinsichtlich der Zugangsbewertung von Forderungen ähneln sich deutsches und italienisches Vorgehen ebenfalls. In beiden Ländern werden Forderungen mit ihren Anschaffungs- oder Herstellungskosten bewertet, welche in der Regel den Nettorechnungsbeträgen entsprechen.[158] Das italienische C.C. schreibt weiterhin vor[159], dass Forderungen mit ihrem voraussichtlich realisierbaren Wert anzusetzen sind. Diese Vorschrift ist inhaltlich kongruent mit § 253 Abs. 3 HGB, welcher den deutschen Kaufmann dazu verpflichtet, eine Forderung auf ihren niedrigeren beizulegenden Wert abzuschreiben, wenn sich herausstellt, dass sie ganz oder teilweise nicht beglichen wird. Der deutsche Gesetzgeber räumt an dieser Stelle dem Bilanzierenden zusätzlich das Recht ein, den niedrigeren Wertansatz beizubehalten, selbst wenn der Grund hierfür entfallen ist.[160] In Italien ist dies nicht möglich, da eine Forderung mit ihrem voraussichtlich realisierbaren Wert zu bilanzieren ist. Die italienischen und deutschen Vorschriften im Kontext der Einzel- und Pauschalwertberichtigungen sind deckungsgleich. Jedoch führt das Fehlen von atypischen Sicherungsrechten wie

---

[157] Eigene Darstellung.

[158] Vgl. Baetge et al. (2011), S. 320 und Wilcke (1993), S. 182.

[159] Vgl. Art 2424 Abs. 9 C.C..

[160] Vgl. § 253 Abs. 5 HGB.

Eigentumsvorbehalt, Sicherungsübereignung oder Globalzession in Italien insgesamt zu höheren Forderungsausfällen als in Deutschland.[161]

2.6.1.1.3.3 Wertpapiere

Strukturell unterscheiden sich die deutschen und italienischen „Wertpapiere des Umlaufvermögens" voneinander. Der deutsche Posten „Anteile an verbundenen Unternehmen" wird beispielsweise in Italien deutlich differenzierter dargestellt.[162] Auch hinsichtlich der „eigenen Anteile" differenziert das C.C. mehr als das HGB. Der Posten „eigene Anteile" findet sich dort sowohl im Anlage als auch im Umlaufvermögen wieder. Werden die „eigenen Anteile" lang- oder kurzfristig gehalten, sind sie im Anlage- oder Umlaufvermögen auszuweisen. Aufgrund der synoptischen Darstellung in dieser Arbeit erfolgt an dieser Stelle jedoch eine Umgliederung des italienischen Postens „eigene Anteile" aus dem Anlagevermögen in das Umlaufvermögen.

Die Zugangsbewertung von Wertpapieren des Umlaufvermögens ist in beiden Ländern identisch geregelt. Sie sind zu Anschaffungskosten einschließlich der Anschaffungsnebenkosten zu aktivieren.[163] Für die Folgebewertung gilt in beiden Ländern das Niederstwertprinzip. Sinkt der Wert des Wertpapiers, ist zwingend auf diesen Wert abzuschreiben. Das deutsche Handelsrecht gestattet dem Bilanzierenden weiterhin den niedrigeren Wert beizubehalten, selbst wenn der Grund für die Abschreibung entfallen ist. Des Weiteren gestattet es Abschreibungen zur Vorwegnahme künftiger Wertschwankungen vorzunehmen. Diese Möglichkeiten bestehen in Italien nicht; dort gilt gem. Art. 2426 Satz 9 C.C. ein Wertaufholungsgebot. Tabelle 14 zeigt die „Wertpapiere des Umlaufvermögens" in einer synoptischen Darstellung.

---

161 Vgl. Wilcke (1993), S. 182.

162 Vgl. Tabelle 14.

163 Vgl. Baetge et al. (2011a), S. 325; und Wilcke (1993), S. 180.

Tabelle 14: Synopse der Wertpapiere / des Finanzvermögens, das kein Anlagevermögen darstellt.[164]

<table>
<tr><th></th><th>Deutschland</th><th>Italien</th></tr>
<tr><td>Bezeichnung im Jahresabschluss:</td><td>Wertpapiere;
Kassenbestand, Bundesbankguthaben, Guthaben bei Kreditinstituten und Schecks</td><td>Finanzvermögen, das kein Anlagevermögen darstellt</td></tr>
<tr><td>Verweis:</td><td>§ 266 Abs. 2 B. III. und IV. HGB</td><td>Art. 2424 C). C.C.</td></tr>
<tr><td rowspan="11">Bestandteile:</td><td rowspan="4">1. Anteile an verbundenen Unternehmen</td><td>1. Beteiligungen an abhängigen Unternehmen</td></tr>
<tr><td>2. Beteiligungen an Konzernunternehmen</td></tr>
<tr><td>3. Beteiligungen an beherrschenden Unternehmen (Posten des Umlaufvermögens)</td></tr>
<tr><td>4. Andere Beteiligungen</td></tr>
<tr><td rowspan="2">2. Eigene Anteile</td><td>5. Eigene Aktien, mit Angabe des Gesamtnennwertes (Posten des Umlaufvermögens)</td></tr>
<tr><td>Eigene Aktien mit Angabe des Gesamtnennwertes (Umgliederung: Posten des Finanzanlagevermögens)</td></tr>
<tr><td rowspan="2">3. Sonstige Wertpapiere</td><td>6. Sonstige Wertpapiere</td></tr>
<tr><td>IV. Flüssige Mittel</td></tr>
<tr><td rowspan="3">IV. Kassenbestand, Bundesbankguthaben, Guthaben bei Kreditinstituten und Schecks</td><td>1. Bank- und Posteinlagen</td></tr>
<tr><td>2. Schecks</td></tr>
<tr><td>3. Bargeld und Wertzeichen in der Kasse</td></tr>
</table>

2.6.1.1.4 Sonstige Posten der Aktiva

§ 250 Abs. 1 HGB schreibt vor, dass Ausgaben vor dem Abschlussstichtag, welche einen Aufwand nach diesem Tag darstellen, unter dem Posten „aktive Rechnungsabgrenzungsposten" zu erfassen sind. Des Weiteren dürfen als Aufwand berücksichtigte Zölle und Verbrauchssteuern, soweit sie auf den Abschlussstichtag auszuweisende Vermögensgegenstände des Vorratsvermögens entfallen, sowie als Aufwand berücksichtigte Umsatzsteuer, soweit sie sich auf den Ab-

[164] Eigene Darstellung.

schlussstichtag auszuweisende oder von den Vorräten offen abgesetzte Anzahlungen beziehen, unter diesem Posten erfasst werden.

Gem. Art 2424 bis C.C. sind „unter dem Posten der antizipativen und transitorischen Rechnungsbegrenzungen der Aktivseite die auf das Geschäftsjahr entfallenden Einnahmen, die erst in folgenden Geschäftsjahren fällig werden, und die bis zur Beendigung des Geschäftsjahres getätigten, jedoch auf die folgenden Geschäftsjahre entfallenden Aufwendungen auszuweisen."[165]

Tabelle 15: Synopse der aktivischen RAP / transitorischen und antizipativen Rechnungsabgrenzung.[166]

	Deutschland	**Italien**
Bezeichnung im Jahresabschluss:	Aktiver Rechnungsabgrenzungsposten	Transitorische und antizipative Rechnungsabgrenzung mit gesonderter Angabe des Abschlages auf Darlehen
Verweis:	§ 250 Abs. 1 HGB	Art. 2424 – bis Abs. 5 C.C.
Ansatz:	Aktivierungsgebot / -wahlrecht	Aktivierungsgebot

Aktivische latente Steuern entstehen, wenn der steuerliche Gewinn größer als der handelsrechtliche Jahresüberschuss ist.[167] In Deutschland besteht gem. § 274 Abs. 2 Satz 2 HGB ein Aktivierungswahlrecht für aktivische latente Steuern. In Italien hingegen besteht keine Möglichkeit, diese Steuern zu aktivieren:[168]

Tabelle 16: Synopse der aktivischen latenten Steuern.[169]

	Deutschland	**Italien**
Bezeichnung im Jahresabschluss:	Aktivische latente Steuern	
Verweis:	§ 274 Abs. 2 HGB	
Ansatz:	Aktivierungswahlrecht	Aktivierungsverbot

Ist das Eigenkapital durch Verluste aufgebraucht und ergibt sich dadurch ein Überschuss der Passivposten über die Aktivposten, muss dieser in Deutschland auf der Aktivseite als „Nicht durch

165 Art 2424 bis C.C..

166 Eigene Darstellung.

167 Vgl. Baetge et al. (2011a), S. 533.

168 Vgl. Wilcke (1993), S. 187.

169 Eigene Darstellung.

Eigenkapital gedeckter Fehlbetrag“ ausgewiesen werden.[170] In diesem Fall wird auch von einer bilanziellen oder formellen Überschuldung gesprochen.[171] In Italien hingegen kann aufgrund der gesetzlich vorgeschriebenen Kapitalerhaltungsvorschriften der Fall einer bilanziellen Überschuldung nicht eintreten. Im Falle eines Verlustes, welcher das bilanzielle Eigenkapital übersteigt, ist eine umgehende Kapitalerhöhung zumindest bis zur Erreichung des Mindeststammkapitals vorgeschrieben. Kann eine solche Kapitalerhöhung nicht vorgenommen werden, ist Konkurs anzumelden.[172]

Tabelle 17: Synopse des nicht durch Eigenkapital gedeckten Fehlbetrags.[173]

	Deutschland	Italien
Bezeichnung im Jahresabschluss:	Nicht durch Eigenkapital gedeckter Fehlbetrag	
Verweis:	§ 268 Abs. 3 HGB	
Ansatz:	Aktivierungsgebot	Keine Regelung

2.6.1.2 Passiva

2.6.1.2.1 Eigenkapital

Strukturell ähneln sich das deutsche und das italienische Eigenkapital. Markantester Unterschied sind die „Rücklagen der Aufwertung“[174] im italienischen Gliederungsschema. Diese sind zu bilden, wenn temporär gültige Aufwertungsgesetze[175] eine Aufwertung von Aktiva vorschreiben oder wahlweise zulassen und dieses Wahlrecht genutzt wird. In diesem Falle ist die Differenz zwischen dem Buchwert vor und dem Buchwert nach der Aufwertung in die ausschüttungsgesperrten „Rücklagen der Aufwertung“ einzustellen.

Das italienische Eigenkapitalgliederungsschema ist fallweise um weitere ausschüttungsgesperrte Rücklagen zu erweitern. So sind beispielsweise aus der Bewertung von Aktiva resultierende und noch nicht realisierte Währungsumrechnungsgewinne in einer eigens zu bezeichnenden ausschüttungsgesperrten Rücklage auszuweisen und im Anhang zu erläutern.[176] Auch im Falle der Akti-

---

170 Vgl. § 268 Abs. 3 HGB.

171 Vgl. Baetge et al. (2011a), S. 501.

172 Vgl. 2545 terdecies. C.C..

173 Eigene Darstellung.

174 In italienischen Jahresabschlüssen werden die Rücklagen der Aufwertung vielfach auch als Neubewertungsrücklage bezeichnet.

175 Vgl. weiterführend Eickenberg (2008), S. 154 ff.

176 Vgl. Art. 2426 Abs. 8 bis C.C..

vierung von Aufwendungen für die Errichtung und Erweiterung des Unternehmens sowie die Aufwendungen für Forschung, Entwicklung und Werbung sind ausschüttungsgesperrte Rücklagen zu bilden.[177]

Ein weiterer Unterschied kann im Kontext der gesetzlichen Rücklage entstehen. Während § 150 Abs. 2 AktG vorschreibt, dass fünf Prozent des jährlichen Jahresüberschusses in die gesetzliche Rücklage einzustellen sind, bis zehn Prozent oder ein in der Satzung höherer bestimmter Anteil des Grundkapitals erreicht werden, verlangt Art. 2430 C.C. in Italien eine Steigerung der gesetzlichen Rücklage, bis zwanzig Prozent des Grundkapitals erreicht sind.

Die restlichen Posten des Eigenkapitals sind strukturell und inhaltlich miteinander vergleichbar. Lediglich die Möglichkeit, ausstehende Einlagen gem. § 272 Abs. 1 Satz 3 HGB passivisch auszuweisen, kann in Deutschland – anders als in Italien – zu einer weiteren Untergliederung des Gezeichneten führen.

Tabelle 18: Synopse des Eigenkapitals / Nettovermögens.[178]

	Deutschland	Italien
Bezeichnung im Jahresabschluss:	Eigenkapital	Nettovermögen
Verweis:	§ 266 Abs. 3 A. i. V. m. § 272 Abs. 1 S. 3 HGB	Art. 2424 A). C.C.
Bestandteile:	I. Gezeichnetes Kapital Eingefordertes Kapital	I. Geschäftskapital
	II. Kapitalrücklagen	II. Rücklage aus dem Aufpreis von Aktien
		III. Rücklage der Aufwertung
	III. Gewinnrücklagen	
	1. Gesetzliche Rücklagen	IV. Gesetzliche Rücklagen
	2. Rücklage für eigene Anteile	V. Rücklage für eigene Anteile am Vermögensbestand
	3. Satzungsmäßige Rücklagen	VI. Satzungsmäßige Rücklagen
	4. Andere Gewinnrücklagen	VII. Andere, getrennt anzugebene Gewinnrücklagen
	IV. Gewinnvortrag/Verlustvortrag	VIII. Vorgetragene Gewinne (Verluste)
	V. Jahresüberschuss/Jahresfehlbetrag	IX. Gewinn (Verlust) des Geschäftsjahres
	VI. Anteile anderer Gesellschafter	

[177] Vgl. Art. 2426 Abs. 5 C.C..

[178] Eigene Darstellung.

2.6.1.2.2 Rückstellungen

Rückstellungen sind Schulden, welche hinsichtlich ihrer Höhe nicht feststehen und / oder hinsichtlich ihres Eintritts zum Abschlussstichtag als ungewiss gelten, jedoch mit hinreichender Sicherheit eintreten.[179] Diese grundsätzliche Definition des Rückstellungsbegriffs gilt in Deutschland und Italien gleichermaßen. Auch die Voraussetzungen, welche für eine verpflichtende Rückstellungsbildung oder -auflösung vorliegen müssen, sind ähnlich.[180] In Italien existiert im Gegensatz zu Deutschland kein Passivierungswahlrecht im Bereich der Rückstellungen. Insbesondere das deutsche Wahlrecht, Aufwandsrückstellungen gem. § 249 Abs. 2 HGB im Rahmen vernünftiger kaufmännischer Beurteilung zu bilden, kann zu erheblichen Abweichungen zwischen deutschen und italienischen Rückstellungen führen. Jedoch ermöglichen bewusst offen gelassene Interpretationsspielräume im italienischen Gesetzestext dem Bilanzierenden an dieser Stelle ebenfalls bilanzpolitische Spielräume.[181]

Markantester struktureller und inhaltlicher Unterschied ist der italienische Posten „Abfertigungen für Arbeitnehmer“[182]. Diese Rückstellung ist für jeden Arbeitnehmer zu bilden und bei Ausscheiden des Mitarbeiters unabhängig vom Grund des Austritts auszubezahlen. Die Höhe der Abfertigung wird ermittelt, indem für jedes Dienstjahr ein Anteil berechnet wird, der gleich hoch sein muss und keinesfalls höher sein darf als die für das betreffende Jahr geschuldete und durch 13,5 geteilte Entlohnung.[183] Die Existenz dieser Regelung in Italien führt allerdings dazu, dass Rückstellungen für Pensionen und ähnliche Verpflichtungen in Italien kaum anzutreffen sind.[184] In der Gesamtbetrachtung entsteht der Eindruck, dass der Charakter der „Rückstellungen für Abfertigungen“ dem der deutschen Pensionsrückstellungen entspricht, da hinter beiden Rückstellungen grundsätzlich der Gedanke der Altersvorsorge steht. Aus diesem Grunde erfolgt an dieser Stelle eine Umgliederung der „Rückstellungen für Abfertigungen“.

---

179 Vgl. Baetge et al. (2011a), S. 405.

180 Auf eine detaillierte Diskussion der Passivierungsvoraussetzungen für Rückstellungen wird an dieser Stelle bewusst verzichtet. Zum Begriff der Rückstellungen vgl. weiterführend für Italien Wilcke (1993), S. 187 ff. und für Deutschland Baetge et al. (2011a), S. 405 ff.

181 Vgl. Abschnitt 2.5.

182 Rückstellungen für Abfertigungen ähneln in ihrem Charakter dem der Pensionsrückstellungen.

183 Vgl. Art. 2120 C.C..

184 Vgl. Wilcke (1993), S. 188.

Tabelle 19: Synopse der Rückstellungen / Mittel für Risiken und Aufwendungen.[185]

	Deutschland	**Italien**
Bezeichnung im Jahresabschluss:	Rückstellungen	Mittel für Risiken und Aufwendungen
Verweis:	§ 266 Abs. 3 B. HGB	Art. 2424 B) und C) C.C.
	B. Rückstellungen	B) Mittel für Risiken und Aufwendungen
Bestandteile:	1. Rückstellungen für Pensionen und ähnliche Verpflichtungen	1. Für Ruhestandsversorgung und ähnliche Verpflichtungen
		C) Abfertigungen für Arbeitnehmer
	2. Steuerrückstellungen	2. Für Steuern einschließlich der Gestundeten
	3. Sonstige Rückstellungen	3. Sonstige

185 Eigene Darstellung.

2.6.1.2.3 Verbindlichkeiten

Im Gegensatz zu Rückstellungen sind Verbindlichkeiten Schulden, welche in ihrer Höhe feststehen und hinsichtlich ihrer Eintrittswahrscheinlichkeit als sicher gelten.[186] Dieses grundsätzliche Verständnis gilt in Deutschland wie in Italien. Strukturell weicht die italienische von der deutschen Gliederung der Verbindlichkeiten nur geringfügig ab. Beispielweise existieren in Italien keine Wechsel, weshalb für Verbindlichkeiten aus Wechselgeschäften kein eigener Posten besteht. In Deutschland werden Wechsel nur noch in wenigen Fällen verwendet, weshalb dieser Posten zwar noch im Gliederungsschema enthalten ist, jedoch nur noch wenig praktische Relevanz hat. In Italien erfahren die deutschen Posten „Verbindlichkeiten gegenüber Unternehmen, mit denen ein Beteiligungsverhältnis besteht", und „Sonstige Verbindlichkeiten" eine detaillierte Aufgliederung.[187] Hinsichtlich der Bewertung von Verbindlichkeiten bestehen zwischen Italien und Deutschland keine Unterschiede. In beiden Ländern sind Verbindlichkeiten zu ihrem Rückzahlungsbetrag anzusetzen.[188]

Tabelle 20: Synopse der Verbindlichkeiten.[189]

	Deutschland	**Italien**
Bezeichnung im Jahresabschluss:	Verbindlichkeiten	Verbindlichkeiten
Verweis:	§ 266 Abs. 3 C. HGB	Art. 2424 D). C.C.
Bestandteile:	1. Anleihen, davon konvertibel	1. Schuldverschreibungen
		2. Wandelschuldverschreibungen
	2. Verbindlichkeiten gegenüber Kreditinstituten, davon mit einer RLZ < 1 Jahr	2. Verbindlichkeiten gegenüber Banken
		3. Verbindlichkeiten gegenüber anderen Kreditgebern
	3. Erhaltene Anzahlungen auf Bestellungen	4. Anzahlungen
	4. Verbindlichkeiten aus Lieferung und Leistung, davon mit einer RLZ < 1 Jahr	5. Verbindlichkeiten gegenüber Lieferanten

186 Vgl. Baetge et al. (2011a), S. 379.

187 Die Zuordnung der italienischen Posten orientiert sich an den Definitionen einer Beteiligung und eines verbunden Unternehmens. Vgl. hierzu die Ausführungen in Abschnitt 2.6.1.1.2.3.

188 Vgl. gem. § 253 Abs. 1 Satz 2 HGB sowie Wilcke (1993), S. 190.

189 Eigene Darstellung.

	5. Verbindlichkeiten aus der Annahme gezogener Wechsel und der Ausstellung eigener Wechsel, davon mit einer RLZ < 1 Jahr	X
	6. Verbindlichkeiten gegenüber verbundenen Unternehmen, davon mit einer RLZ < 1 Jahr	6. Verbindlichkeiten gegenüber abhängigen Unternehmen
	7. Verbindlichkeiten gegenüber Unternehmen, mit denen ein Beteiligungsverhältnis besteht, davon mit einer RLZ < 1 Jahr	7. Verbindlichkeiten gegenüber Konzernunternehmen
Bestandteile:		8. Verbindlichkeiten gegenüber beherrschenden Unternehmen
	Verbindlichkeiten gegenüber Gesellschaftern, davon mit einer RLZ < 1 Jahr	9. Verbindlichkeiten gegenüber Gesellschaftern aus Finanzierungen
	8. Sonstige Verbindlichkeiten davon aus Steuern davon im Rahmen der sozialen Sicherheit davon mit einer RLZ < 1 Jahr	10. Steuerverbindlichkeiten
		11. Verbindlichkeiten gegenüber Versorgungs- und Sozialversicherungseinrichtungen
		12. Sonstige Verpflichtungen
		13. Verbindlichkeiten aus Wertpapieren

2.6.1.2.4 Sonstige Posten der Passiva

Gem. § 247 Abs. 3 HGB dürfen[190] unter dem Sonderposten mit Rücklagenanteil bestimmte steuerrechtliche Sachverhalte zusammengefasst werden, auch wenn Sie den handelsrechtlichen Passivierungsvoraussetzungen nicht entsprechen. Dabei kann es sich um steuerfreie Rücklagen oder steuerrechtliche Abschreibungen handeln.[191] In Italien hingegen besteht kein vergleichbares Passivierungswahlrecht.[192]

[190] Dieses Wahlrecht gilt für alle Kaufleute. § 273 HGB knüpft den Ansatz dieses Postens für haftungsbeschränkten Personengesellschaften und Kapitalgesellschaften an bestimmte Voraussetzungen.

[191] Vgl. weiterführend Coenenberg et al. (2009), S. 337.

[192] Vgl. Wilcke (1993), S. 168 f.

Tabelle 21: Synopse der Sonderposten mit Rücklagenanteil.[193]

	Deutschland	Italien
Bezeichnung im Jahresabschluss:	Sonderposten mit Rücklagenanteil	X
Verweis:	§ 273 HGB i. V. m. § 247 Abs. 3 HGB	
Ansatz:	Passivierungswahlrecht	Passivierungsverbot

§ 250 Abs. 2 HGB schreibt vor, dass auf der Passivseite Einnahmen vor dem Abschlussstichtag als Rechnungsabgrenzungsposten auszuweisen sind, soweit sie Erträge für eine bestimmte Zeit nach diesem Tag darstellen. In Italien sind unter dem Posten Rechnungsabgrenzungsposten „die auf das Geschäftsjahr entfallenden Aufwendungen aufzuweisen, die erst in folgenden Geschäftsjahren fällig werden, und die bis zur Beendigung des Geschäftsjahres erfolgten Einnahmen, die jedoch den folgenden Geschäftsjahren zuzurechnen sind".[194]

Tabelle 22: Synopse passivischer Rechnungsabgrenzungsposten.[195]

	Deutschland	Italien
Bezeichnung im Jahresabschluss:	Passiver Rechnungsabgrenzungsposten	Transitorische und antizipative Posten mit gesonderter Angabe des Aufgelds für Darlehen
Verweis:	§ 250 Abs. 2 HGB	Art. 2424-bis C.C.
Ansatz:	Passivierungspflicht	Passivierungspflicht

Nachdem durch die synoptische Darstellung der deutschen und der italienischen Standardbilanzierungsschemata Gemeinsamkeiten und Unterschiede herausgearbeitet worden sind, erfolgt im nächsten Kapitel die Analyse der nationalen GuV.

---

[193] Eigene Darstellung.

[194] Art. 2424-bis C.C..

[195] Eigene Darstellung.

2.6.2 Gewinn- und Verlustrechnung

Die italienische GuV[196] folgt dem Gesamtkostenverfahren (GKV) und ist in Staffelform gegliedert. Weil das Umsatzkostenverfahren (UKV) in Italien nicht zulässig ist, wird es in den folgenden Ausführungen nicht weiter betrachtet. Stattdessen wird das italienische Gliederungsschema dem deutschen GKV gegenüber gestellt. Tabelle 23 zeigt diese Gegenüberstellung in groben Zügen. Es ist deutlich zu erkennen, dass sich die Schemata stark ähneln, Umgliederungen im Sinne einer synoptischen Darstellung jedoch notwendig sind. Es werden die italienischen Posten entsprechend dem deutschen Schema gem. § 275 Abs. 2 HGB umgegliedert.

Tabelle 23: Synopse der Struktur der Gewinn- und Verlustrechnung.[197]

	Deutschland	**Italien**
Bezeichnung im Jahresabschluss:	Gewinn- und Verlustrechnung	Gewinn- und Verlustrechnung
Verweis:	§ 275 Abs. 2 HGB	Art. 2425 Abs. 1 C.C.
Bestandteile:	Gesamtleistung + sonstige betriebliche Erträge – Materialaufwand – Personalaufwand – Abschreibungen – sonstige betriebliche Aufwendungen + Finanzergebnis – Sonstige Steuern	Betriebliche Erträge – Betriebliche Aufwendungen · für Roh-, Hilfs-, Betriebsstoffe und Waren · für Dienstleistungen · für die Nutzung von Gütern Dritter · für Personal · Abschreibungen · Rückstellungen + Einnahmen aus Finanzanlagen
	= Ergebnis der gewöhnlichen Geschäftstätigkeit + außerordentliches Ergebnis – Steuern vom Einkommen und Ertrag	**= Differenz zwischen betrieblichen Erträgen und Aufwendungen** + außerordentliche Einnahmen und Lasten – Steuern auf das Einkommen aus dem Geschäftsjahr
	= Jahresüberschuss / -fehlbetrag	**= Gewinn (Verlust) des Geschäftsjahres**

196 Einzelne Summenposten der italienischen Bilanz werden nicht dargestellt. Die Gliederung orientiert sich stattdessen an der deutschen GuV und damit auch an den deutschen Summenposten.

197 Eigene Darstellung.

Die Gesamtleistung ist strukturell und inhaltlich in beiden Ländern vergleichbar. Wie in Deutschland, sind auch nach italienischem Recht Erlösschmälerungen[198] von den Umsatzerlösen abzuziehen. Die Bestandsveränderungen werden in Italien weiter aufgegliedert (italienische Posten A2 und A3). Aktivierte Eigenleistungen sind in beiden Ländern erfolgswirksam zu buchen und Bestandteil der Gesamtleistung.

Tabelle 24: Synopse der Gesamtleistung.[199]

	Deutschland	**Italien**
Bezeichnung im Jahresabschluss:	Gesamtleistung	n.v.
Verweis	§ 275 Abs. 2 HGB	Art. 2425 Abs. 1 C.C.
Bestandteile:	1. Umsatzerlöse	A1) Verkaufserlöse und Erlöse aus Leistungen
	2. Erhöhung oder Verminderung des Bestands an fertigen und unfertigen Erzeugnissen	A2) Veränderungen der Restbestände von im Fertigungsprozess befindlichen, halbfertigen und fertiggestellten Waren
		A3) Veränderungen von bestellten bereits begonnenen Waren
	3. Andere aktivierte Eigenleistungen	A4) Zuwächse des Vermögens durch Eigenleistung
	= **Gesamtleistung (1+2+3)**	= **Gesamtleistung (angelehnt an deutsche Definition)**

Der deutsche Posten „sonstige betriebliche Erträge" ist ein Sammelposten, der alle betrieblichen Erträge erfasst, die nicht in anderen Ertragsposten enthalten sind.[200] In Italien gibt es einen vergleichbaren Posten; er wird als „sonstige Erträge und Erlöse mit gesonderter Angabe für Zuschüsse für den Betrieb" bezeichnet. Des Weiteren existiert in der italienischen GuV ein Posten („Kursgewinne"), welcher dem deutschen Posten der „sonstigen betrieblichen Erträge" zugeordnet wird.[201] Zusätzlich schreibt der italienische Gesetzgeber vor, Aufwertungen (Zuschreibun-

[198] Erlösschmälerungen können Rabatte, Skonti oder Boni sein.

[199] Eigene Darstellung.

[200] Vgl. Baetge et al. (2011a), S. 597.

[201] Rechtlich (gem. HGB) war bisher ein gesonderter Ausweis von Kursgewinnen nicht erforderlich. Jedoch schreibt

gen) von Beteiligungen, Finanzanlagen und Wertpapieren des Umlaufvermögens gesondert in der GuV auszuweisen.[202] Im italienischen Standardgliederungsschema sind diese Posten dem Finanzergebnis zugeordnet. Da in Deutschland solche Zuschreibungen den sonstigen betrieblichen Erträgen zugeordnet werden, erfolgt an dieser Stelle eine Umgruppierung der italienischen Posten „17-bis" und „18".

Tabelle 25: Synopse der sonstigen betrieblichen Erträge.[203]

	Deutschland	Italien
Bezeichnung im Jahresabschluss:	Sonstige betriebliche Erträge	n.v.
Verweis:	§ 275 Abs. 2 HGB	Art. 2425 Abs. 1 C.C.
Bestandteile:	4. sonstige betriebliche Erträge	A5) sonstige Erträge und Erlöse, mit gesonderter Angabe für Zuschüsse für den Betrieb
		17-bis. Kursgewinne und Kursverluste (nur bei Gewinnen, ansonsten betrieblicher Aufwand)
		18. Aufwertungen
		18b) des Finanzanlagevermögens, das nicht aus Beteiligungen besteht
		18c) der im Umlaufvermögen ausgewiesenen Wertpapiere, die keine Beteiligungen darstellen

das BilMoG mittlerweile in § 277 Abs. 5 HGBnF vor, dass Erträge aus der Währungsumrechnung in der Gewinn- und Verlustrechnung gesondert unter dem Posten „Sonstige betriebliche Erträge" auszuweisen sind. Vor diesem Hintergrund erscheint die Zuordnung des Postens „Kursgewinn" zu den „sonstigen betrieblichen Erträgen" sinnvoll.

202 Vgl. Art. 2425 Abs. 1 C.C..

203 Eigene Darstellung.

Der Summenposten „Materialaufwand“ existiert im italienischen Standardgliederungsschema der GuV nicht. Er wird hier nur aus Gründen der Übersichtlichkeit und Vergleichbarkeit eingefügt. Des Weiteren wird für jedes Land zusätzlich der synthetische Posten „Materialaufwand (erweitert)“ eingefügt, da im Sinne einer Vergleichbarkeit verschiedene nationale Posten unter diesem Posten zusammengefasst werden müssen.

Inhaltlich bestehen wesentliche Unterschiede im Bereich des Materialaufwands. Auffällig ist der italienische Posten „Veränderungen der Restbestände an Roh-, Hilfs- und Betriebsstoffen (RHB) und Waren“. Es entsteht an dieser Stelle der Eindruck, dass dieser Posten eher eine Bestandsveränderung sein könnte und damit Bestandteil der Gesamtleistung sei. Es handelt sich hierbei jedoch um Materialaufwand i.S.d. § 275 Abs. 2 HGB. Außerdem erfährt der deutsche Posten „Aufwendungen für bezogene Leistungen“ im italienischen Standardgliederungsschema eine Aufgliederung in zwei Posten (B7 und B8). Hier besteht ein wesentlicher Unterschied zu Deutschland.

Die „sonstige betriebliche Aufwendungen“ haben wie die „sonstige betriebliche Erträge“ den Charakter eines Sammelpostens.[204] Unter diesem Posten werden alle Aufwendungen gebucht, welche nicht durch einen anderen Aufwandsposten erfasst werden können. In Italien wird dieser Posten als „andere betriebliche Aufwendungen“ bezeichnet. Besondere Beachtung verdient der Umstand, dass unter den italienischen „andere betriebliche Aufwendungen“ auch jene Geschäftsvorfälle erfasst werden, welche in Deutschland unter den „sonstige Steuern“ erfasst werden. Aus diesem Grunde wird der deutsche Posten „sonstige Steuern“ hier umgruppiert.

In Italien werden außerdem diejenigen Vorgänge, welche in Deutschland unter den sonstigen betrieblichen Aufwendungen zu erfassen sind wie beispielsweise Vergütung für Rechts- und Steuerberater, Versicherungen, Leasing, Telefon etc., den „Aufwendungen für bezogene Leistungen“ dem Materialaufwand hinzugerechnet.[205] Aus diesem Grunde werden in der vorliegenden Arbeit die deutschen „sonstigen betrieblichen Aufwendungen“ dem synthetischen Posten „Materialaufwand (erweitert)“ hinzugerechnet.

Zusätzlich werden alle, im Rahmen der Rückstellungsbildung entstehenden Aufwendungen, hier den „sonstigen betrieblichen Aufwendungen“ zugeordnet, solange diese nicht durch einen eigenen Posten erfasst werden (z. B. Pensionsrückstellungen). Des Weiteren werden „sonstige Wertminderungen des Anlagevermögens“, „Wertminderungen der im Umlaufvermögen enthaltenen Forderungen und der sonstigen flüssigen Mittel“ sowie „Kursverluste“ dem deutschen Posten

---

[204] Vgl. Baetge et al. (2011a), S. 605.

[205] Vgl. Wilcke (1993), S. 192.

zugeordnet. Zu einer bedingten Vergleichbarkeit der sonstigen betrieblichen Aufwendungen kann der Umstand führen, dass unter dem Posten 10d (Wertminderungen UV), alle Wertminderungen, also auch diejenigen, welche die sonst üblichen Abschreibungen einer Kapitalgesellschaft übersteigen, erfasst werden. In Deutschland sind diese – wie bereits dargelegt – unter einem eigenen Unterposten der Abschreibungen zu buchen. Kursverluste werden analog zu den Kursgewinnen ebenfalls den „sonstigen betrieblichen Aufwendungen" zugeordnet.

Tabelle 26: Synopse des Materialaufwands.[206]

	Deutschland	Italien
Bezeichnung im Jahresabschluss:	Materialaufwand	n.v.
Verweis:	§ 275 Abs. 2 HGB	Art. 2425 Abs. 1 C.C.
Bestandteile:	5a) Aufwendungen für Roh-, Hilfs- und Betriebsstoffe und für bezogene Waren	B6) Betriebliche Aufwendungen für Rohstoffe, Hilfsstoffe, Betriebsstoffe und Waren
		11. Veränderung der Restbestände an Rohstoffen, Hilfsstoffen, Betriebsstoffen und Waren
	5b) Aufwendungen für bezogene Leistungen	B7) für Dienstleistungen
		B8) für die Nutzung von Gütern Dritter
	= **5. Materialaufwand (5a+5b) (Definition gem. § 275 Abs. 2 HGB)**	
	8. sonstige betriebliche Aufwendungen	12. Rückstellungen für Risiken
		13. sonstige Rückstellungen
		10c) sonstige Wertminderung des Anlagevermögens
		10d) Wertminderungen der im Umlaufvermögen enthaltenen Forderungen und der sonstige flüssigen Mittel
		17-bis. Kursgewinne und Kursverluste (nur bei Verlusten, ansonsten betrieblicher Ertrag)
	19. sonstige Steuern	14. sonstige betrieblichen Aufwendungen
	= Materialaufwand (erweitert)	**= Materialaufwand (erweitert)**

Der Personalaufwand ist in beiden Ländern ähnlich strukturiert. Auffällig ist der Posten 9c „Abfertigungen“ im italienischen Gliederungsschema. Unter diesem Posten werden sämtliche Aufwendungen einer Periode subsumiert, welche im Rahmen der Bildung von Rückstellungen für

[206] Eigene Darstellung.

Abfertigungen anfallen. Diese Rückstellung ist gem. Art. 2120 C.C. für jeden Arbeitnehmer zu bilden und im Falle der Beendigung des Arbeitsverhältnisses an den Arbeitnehmer auszuzahlen.[207]

Tabelle 27: Synopse des Personalaufwands / der Aufwendungen für das Personal.[208]

	Deutschland	**Italien**
Bezeichnung im Jahresabschluss:	Personalaufwand	Aufwendungen für das Personal
Verweis:	§ 275 Abs. 2 HGB	Art. 2425 Abs. 1 C.C.
Bestandteile:	6a) Löhne und Gehälter	9a) Löhne und Gehälter
		9e) Sonstige Aufwendungen
	6b) Soziale Abgaben und Aufwendungen für Altersversorgungen und die Unterstützung, davon für Altersversorgung	9b) Soziale Lasten
		9c) Abfertigungen
		9d) Ruhestandsbezüge und Ähnliches
	= 6. Personalaufwand (6a + 6b)	**= 9. Aufwendungen für das Personal**

Strukturell und inhaltlich[209] sind der deutsche Posten „Abschreibungen“ und der italienische Posten „Abschreibungen und Wertminderungen“ gut miteinander vergleichbar. In Deutschland werden die Abschreibungen des immateriellen und des materiellen Anlagevermögens in einem Posten zusammengefasst.[210] Zu Abweichungen kann der deutsche Posten 7b „Abschreibungen auf Vermögensgegenstände des Umlaufvermögens führen, soweit diese die in der Kapitalgesellschaft üblichen Abschreibungen überschreiten“. Wann dies der Fall ist, ist im Schrifttum allerdings umstritten.[211]

[207] Vgl. Greving (1994), S. 38.

[208] Eigene Darstellung.

[209] Zu den Abschreibungsbeträgen und -methoden vgl. Abschnitt 2.4.2.

[210] Abschreibungen auf aktivierte Aufwendungen für die Ingangsetzung und Erweiterung des Geschäftsbetriebs werden in Italien unter dem Posten Abschreibung des immateriellen Anlagevermögens erfasst, da die aktivierte Ingangsetzungs- und Erweiterungsaufwendungen Bestandteil der immateriellen Vermögensgegenstände sind.

[211] Vgl. Baetge et al. (2011a), S. 603 f.

Tabelle 28: Synopse der Abschreibungen / Abschreibungen und Wertminderungen.[212]

	Deutschland	**Italien**
Bezeichnung im Jahresabschluss:	Abschreibungen	Abschreibungen und Wertminderungen
Verweis:	§ 275 Abs. 2 HGB	Art. 2425 Abs. 1 C.C.
Bestandteile:	7a) Abschreibungen auf immaterielle Vermögensgegenstände des Anlagevermögens und Sachanlagen sowie auf aktivierte Aufwendungen für die Ingangsetzung und Erweiterung des Geschäftsbetriebs	10a) Abschreibungen des immateriellen Anlagevermögens 10b) Abschreibungen des materiellen Anlagevermögens
	7b) Abschreibungen auf Vermögensgegenstände des Umlaufvermögens, soweit dieses die in der Kapitalgesellschaft üblichen Abschreibungen überschreiten	
	= **7. Abschreibungen**	= **Abschreibungen und Wertminderungen**

Unter dem deutschen Posten „Erträge aus Beteiligungen, davon aus verbunden Unternehmen" sind alle regelmäßigen Erträge zu erfassen, welche durch verbundene Unternehmen oder Unternehmen entstehen, mit denen ein Beteiligungsverhältnis besteht. In Italien werden diese Erfolgsbeiträge ebenfalls durch einen eigenen Posten in der GuV abgebildet; jedoch sind dort in einem Unterposten („davon-Posten") die Erträge aus Konzernunternehmen kenntlich zu machen. Vor dem Hintergrund einer synoptischen Darstellung ist der italienische Posten 16a (aus im Anlagevermögen ausgewiesenen Forderungen mit gesonderter Angabe, welche von abhängigen und verbundenen Unternehmen und von beherrschenden Personen herrühren) besonders zu behandeln. Für eine vergleichende Darstellung ist es notwendig, diesen Posten aufzusplitten und zwei deutschen GuV-Posten (9. und 10.) zuzuordnen.

Erträge aus Forderungen, welche im Anlagevermögen ausgewiesen sind und von abhängigen und verbundenen Unternehmen und von beherrschenden Personen herrühren, sind dem deutschen Posten „Erträge aus Beteiligungen, davon aus verbunden Unternehmen" zuzuordnen. Die verbleibenden Erträge aus Forderungen, welche im Anlagevermögen ausgewiesen sind, sind dem Posten „Erträge aus anderen Wertpapieren und Ausleihungen des Finanzanlagevermögens, davon aus

[212] Eigene Darstellung.

verbundenen Unternehmen" zuzuweisen. Diesem Posten werden auch Erträge aus im Anlagevermögen ausgewiesenen Wertpapieren zugeordnet, die keine Beteiligungen darstellen.

Unter dem deutschen Posten „sonstige Zinsen und ähnliche Erträge, davon aus verbundenen Unternehmen" sind alle Zinsen und ähnliche Erträge zu erfassen, welche nicht aus dem Finanzanlagevermögen resultieren. Demnach sind die italienischen Posten 16c (Erträge aus im Umlaufvermögen ausgewiesenen Wertpapieren, die keine Beteiligungen darstellen) sowie 16d (andere Einnahmen als die vorstehenden mit gesonderter Angabe derer, die aus abhängigen Unternehmen, Konzernunternehmen und beherrschenden Unternehmen herrühren) zuzuordnen.

Abschreibungen auf Finanzanlagen und Wertpapiere des Umlaufvermögens werden im italienischen Gliederungsschema als Abwertungen bezeichnet. Die Abwertungen werden im italienischen Standardgliederungsschema tiefer als in Deutschland untergliedert. Zinsen und ähnliche Aufwendungen werden sowohl in Deutschland als auch in Italien unter einem eigenen Posten subsumiert.

Tabelle 29: Synopse des Finanzergebnisses.[213]

	Deutschland	Italien
Bezeichnung im Jahresabschluss:	Finanzergebnis	n.v.
Verweis:	§ 275 Abs. 2 HGB	Art. 2425 Abs. 1 C.C.
Bestandteile:	9. Erträge aus Beteiligungen, davon aus verbunden Unternehmen	15. Erträge aus Beteiligungen mit gesonderter Angabe derer, die aus abhängigen Unternehmen und Konzernunternehmen herrühren
		16a) aus im Anlagevermögen ausgewiesenen Forderungen, die von abhängigen und verbundenen Unternehmen und von beherrschen Personen herrühren

[213] Eigene Darstellung.

Bestandteile:	10. Erträge aus anderen Wertpapieren und Ausleihungen des Finanzanlagevermögens, davon aus verbundenen Unternehmen	16 sonstige Einnahmen aus Finanzanlagen
		16a) aus im Anlagevermögen ausgewiesenen Forderungen ohne diejenigen, welche von abhängigen und verbundenen Unternehmen und von beherrschen Personen herrühren
		16b) aus im Anlagevermögen ausgewiesenen Wertpapieren, die keine Beteiligungen darstellen
	11. sonstige Zinsen und ähnliche Erträge, davon aus verbundenen Unternehmen	16c) aus im Umlaufvermögen ausgewiesenen Wertpapieren, die keine Beteiligungen darstellen.
		16d) andere Einnahmen als die vorstehenden mit gesonderter Angabe derer, die aus abhängigen Unternehmen, Konzernunternehmen und beherrschenden Unternehmen herrühren
	12. Abschreibungen auf Finanzanlagen und auf Wertpapiere des Umlaufvermögens	19. Abwertungen
		19a) von Beteiligungen
		19b) des Finanzanlagevermögens, das nicht aus Beteiligungen besteht
		19c) der im Umlaufvermögen ausgewiesenen Wertpapiere, die keine Beteiligungen darstellen
	13. Zinsen und ähnliche Aufwendungen, davon an verbundenen Unternehmen	17. Zinsen und andere Finanzierungslasten unter gesonderter Angabe jener, die gegenüber abhängigen und verbundenen Unternehmen und beherrschenden Personen aufgewendet worden sind;
	= **Finanzergebnis**	n.v.

Gem. § 277 Abs. 4 Satz 1 HGB sind außerordentliche Erträge und Aufwendungen jene, die außerhalb der gewöhnlichen Geschäftstätigkeit einer Kapitalgesellschaft anfallen. Die inhaltliche Konkretisierung ist im Schrifttum jedoch umstritten.[214] Baetge et al. charakterisieren außerordentliche Erfolgskomponenten als in hohem Maße ungewöhnlich, selten bzw. unregelmäßig vorkommend aber vom Betrag her wesentlich.[215] Der italienische hat ähnlich dem deutschen Gesetzgeber bei der Definition außerordentlicher Erfolgskomponenten Interpretationsspielräume gelassen. Die Principi Contabili[216] fassen den Begriff weiter und definieren außerordentliche Erträge und Aufwendungen als Erfolgs- bzw. Aufwandskomponenten, welche außerhalb der gewöhnlichen Geschäftstätigkeit anfallen.[217] Diese Definition entspricht der Definition im deutschen Handelsrecht gem. § 277 Abs. 4 Satz 1 HGB.

Tabelle 30: Synopse des außerordentlichen Ergebnisses / der außerordentlichen Einnahmen und Lasten.[218]

	Deutschland	**Italien**
Bezeichnung im Jahresabschluss:	Außerordentliches Ergebnis	Außerordentliche Einnahmen und Lasten
Verweis:	§ 275 Abs. 2 HGB	Art. 2425 Abs. 1 C.C.
Bestandteile:	15. außerordentliche Erträge	20. Einnahmen mit gesonderter Angabe des Mehrwertes aus Veräußerungen, deren Erträge nicht unter Nr. 5 einzuordnen sind
	16. außerordentliche Aufwendungen	21. Lasten mit gesonderter Angabe des Minderwertes aus Veräußerungen, deren buchhalterischen Auswirkungen nicht in Nr. 14 ausgewiesen werden dürfen und der auf vorhergehenden Geschäftsjahre entfallenen Steuern
Bestandteile:	17. außerordentliches Ergebnis (15+16)	E) Außergewöhnliche Einnahmen und Lasten

[214] Vgl. hierzu die Ausführungen von Kirsch et al. (2009), S. 1 ff; vgl. Federmann (2000), S. 1073 ff.

[215] Vgl. Baetge et al. (2011a), S. 618.

[216] Vgl. Principi Contabili, documento n. 29, S. 5, Ziff. A. IIIa.

[217] Vgl. Greving (1994), S. 46.

[218] Eigene Darstellung.

In Italien und Deutschland werden die Steuern vom Einkommen und Ertrag zuletzt zum Abzug gebracht. Zu beachten ist an dieser Stelle, dass die sonstigen Steuern in Italien zu den sonstigen betrieblichen Aufwendungen gerechnet werden. Wie in Deutschland, so schließt auch die GuV in Italien mit dem Jahresüberschuss bzw. -fehlbetrag.

Tabelle 31: Synopse der sonstigen Posten der GuV.[219]

	Deutschland	**Italien**
Bezeichnung im Jahresabschluss:	X	X
Verweis:	§ 275 Abs. 2 HGB	Art. 2425 Abs. 1 C.C.
Bestandteile:	18. Steuern vom Einkommen und Ertrag	22. Steuern auf die Einnahmen des Geschäftsjahres
	Umgruppierung des Postens „sonstige Steuern" zu sonstiger Aufwand!	
	20. Jahresüberschuss / Jahresfehlbetrag	23. Gewinn (Verlust) des Geschäftsjahres

219 Eigene Darstellung.

2.7 Fazit des Rechtsvergleichs

Identische historische Wurzeln sowie der Einfluss europäischer Harmonisierungsbestrebungen sind die Ursachen einer großen Ähnlichkeit deutscher und italienischer Jahresabschlüsse. Trotzdem führen abweichende Rechnungslegungsstandards, Unterschiede in der Bilanzierungspraxis sowie tatsächliche wirtschaftliche Unterschiede zu heterogenen Jahresabschlussstrukturen. Vor dem Hintergrund einer länderübergreifenden Jahresabschlussanalyse gilt es, diese Unterschiede zu identifizieren und anschließend deren Wirkung – soweit möglich – zu neutralisieren.

Die Unterschiede zwischen den Rechnungslegungsstandards konnten in der vorliegenden Arbeit bereits theoretisch abgeleitet werden.[220] Dabei wurde deutlich, dass dem italienischen Bilanzierenden insgesamt weniger explizite Wahlrechte als dem deutschen zur Verfügung stehen. Jedoch führen vom Gesetzgeber bewusst geschaffene Ermessensspielräume ebenfalls zu großem Gestaltungspotential in den italienischen Jahresabschlüssen.[221] Die bilanzielle Wirkung solcher Unterschiede kann allerdings nicht in allen Fällen exakt quantifiziert und damit auch nicht immer vollständig neutralisiert werden. Es besteht lediglich die Möglichkeit, die Wirkung bestimmter Unterschiede in der Rechnungslegung, welche sich in speziellen Posten bzw. Relationen manifestieren, bilanzanalytisch zu neutralisieren.

Wesentliche strukturelle Unterschiede bestehen im Bereich des Vermögens hinsichtlich der Bilanzierungshilfen und der immateriellen Vermögensgegenstände. Im Bereich des Kapitals fallen die italienischen Posten „Rücklagen der Aufwertung“ und „Rückstellungen für Abfertigungen“ auf, welche in deutschen HGB-Bilanzen nicht zu finden sind. Im Bereich der GuV bestehen wesentliche Unterschiede zwischen der Verbuchung von Geschäftsvorfällen in den Materialaufwand, den sonstigen betrieblichen Aufwendungen und den sonstigen Steuern.

Inhaltliche Unterschiede können sich vor allem durch den in Italien weiter gefassten Begriff des Vermögensgegenstandes sowie die temporär gültigen Aufwertungsgesetze, welche eine Bilanzierung von Vermögensgegenständen zu Zeitwerten erlauben, ergeben. Aber auch die in Deutschland weiter gefassten Passivierungswahlrechte wie beispielsweise die Bildung von Aufwandsrückstellung gem. § 249 Abs. 2 HGB führen zu inhaltlichen Unterschieden. Derartige inhaltliche Unterschiede bezüglich des Postens „Steuern von Einkommen und Ertrag“ sind Folge einer unterschiedlichen Steuersystematik.

---

220 Die theoretischen Unterschiede aus Sicht der Rechnungslegung wurden nach Posten gegliedert in Hypothesenform zusammengefasst. Eine entsprechende Auflistung findet sich in Anhang 1 wieder.

221 Dies ist anhand der italienischen Aktivierungsgrundsätze gut nachvollziehbar. Diese schreiben lediglich vor, dass als Voraussetzung für die Aktivierung eines Anlagegutes lediglich die Kosten für dieses Gut eindeutig abgrenzbar sein müssen sowie ein künftiger Nutzenvorteil nachgewiesen werden muss. Die deutschen Aktivierungsgrundsätze sind deutlich enger gefasst.

Unabhängig von den Unterschieden, welche aus einer abweichenden Rechnungslegung resultieren, können sowohl das jeweilige nationale Bilanzierungsverhalten als auch tatsächliche wirtschaftliche Unterschiede, zu heterogenen nationalen Jahresabschlussstrukturen führen. Diese Unterschiede können theoretisch nicht eindeutig abgeleitet werden. Es empfiehlt sich deshalb, potentielle heterogene Jahresabschlussstrukturen mit Hilfe einer empirischen Analyse zu identifizieren und zu quantifizieren.

Nachdem nun wesentliche theoretische Unterschiede zwischen der deutschen und der italienischen Rechnungslegung abgeleitet wurden, wird im nachfolgenden Kapitel dargelegt, wie ein Bilanzratingmodell entwickelt werden kann.

3 Entwicklung und Validierung von Bilanzratingmodellen

Die Entwicklung eines Bilanzratingmodells ist von hoher Komplexität und beträchtlichem Aufwand gekennzeichnet. Dieser resultiert zum einen aus den hohen Datenanforderungen und zum anderen aus der Notwendigkeit, über profunde betriebswirtschaftliche und statistisch-mathematische Kenntnisse zu verfügen.

Dem Entwickler steht eine Vielzahl von Möglichkeiten zur Verfügung, um sein Ziel – ein leistungsfähiges Bilanzratingmodell – zu erreichen. Insbesondere bei der Schätzung der Modellfunktion kann auf ein breites Spektrum verschiedener Methoden zurückgegriffen werden.[222] Im Folgenden werden unterschiedliche Möglichkeiten der Modellentwicklung dargelegt, woraus ein Vorgehensmodell als Grundlage für den empirischen Teil der vorliegenden Arbeit abgeleitet wird.

3.1 Generierung der Datenbasis

„Ein auf empirischer Basis entwickeltes Rating kann immer nur so gut sein wie die zugrundeliegende Datenbasis."[223] Deshalb kann die Generierung der Datenbasis als Fundament der eigentlichen Modellentwicklung verstanden werden. Nur auf einem qualitativ hochwertigen und quantitativ ausreichenden[224] Fundament kann eine stabile und leistungsfähige Funktion entstehen. Der Entwicklung der Datenbasis ist demnach größte Aufmerksamkeit zu widmen. Sie ist in der Regel durch hohen Aufwand (beispielsweise Personalaufwand und Kosten der Datenbeschaffung) gekennzeichnet und sehr zeitintensiv. Abbildung 5 zeigt die wesentlichen Prozessschritte, welche bei der Generierung der Datenbasis berücksichtigt werden müssen.

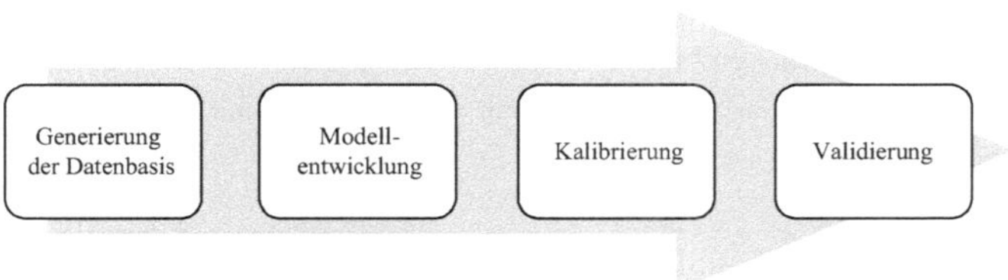

Abb. 5 Prozess der Generierung der Datenbasis.[225]

[222] Vgl. Oelerich (2005), S. 80 ff.

[223] Österreichische Nationalbank (2004), S. 64.

[224] Die Anforderungen an die Quantität der Daten hängen in der Regel von der zur Schätzung der Modellfunktion angewendeten Methode ab. In der Praxis ist vor allem die bedingte Verfügbarkeit von Informationen zu insolventen Unternehmen ein Problem. Im Rahmen der Ratingmodellentwicklung sollten jedoch mindestens die Daten von 100 insolventen Unternehmen vorliegen.

[225] Eigene Darstellung.

3.1.1 Definition der Anforderungen

Im Vorfeld der Datenerhebung müssen die zu erhebenden Informationsbereiche festgelegt werden. Diese können sowohl quantitativer als auch qualitativer Natur sein. Da der Fokus dieser Arbeit auf quantitativen Bilanzratingmodellen liegt, wird auf die qualitativen nicht weiter eingegangen.[226] Im Kontext des Ratings werden unter dem Begriff quantitative Informationen vor allem Daten aus Bilanzen und GuV sowie Erläuterungen aus dem Anhang eines Jahresabschlusses verstanden. Aber auch die Anzahl der Mitarbeiter oder die Branchenklassifikation eines Unternehmens sind dem quantitativen Bereich zuzuordnen. Neben diesen Informationen ist es im Kontext der Ratingmodellentwicklung für jedes Unternehmen notwendig, den Ausfallstatus[227] und im Insolvenzfall auch den Ausfallzeitpunkt[228] zu erfassen. Der Ausfallstatus gibt an, ob ein Unternehmen ausgefallen oder nicht ausgefallen ist. Für die Klassifikation eines Unternehmens hinsichtlich seines Solvenzstatus‘ ist die Definition des Merkmals „Ausfall“ von entscheidender Bedeutung. Insbesondere bei länderübergreifenden Betrachtungen können aufgrund nationaler Insolvenzrechte abweichende Ausfalldefinitionen problematisch sein. An dieser Stelle ist es sinnvoll, der Referenzausfalldefinition von Basel II zu folgen, da diese in Europa einheitlich ist und von allen europäischen Kreditinstituten mit eigenem Ratingsystem verbindlich zugrunde gelegt werden muss.[229] Demnach gilt ein Unternehmen als ausgefallen, wenn mindestens eines der beiden folgenden Kriterien erfüllt ist:

- „Die Bank geht davon aus, dass der Schuldner seinen Kreditverpflichtungen gegenüber der Bankengruppe mit hoher Wahrscheinlichkeit nicht in voller Höhe nachkommen wird, ohne dass sie auf Maßnahmen wie beispielsweise die Verwertung von Sicherheiten (soweit vorhanden) zurückgreift.
- Eine wesentliche Verbindlichkeit des Schuldners gegenüber der Bankengruppe ist mehr als 90 Tage überfällig. Überziehungen werden als überfällig betrachtet, wenn der Kreditnehmer ein zugesagtes Limit überschritten hat oder ihm ein geringeres Limit als die aktuelle Inanspruchnahme mitgeteilt wurde.“[230]

Problematisch ist diese Ausfalldefinition bei Daten, welche nicht von einer Bank erhoben wurden, da in diesem Fall regelmäßig die notwendigen Informationen (Beispielswiese 90 Tage Zahlungsverzug) nicht vorliegen. In diesem Fall hat es sich in der Praxis bewährt, als Ausfalldefinition die

---

[226] Vgl. Abgrenzung des Themas in Abschnitt 1.2.

[227] Vgl. Schuhmacher (2006), S. 43 ff.

[228] Vgl. Trustorff (2009), S. 93.

[229] Vgl. Baseler Ausschuss für Bankenaufsicht (2004), Absatz 452.

[230] Deutsche Bundesbank (2003), Abschnitt 452.

Insolvenz eines Unternehmens heranzuziehen und als Ausfallzeitpunkt denjenigen Tag zu definieren, an welchem die Insolvenz dem zuständigen Amtsgericht mitgeteilt worden ist.[231] Diese Informationen sind verhältnismäßig leicht zu erheben, da diese zumindest in Deutschland veröffentlicht[232] werden müssen.

Um ein zutreffendes Urteil über die wirtschaftliche Lage bzw. eine Prognose über das Fortbestehen eines Unternehmens abgeben zu können, ist es notwendig, die VFE-Lage eines Unternehmens zu analysieren.[233] Deshalb muss die Datenbasis eines Bilanzratingmodells Informationen aus Bilanzen und GuV enthalten. Zudem ist darauf zu achten, dass die Datenbasis repräsentativ ist.[234]

Repräsentativität ist gegeben, wenn alle relevanten Strukturmerkmale und die Proportionen der Merkmale die Struktur der Grundgesamtheit eines Portfolios widerspiegeln.[235] Im Bereich des Bilanzratings hat sich die Branchenverteilung als Repräsentativitätsmerkmal bewährt.[236] Der höchste Grad an Repräsentativität wird durch eine Vollerhebung erreicht. Dies bedeutet, dass alle Daten eines bestimmten Portfolios (beispielsweise alle Kunden eines Kreditinstitutes oder auch eines Landes) erhoben werden.[237] In der Praxis sind Vollerhebungen aufgrund hoher Kosten und Restriktionen hinsichtlich der Datenverfügbarkeit eher selten, weshalb sich Stichprobenerhebungen etabliert haben.[238] Stichproben repräsentieren lediglich eine Teilmenge der Grundgesamtheit und stimmen in der Regel strukturell nicht exakt mit der Grundgesamtheit überein. Bei der Stichprobenerhebung ist darauf zu achten, dass sich potentielle strukturelle Abweichungen nur in einer geringen Bandbreite[239] bewegen.

Neben der Repräsentativität sollte der Datenbestand möglichst viele Datensätze enthalten, da gemäß des Gesetzes der großen Zahlen eine empirische Häufigkeitsverteilung mit zunehmendem Umfang der Stichprobe gegen die wahre Wahrscheinlichkeitsverteilung strebt.[240] Es besteht also ein grundsätzlich positiver Zusammenhang zwischen Datenquantität und Güte eines Modells.

---

[231] Vgl. Thabe (2007), S. 15.

[232] Die Unternehmensinsolvenzen werden beispielsweise unter: https://www.insolvenzbekanntmachungen.de/ veröffentlicht.

[233] Vgl. Leker (1993), S. 37 sowie Baetge et al. (2004), S. 495.

[234] Vgl. Österreichische Nationalbank (2004), S. 68 ff.

[235] Vgl. Burzan (2005), S. 130.

[236] Vgl. Österreichische Nationalbank (2004), S. 68.

[237] Vgl. Weischer (2007), S. 192.

[238] Vgl. Weischer (2007), S. 192.

[239] Eine Überprüfung kann beispielsweise mit Hilfe von Konfidenzintervallen erfolgen. Siehe hierzu Österreichische Nationalbank (2004), S. 68 f.

[240] Vgl. Greene (2003), S. 900 ff.

Jedoch kann dieser positive Zusammenhang durch minderwertige Daten[241] negativ beeinflusst werden. Deshalb muss auch auf die Qualität der Daten geachtet werden. Die Qualität des Bestandes wird durch dessen Plausibilisierung (vgl. Abschnitt 3.1.3) sichergestellt. Bei sehr großen Datenbeständen (10.000 Datensätze und mehr) sollte die Plausibilisierung vor dem Hintergrund eines hohen manuellen Aufwands und potentieller Fehler, die bei einer manuellen Überprüfung entstehen können, automatisiert erfolgen.[242]

3.1.2 Erhebung und Speicherung

Die Datenverfügbarkeit – insbesondere die Verfügbarkeit von Informationen über ausgefallene Unternehmen – stellt in der Praxis ein nicht zu unterschätzendes Problem dar. Deshalb werden vielfach „fremde" Datenbestände zur Anreicherung der eigenen Datenbestände erworben.[243] In einigen Fällen erfolgt die Modellentwicklung sogar ausschließlich aufgrund fremder Datenbestände. Aus externen Quellen bezogene Daten sollten möglichst schon im Vorfeld der Datenerhebung evaluiert werden.[244] Ist eine geeignete Datenquelle gefunden, werden die Daten vorzugsweise in eine eigene Forschungsdatenbank überführt. Insbesondere bei großen Datenbeständen ist der Aufbau einer solchen Forschungsdatenbank ein komplexer Vorgang, welcher einen erheblichen Ressourceneinsatz (beispielsweise Personal für die Datenbankentwicklung und Serversysteme für den Datenbankbetrieb) erfordert.[245] Bei dem Design einer Forschungsdatenbank für die Ratingmodellentwicklung sollte auf folgendes geachtet werden:

- Jegliche forschungsrelevante Information kann gespeichert werden.
- Neue Informationen (beispielsweise Jahresabschlüsse eines fremden Rechnungslegungsstandards) müssen speicherbar sein, ohne das Datenbankmodell im Nachhinein ändern zu müssen.
- Datenredundanzen existieren nicht oder nur zu einem sehr geringen Teil.
- Die Datenbank ist zu einem hohen Grad normalisiert.[246]
- Die Daten werden durch die Datenbank automatisch plausibilisiert.

[241] Minderwertige Daten sind im vorliegenden Zusammenhang nicht plausibel oder nur wenige Werte enthaltende Jahresabschlüsse (Missing Value Problematik).

[242] Vgl. Österreichische Nationalbank (2004), S. 73.

[243] Vgl. Österreichische Nationalbank (2004), S. 67.

[244] Anhang 6.1 beinhaltet einen Fragebogen zur Beurteilung externer Datenquellen.

[245] Diese Einschätzung ist auf die Erfahrungen des Autors dieser Arbeit zurückzuführen, welcher an der Konzeption und Entwicklung solcher Datenbanken mitgewirkt hat.

[246] Im Kontext relationaler Datenbanksysteme, wird unter „Normalisierung" die schrittweise Zerlegung von Relationen zur Vermeidung von Datenredundanzen verstanden. Vgl. weiterführend Vossen (2008), S. 57 ff.

- Die Aggregation von Informationen aus der Datenbank (beispielsweise Berechnung von Kennzahlen) ist möglich.

Eine Datenbank, welche die genannten Anforderungen erfüllt, vermag die Qualität großer Datenmengen mit vertretbarem Ressourceneinsatz sicherzustellen.

3.1.3 Plausibilisierung

Die Plausibilisierung dient der Qualitätssicherung von Daten.[247] Da der Fokus dieser Arbeit ausschließlich auf quantitativen Informationen (Jahresabschlüssen) liegt, beziehen sich die folgenden Ausführungen auf die Plausibilisierung von Jahresabschlussdaten. Grundsätzlich ist zu entscheiden, an welcher Stelle die Qualitätssicherung der Daten durchgeführt wird: Entweder wird sie dem Importvorgang vorgelagert oder erst durchgeführt, wenn die Daten bereits in der Datenbank gespeichert wurden. Da auch bei der Erstellung der Plausibilisierungsregeln Fehler unterlaufen können und deshalb mehrere Plausibilisierungsvorgänge notwendig werden, empfiehlt sich die Durchführung der Qualitätssicherung erst nach Vorliegen der Daten in der Datenbank. Bei der qualitativen Überprüfung von Jahresabschlussdaten sind die Plausibilisierungsregeln schematisch gleich aufgebaut. Es werden grundsätzlich die Unterposten eines bestimmten Postens addiert und diese Summe wird anschließend von dem Posten (Oberposten) subtrahiert. Liegt ein vollständiger und plausibler Datensatz vor, ergeben diese Rechenoperationen immer den Wert Null. Die einfachste Regel, bei der selbst die Addition von Unterposten entfällt, ist der Vergleich der Bilanzsummen. Die entsprechende Regel lautet: Bilanzsumme Aktiva – Bilanzsumme Passiva = Wert (0).

Etwas komplexer – auch hinsichtlich potentieller Ergebnisse der Regelüberprüfung – wird die Plausibilisierung, wenn zunächst bestimmte Unterposten addiert werden müssen. Die Regel zur Plausibilisierung des Anlagevermögens[248] lautet beispielsweise:

	Immaterielle Vermögensgegenstände
+	Sachanlagen
+	Finanzanlagen
=	Summe der Unterposten Anlagevermögen
–	Anlagevermögen
=	Erwartungswert (0)

[247] Vgl. Sachs, Hedderich (2009), S. 18 f.

[248] In diesem Beispiel wird davon ausgegangen, dass es sich um die Struktur einer Bilanz gem. § 266 HGB handelt.

Gemeinhin wird davon ausgegangen, dass das Ergebnis der Überprüfung einer solchen Regel binär ist[249], also „wahr“ oder „falsch“. Jedoch sollten im Falle eines potentiellen Regelverstoßes (falsch), die Ursachen für diesen Verstoß festgestellt werden. Beispielsweise könnten die Inputparameter der Regel aus der verkürzten Bilanz eines Unternehmens stammen, welches aufgrund seiner Größe i.S.d. § 267 HGB als Unternehmen mittlerer Größe zählt und deshalb seine Jahresabschlüsse gem. § 326 HGB nur in verkürzter Form veröffentlichen muss. In diesem Falle könnte aufgrund des gekürzten Jahresabschlusses die Summe der Unterposten eines bestimmten Oberpostens Null sein, der Oberposten jedoch gefüllt. Die Konsequenz wäre dann ein Regelverstoß, da die Summe der Unterposten (0) nicht mit dem Betrag des Oberpostens übereinstimmt. Der Jahresabschluss wäre aber trotzdem plausibel. Die dargelegte Problematik ist in der Praxis keine Seltenheit und kann bei Analysen zu erheblichen Problemen führen[250] und sogar die Durchführung einer Analyse verhindern.[251] Fehlende Werte (Missing Values) lassen unterschiedliche Erklärungen zu. Abhängig von den Ursachen können Strategien gewählt werden, wie mit den Missing Values bzw. mit Datensätzen, die Missing Values enthalten, umgegangen wird.[252] Zuerst müssen allerdings Kenntnisse über die Hintergründe potentieller Missing Values vorhanden sein, um über eine weitere Verfahrensweise entscheiden zu können.

Aufgrund der dargelegten Problematik wird im Folgenden unter dem Begriff Plausibilisierungsergebnis nicht nur das binäre Ergebnis einer bestimmten Regel verstanden, sondern auch das Ergebnis der Untersuchung eines potentiellen Negativergebnisses hinsichtlich seiner Ursachen. Abbildung 6 verdeutlicht die Problematik der Datensatzplausibilisierung unter Berücksichtigung der Problematik der Missing Values und veranschaulicht potentielle Ergebnisse einer Regelüberprüfung.

[249] Vgl. Österreichische Nationalbank (2004), S. 73.

[250] Vgl. Henking et al. (2006), S. 215.

[251] Vgl. Backhaus et al. (2010), S. 22.

[252] In Abschnitt 3.1.4 werden Strategien zur Lösung der „Missing Value - Problematik“ dargelegt.

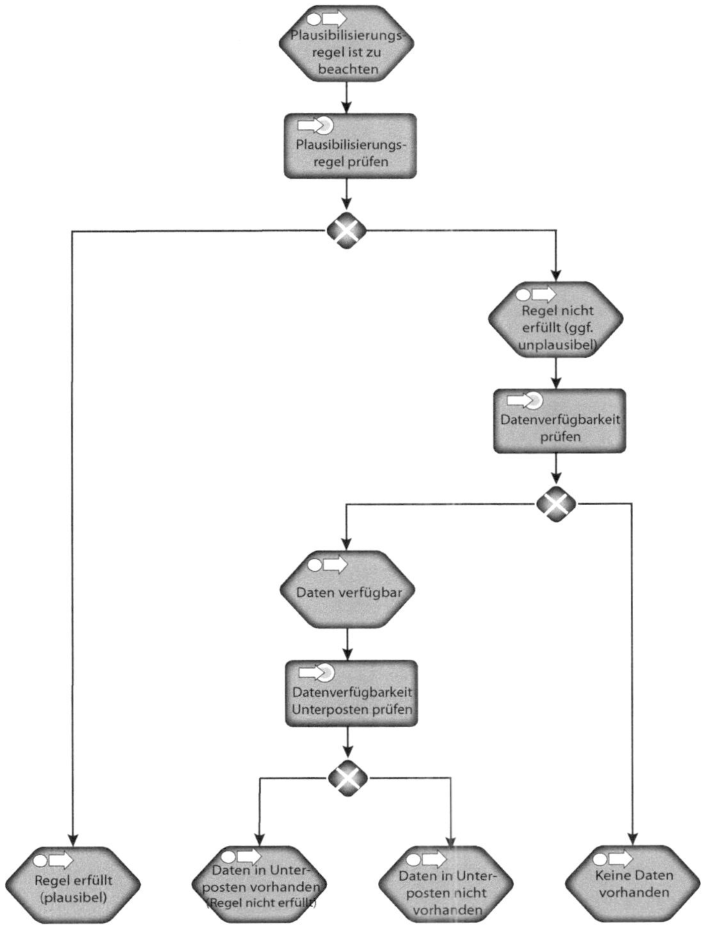

Abb. 6 Ablauf einer Plausibilitätsprüfung.[253]

Bestätigt die Plausibilisierung die Einhaltung der Regel, ist die Prüfung dieser Regel abgeschlossen und endet mit dem Ergebnis „Regel erfüllt". Tritt jedoch der gegensätzliche Fall ein – Regel

[253] Eigene Darstellung.

nicht erfüllt ggf. unplausibel – müssen die Ursachen dieses Ergebnisses untersucht werden. Dies erfolgt durch eine weitere Prüfung, welche die generelle Datenverfügbarkeit jedes von der Regel betroffenen Postens überprüft. Sind Daten weder in den Unterposten noch im Oberposten vorhanden, endet die Plausibilisierung mit dem Ergebnis „Keine Daten vorhanden". Können jedoch vorhandene Daten in einem oder mehreren Posten identifiziert werden, muss in einer weiteren Prüfung die Existenz von Unterposten überprüft werden. Sind keine Unterposten vorhanden, endet dieser Plausibilisierungsschritt mit dem Ergebnis „Daten in Unterposten nicht vorhanden". Dies bedeutet, dass der Oberposten zwar gefüllt ist, aber die dazugehörigen Unterposten keine Werte enthalten. Dieses Ergebnis weist explizit nicht auf die Unplausibilität des Datensatzes hin. Ergibt die letzte Prüfung jedoch, dass Unterposten vorhanden sind, gilt die Regel endgültig als nicht erfüllt und der entsprechende Datensatz muss als unplausibel klassifiziert werden.

Das Ergebnis jeder Plausibilisierung sollte in der Forschungsdatenbank gespeichert werden und dem entsprechenden Datensatz eindeutig zuzuordnen sein. Bei der Speicherung der Ergebnisse ist darauf zu achten, dass diese durch einfache Einschränkungsparameter bei einer Datenselektion abfragbar sind. Aus Kapazitätsgründen und vor dem Hintergrund potentieller Redundanzen sollten die Ergebnisse normalisiert und numerisch codiert werden:

Tabelle 32: Beispiel einer nummerischen Kodierung von Plausibilisierungsergebnissen.[254]

Code	Ergebnis
1	Regel erfüllt
2	Daten in Unterposten nicht vorhanden (Missing Values – Unterposten)
3	Keine Daten vorhanden (Missing Values in allen geprüften Posten)
4	Regel nicht erfüllt (Datensatz unplausibel)

Verschiedene Untersuchungen des Autors haben gezeigt, dass die Mehrzahl der Jahresabschlüsse plausibel ist.[255] Trotzdem darf auf eine Plausibilisierung nicht verzichtet werden, da auch wenige unplausible Jahresabschlüsse zu erheblichen Verzerrungen von Analyseergebnissen führen können.[256] Außerdem können vielfach die plausiblen Datensätze nicht ausgewertet werden, da wesentliche Positionen des Jahresabschlusses fehlen (Missing Values). In Deutschland resultiert dieser Effekt regelmäßig aus § 326 HGB, welcher für kleine Kapitalgesellschaften i.S.d. § 267 HGB nur eine eingeschränkte Veröffentlichung von Jahresabschlussinformationen vorschreibt.

[254] Eigene Darstellung.

[255] Entsprechende Untersuchungen wurden vom Autor dieser Arbeit auf den Datenbanken DAFNE, AIDA und SABI durchgeführt.

[256] Vgl. Trustorff (2009), S. 126.

Vor dem Hintergrund des Analysezwecks müssen deshalb qualitative Anforderungen an die Datensätze gestellt werden. Zwar erfordert jede Analyse plausible Daten, jedoch ist es nicht für jede Analyse zwingend notwendig, dass alle Posten des Jahresabschlusses Werte aufweisen. Die bisher vielfach verwendete Methode der bloßen Berechnung von Füllquoten (Verhältnis der Posten, welche einen Wert aufweisen im Verhältnis zur Gesamtzahl aller verfügbaren Posten eines Jahresabschlusses) reicht hier nicht aus. Relevant ist dagegen die Kenntnis darüber, an welchen Stellen (Posten) Missing Values vorhanden sind. Nur mit Hilfe dieser Informationen können für den jeweiligen Analysezweck entsprechend wertige Datensätze selektiert werden.

3.1.4 Umgang mit Missing Values und Bereinigung

Im Rahmen der empirischen Forschung – insbesondere der multivariaten Statistik – stellen Missing Values ein häufig anzutreffendes Problem dar.[257] Mit Hilfe geeigneter Verfahren (beispielsweise durch Anwendung spezieller Plausibilisierungsverfahren) können fehlende Werte auch bei großen Datenbeständen zuverlässig identifiziert werden. Die Diskussion der Umgangsstrategien mit Missing Values erfordert zuerst Kenntnisse darüber, welcher systematische Zusammenhang (Ausfallmechanismus)[258] zwischen den fehlenden Werten besteht. In Abhängigkeit des Zusammenhanges kann dann eines der folgenden Verfahren[259] als Umgangsstrategie gewählt werden:

- Eliminationsverfahren
- Imputationsverfahren
- Parameterschätzverfahren

Falls kein systematischer Zusammenhang zwischen den Missing Values selbst oder anderen Variablenausprägungen besteht, bieten sich Eliminationsverfahren an.[260] Im Falle eines systematischen Zusammenhangs ist vom Einsatz der Eliminationsverfahren abzuraten; diese können zu erheblichen Verzerrungen führen und damit die Aussagefähigkeit späterer Analysen stark beeinträchtigen. Sollten Eliminationsverfahren trotz systematischer Zusammenhänge eingesetzt werden, ist darauf zu achten, dass alle Datensätze, welche durch problematische Missing Values gekennzeichnet sind, eliminiert werden.

---

[257] Vgl. Backhaus et al. (2010), S. 22.

[258] Für weitere Ausführungen zum Thema Ausfallmechanismus vgl. Bankhofer, Praxmarer (1998), S. 110 ff.

[259] Auch mit Hilfe von multivariaten Verfahren oder Sensitivitätsanalysen können fehlende Werte ersetzt werden. Auf die Erläuterung dieser Verfahrensklassen wird hier aber bewusst verzichtet.

[260] Vgl. Little, Rubin (1987), S. 39 f.

In der Konsequenz ist die auf einem solch bereinigten Datensample durchgeführte Analyse für die Gruppe der ausgeschlossenen Datensätze nicht repräsentativ. Ein solcher Fall ist beispielsweise bei Unternehmen gegeben, die aufgrund ihrer Größe gem. § 267 HGB als klein gelten und entsprechend § 326 HGB nur beschränkten Veröffentlichungspflichten unterliegen.

Eliminationsverfahren schließen bestimmte unvollständige Merkmale oder Objekte aus einer Grundgesamtheit aus. Hierbei ist zwischen zwei Ansätzen zu differenzieren: Bei der „complete-case analysis" gehen nur vollständig vorliegende Merkmale oder Objekte in weitere Untersuchungen ein. Bei der „availabe-case-analysis" hingegen werden Merkmale oder Objekte mit fehlenden Werten nicht grundsätzlich von der Analyse ausgeschlossen, sondern nur die tatsächlichen Missing Values. Größter Nachteil der Eliminationsverfahren ist der aus der Anwendung solcher Verfahren resultierende hohe Informationsverlust.[261]

Imputationsverfahren sind mit dieser Problematik nicht behaftet, da diese Klasse von Verfahren fehlende Werte ersetzt und somit die Vollständigkeit von Datenmatrizen gewährleistet.[262] Für die Wahl geeigneter Ersatzwerte (Imputationsschätzer) existieren verschiedene Verfahren. Auch sie setzen voraus, dass keinerlei Zusammenhang zwischen dem Auftreten fehlender Werten untereinander und/oder anderen Merkmalsausprägungen besteht. Vielfach werden Mittelwerte wie das arithmetische Mittel, der Median oder der Modus als Imputationsschätzer verwendet. Weitere einfache Verfahren sind der Ersatz von Werten durch Verhältnisschätzer, Zufallsauswahl oder Expertenratings;[263] zu den komplexeren zählen multivariate Imputationstechniken.[264] Es existieren auch Imputationsschätzer, welche den systematischen Ausfallmechanismus exakt nachmodellieren und sich damit auch im Falle systematischer Zusammenhänge anwenden lassen.[265] Größter Kritikpunkt an den Imputationsverfahren ist die Reduktion der Varianz, welche beispielsweise beim Einsatz von Mittelwerten als Imputationsschätzer entsteht.

Die Parameterschätzverfahren sind den Imputationsverfahren sehr ähnlich. Diese Verfahren leiten Verteilungsparameter direkt aus der mit Missing Values behafteten Datenmatrix ab. Für die Parameterschätzung kann beispielsweise die Maximum-Likelihood-Methode angewendet werden.[266] Die Parameterschätzverfahren unterliegen im Vergleich zu den bisher vorgestellten Verfahren weniger restriktiven Anwendungsvoraussetzungen. Liegt eine multivariate Normalverteilung vor,

---

[261] Vgl. Adèr, Mellenbergh (2008), S. 370.

[262] Vgl. Bankhofer (1995), S. 104.

[263] Bezüglich Imputationsschätzer siehe weiterführend Bankhofer, Praxmarer (1998), S. 114.

[264] Siehe weiterführend Bankhofer (1995), S. 125 ff.

[265] Siehe weiterführend Greenless et al. (1982), S. 253.

[266] Siehe weiterführend Bankhofer (1995), S. 155 ff.

muss lediglich das Auftreten der fehlenden Werte unabhängig von der Merkmalsausprägung sein. Allerdings sind die Parameterschätzverfahren im Vergleich zu den Eliminations- und Imputationsverfahren in Ihrer Anwendung relativ aufwendig.[267]

Aufgrund der beschränkten Veröffentlichungspflichten kleiner und mittlerer deutscher Kapitalgesellschaften[268] besteht ein systemischer Zusammenhang zwischen den auftretenden Missing Values. In der vorliegenden Arbeit werden Jahresabschlüsse, die in wesentlichen Positionen keine Werte aufweisen (dies ist v. a. bei kleinen Gesellschaften i.S.d. § 267 HGB der Fall), von Untersuchungen ausgeschlossen (Elimination). In der Konsequenz sind die auf den verbleibenden Daten entwickelten Ratingmodelle für die Gruppe der ausgeschlossenen Unternehmen nicht anwendbar. Trotz dieser Einschränkung werden in der vorliegenden Arbeit diejenigen Jahresabschlüsse, welche in den wesentlichen Positionen[269] keine Werte aufweisen, eliminiert. Im Rahmen der Ratingmodellentwicklung existieren neben dem Ausschluss von Datensätzen aufgrund von Unplausibilität oder Missing Values noch weitere Umstände, die eine zusätzliche Reduktion des Datenbestandes rechtfertigen.

Ausschluss von Duplikaten

Um eine Verzerrung der Analyseergebnisse durch Übergewichtung eines einzelnen Unternehmens oder Jahresabschlusses zu vermeiden, müssen potentielle Duplikate von den weiteren Untersuchungen ausgeschlossen werden. Deren zuverlässige Identifikation erfordert die Überprüfung der Identität verschiedener möglichst eindeutiger Merkmale. Für diese Identifikation eignet sich eine Kombination aus Unternehmensname, Jahr, Jahresumsatz und Branchenzugehörigkeit.

Ausschluss von insolventen Unternehmen mit unbekanntem Ausfallzeitpunkt

Um einen konsistenten Zeithorizont der Ausfallprognose sicherstellen zu können, ist die Kenntnis des Ausfallzeitpunkts jedes insolventen Unternehmens erforderlich.[270] Nicht immer liegt diese Information vollständig vor. Da aber gerade die Jahresabschlüsse ausgefallener Unternehmen bei der Ratingmodellentwicklung besonders wertvoll sind, sollte geprüft werden, ob die fehlenden Informationen bezüglich des Ausfallszeitpunkts durch Imputationsverfahren generiert werden können. In diesem Zusammenhang hat es sich bewährt zu unterstellen, dass der Stichtag der zu-

---

267 Vgl. Bankhofer (1995), S. 166 ff.

268 Vgl. § 267 i. V. m. § 326 HGB.

269 Wesentliche Positionen sind beispielsweise Eigenkapital, Umsatz und Jahresüberschuss/ -fehlbetrag.

270 Vgl. Trustorff, Botterweck (2008), S. 127.

letzt veröffentlichten Bilanz dem Ausfallzeitpunkt entspricht.[271] Diesem Ansatz wird auch in der vorliegen Arbeit gefolgt.

Ausschluss von Unternehmen aus dem Finanz- und Versicherungsgewerbe

Banken, Versicherungen und andere Finanzdienstleister unterscheiden sich hinsichtlich ihrer Geschäftsmodelle und ihrer Bilanzstruktur wesentlich von den Unternehmen anderer Branchen.[272] Für diese Gruppe von Unternehmen müssen eigene Ratingmodelle geschätzt werden. Vor diesem Hintergrund sollten alle der Abteilung 64 gem. NACE Rev. 2.0 angehörenden Unternehmen von den weiteren Untersuchungen ausgeschlossen werden.

Ausschluss von Unternehmen der Bauwirtschaft

Unternehmen der Bauwirtschaft weisen branchenspezifische Bilanzrelationen auf. Aufgrund des starken Projektgeschäfts in dieser Branche kommt es zu charakteristischen Verschiebungen des Gewinn- und Liquiditätsausweises.[273] Aus diesem Grund sollten alle Unternehmen, welche der Section F gem. NACE Rev. 2.0 angehören, von den weiteren Untersuchungen ausgeschlossen werden.

Ausschluss von konzern- und gruppenabhängige Unternehmen

Sind mehrere rechtlich selbständige, wirtschaftlich aber voneinander abhängige Unternehmen miteinander verbunden, wird dieser Verbund als Konzern bezeichnet.[274] Konzernunternehmen sind durch konzerninterne Kapital- und Leistungsverflechtungen gekennzeichnet. Aufgrund dieser Verflechtungen sollte ein Konzernunternehmen immer vor dem Hintergrund der wirtschaftlichen Lage des gesamten Konzernes beurteilt werden. Es empfiehlt sich, alle vollständig in einen Konzernabschluss eingegangenen Einzelabschlüsse von den weiteren Untersuchungen auszuschließen.

Ausschluss staatsabhängiger Unternehmen

Staatliche Institutionen oder staatsabhängige Unternehmen weisen im Vergleich zu privaten Unternehmen, in der Regel deutlich geringere Ausfallrisiken auf.[275] Vor diesem Hintergrund werden Unternehmen dieser Art ebenfalls von den weiteren Untersuchungen ausgeschlossen.

[271] Diese Erfahrung hat der Autor dieser Arbeit selbst bei der Entwicklung verschiedener Ratingmodelle gemacht.

[272] Vgl. Günter (2009), S. 235.

[273] Vgl. Hauschildt et al. (1995), S. 287 ff.

[274] Vgl. Baetge et al. (2011b), S. 1.

[275] Vgl. Schuhmacher (2006), S. 42.

Ausschluss von Unternehmen mit sehr kurzer Datenhistorie

Um bestimmte Kennzahlen (beispielsweise: Veränderung der Rückstellungen) berechnen zu können, muss über mindestens zwei aufeinanderfolgende Jahresabschlüsse eines Unternehmens verfügt werden. Aus diesem Grunde werden bei den weiteren Analysen nur Unternehmen berücksichtigt, für die mindestens zwei vollständige Jahresabschlüsse vorliegen. Zudem ist darauf zu achten, keine Abschlüsse von Neugründungen oder besonders jungen Unternehmen für die Modellentwicklung zu nutzen, da in verschiedenen Studien nachgewissen wurde, dass sehr junge Unternehmen grundsätzlich mit einem höheren Ausfallrisiko behaftet sind.[276]

Ausschluss von Betrugsfällen

In der Literatur wird vielfach gefordert, auch Betrugsfälle von der Modellschätzung auszuschließen.[277] Aus theoretischer Sicht ist diese Maßnahme nachvollziehbar, da manipulierte Jahresabschlüsse negativ auf die Modellqualität wirken können. Jedoch ist es in der praktischen Umsetzung nahezu unmöglich, sogenannte Fraud-Fälle zu identifizieren, werden doch wirtschaftskriminelle Aktivitäten, die sich auf einen Jahresabschluss auswirken, nur in wenigen Fällen publik.

Ausschluss von Unternehmen aufgrund unterschiedlicher Rechnungslegungsstandards

Für eine Modellentwicklung war es bisher üblich, nur Jahresabschlüsse mit einheitlichem Rechnungslegungsstandard heranzuziehen,[278] da unterschiedliche Rechnungslegungsstandards die Ratingmodellentwicklung erheblich erschweren.[279] Insbesondere differierende Wahlrechte machen rechnungslegungsübergreifende Bilanzanalysen schwierig. Im Rahmen der Ratingmodellentwicklung liegt die Herausforderung in der Entwicklung trennfähiger Kennzahlen, welche die jeweiligen Rechnungslegungsvorschriften berücksichtigen und entsprechende Wahlrechte neutralisieren. Da es expliziter Anspruch der vorliegenden Arbeit ist, unter anderem solche Kennzahlen zu entwickeln, werden in der folgenden Analyse Jahresabschlüsse auf Basis unterschiedlicher Rechnungslegungsstandards bewusst berücksichtigt.

[276] Vgl. Woywode (1998), S. 121 f.

[277] Vgl. Schuhmacher (2006), S. 40.

[278] Vgl. Trustorff, Botterweck (2009), S. 125.

[279] Vgl. Kehrel et al. (2009), S. 284.

3.1.5 Stichprobenbildung

Der Gesamtdatenbestand muss nach der Bereinigung in eine Trainings-[280] und eine Validierungsstichprobe aufgeteilt werden. Aus der Trainingsstrichprobe wird anschließend die Entwicklungsstichprobe abgeleitet und mit deren Hilfe die Modellfunktion geschätzt. Die Validierungsstichprobe dient nur der Qualitätssicherung des Modells. Um eine objektive Validierung sicherstellen zu können, ist darauf zu achten, dass in der Trainingsstichprobe enthaltene Unternehmen nicht Bestandteil der Validierungsstichprobe sind (out-of-sample-Validierung). Die Aufteilung des Datenbestands in Trainings- und Validierungsstichprobe kann grundsätzlich auf zwei Arten erfolgen: als echte Zweiteilung oder als Bootstrapping.[281]

Bootstrap-Verfahren sind Stichprobenwiederholungs-Verfahren, welche durch unabhängiges Ziehen mit Zurücklegen aus einem bestimmten Datenbestand sogenannte Bootstrap-Stichproben generieren.[282] Dieses Verfahren kommt vor allem bei kleinen Datenbeständen zum Einsatz, da es eine optimale Datennutzung ermöglicht. Zwar sind Bootstrap-Verfahren als statistisch valide Instrumente anerkannt, jedoch sollte bei ausreichender Datenverfügbarkeit die echte Teilung des Datenbestandes den Bootstrap-Verfahren vorgezogen werden, da nur so eine out-of-sample Validierung gewährleistet werden kann.[283]

Generell bietet es sich an vor der Teilung des Datenbestandes in Entwicklungs- und Validierungsstichprobe ein Portfolio auf Basis des Gesamtdatenbestandes zu bilden. Dieser Schritt stellt sicher, dass ein Unternehmen nicht mit mehreren Jahresabschlüssen im Datenbestand vertreten ist. Durch diese Maßnahme wird potentiellen Verzerrungen im Datensatz aufgrund von Abhängigkeiten zwischen den einzelnen Datensätzen entgegengewirkt.

In jedem Fall sollte bei der Stichprobenbildung auf Konformität hinsichtlich der Repräsentativitätsmerkmale geachtet werden.[284] Abbildung 7 verdeutlicht die Aufteilung des Gesamtdatenbestandes in Entwicklungs- und Validierungsstichprobe: Zuerst wird das Ratingmodell auf Basis der Entwicklungsstichprobe geschätzt, anschließend erfolgt die Validierung des Modells anhand der Validierungsstichprobe.[285]

[280] Die Begriffe Trainings- und Entwicklungsstichprobe werden im Folgenden synonym verwendet.

[281] Vgl. Österreichische Nationalbank (2004), S. 77.

[282] Vgl. Sachs, Hedderich (2009), S. 276.

[283] Vgl. Österreichische Nationalbank (2004), S. 77.

[284] Vgl. Abschnitt 3.1.1.

[285] Vgl. Henking et al. (2006), S. 215.

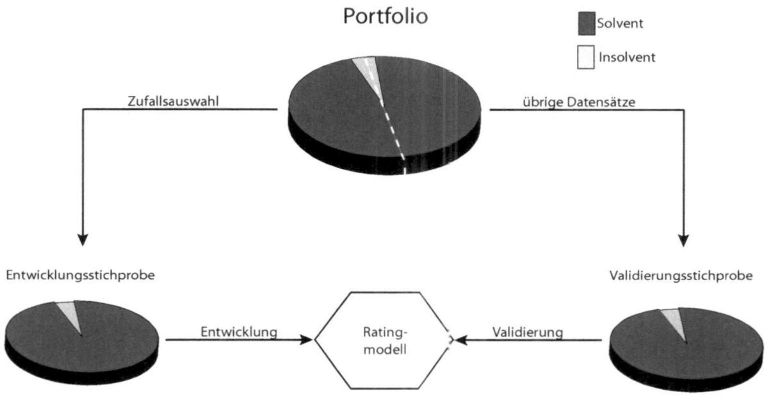

Abb. 7 Stichprobenbildung.[286]

Hinsichtlich der Zusammensetzung der Validierungsstichprobe gibt es unterschiedliche Ansätze, welche mehr oder weniger komplexe Anforderungen an das zu validierende Modell stellen (siehe Abbildung 8).

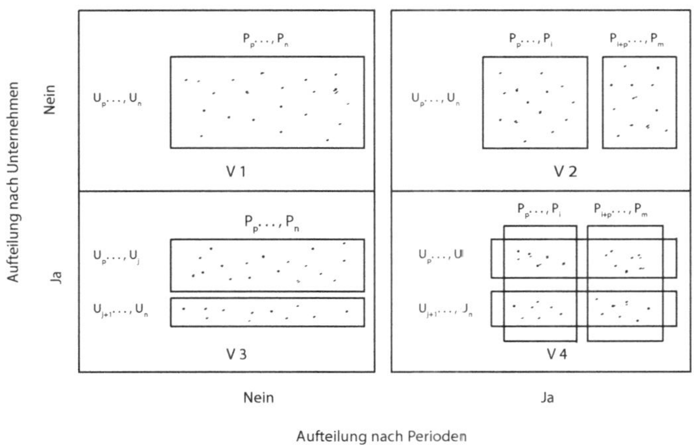

Abb. 8 Abgrenzung der Validierungssamples.[287]

[286] Eigene Darstellung.

[287] In Anlehnung an Sobehart et al. (2000), S. 7.

Für jedes Unternehmen (U1, … , Un) stehen Jahresabschlüsse aus verschiedenen Perioden (P1, … , Pn) zur Verfügung. In Abhängigkeit der beiden Dimensionen Unternehmen und Periode können diese Daten aufgeteilt werden.

Out-of-Sample-Stichproben (V1) gelten als einfachste Validierungsstichproben, da sie durch zufällige Unterteilung eines Datenbestandes in Entwicklungs- und Validierungsstichprobe erzeugt werden. Problematisch an diesem Ansatz ist jedoch die dabei unterstellte stochastische Unabhängigkeit beider Stichproben. Sollte vorab kein Portfolio gebildet worden sein, könnten beispielsweise Jahresabschlüsse eines Unternehmens, bedingt durch die Zufallsauswahl, sowohl in der Entwicklungs- als auch der Validierungsstichprobe enthalten sein.[288] In diesem Falle könnte von einer stochastischen Unabhängigkeit beider Stichproben nicht mehr ausgegangen werden. Entsprechend vorsichtig sollten Aussagen auf Basis reiner Out-of-Sample-Validierungen interpretiert werden.[289]

Die Out-of-Time-Validierung (V2) dient der Überprüfung der zeitlichen Stabilität eines Modells. Im Gegensatz zur Out-of-Sample-Stichprobe erfolgt hier die Einteilung in Entwicklungs- und Validierungsstichprobe nicht rein zufällig, sondern in Abhängigkeit des Jahres, aus dem der jeweilige Jahresabschluss stammt. Dadurch wird sichergestellt, dass Entwicklungs- und Validierungsstichprobe hinsichtlich des zeitlichen Horizonts disjunkt sind. Insbesondere bei der Validierung von Prognosen erscheint die Out-of-Time-Validierung sinnvoll zu sein, da das Modell an dem gemessen wird, was es zu prognostizieren vorgibt.[290]

Im Rahmen der Out-of-Universe-Stichprobenbildung (V3) erfolgt die Aufteilung in Entwicklungs- und Validierungsstichprobe ebenfalls zufällig, jedoch unter der Bedingung, dass ein in der Entwicklungsstichprobe enthaltenes Unternehmen nicht in der Validierungsstichprobe enthalten sein darf. Dies hat zur Folge, dass die stochastische Unabhängigkeit beider Stichproben im Gegensatz zu den Methoden Out-of-Sample und Out-of-Time höher ist. Jedoch kann von einer völligen Unabhängigkeit auch hier nicht ausgegangen werden, da konjunkturelle Einflüsse einen unternehmensübergreifenden Einfluss auf sämtliche Jahresabschlüsse ausüben.[291]

Den komplexesten Validierungsansatz repräsentiert die Out-of-Time-and-Universe-Validierung (V4). Bei diesem Ansatz wird sichergestellt, dass Entwicklungs- und Validierungsstichprobe hinsichtlich der Unternehmen und der Berichtsperiode disjunkt sind.

---

[288] Vgl. Rauhmeier (2004), S. 66 ff.

[289] Vgl. Trustorff, Botterweck (2009), S. 90.

[290] Vgl. Rauhmeier (2004), S. 69.

[291] Vgl. Trustorff, Botterweck (2009), S. 91.

Die Stichproben weisen hierbei den höchsten Grad an stochastischer Unabhängigkeit auf.[292]

Da der Gesamtdatenbestand in der vorliegenden Arbeit erheblich ist und der Anspruche einer hohen Generalisierungsfähigkeit der Modelle besteht, erfolgt die Validierung der Modelle im empirischen Teil dieser Arbeit anhand einer Out-of-Time-and-Universe-Stichprobe.

3.2 Schätzung der Modellfunktion

Die Schätzung der Modellfunktion erfolgt in vier Schritten. Zunächst ist ein umfassender Kennzahlenkatalog als Grundlage für alle weiteren Analysen zu entwickeln. Danach werden die berechneten Kennzahlen einzeln (univariat) hinsichtlich ihrer Trennfähigkeit untersucht. Ziel der multivariaten Analysen ist die Identifikation derjenigen Kennzahlenkombinationen (multivariat) und Funktionen, welche die höchste Trennfähigkeit auf der Entwicklungsstichprobe aufweist.[293] Abschließend ist das Modell zu kalibrieren. Die folgenden Abschnitte orientieren sich an dieser Vorgehensweise (vgl. Abbildung 9).

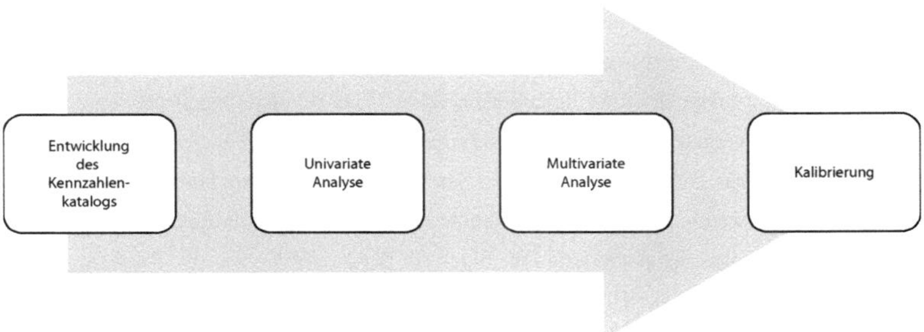

Abb. 9 Vorgehen Schätzung der Modellfunktion.[294]

[292] Vgl. Rauhmeier (2004), S. 68 f.

[293] Vgl. Leker (1993), S. 236.

[294] Eigene Darstellung.

3.2.1 Entwicklung des Kennzahlenkatalogs

Die Qualität eines Bilanzratingmodells hängt entscheidend von den gewählten Kennzahlen ab.[295] Diese Tatsache wird auch von dem aus der Informationstechnologie bekannten Axiom „Garbage in garbage out“ belegt, welches die Limitationen der Modelloptimierung durch die Güte der Inputfaktoren verdeutlicht.[296]

Grundsätzlich wird zwischen absoluten und relativen Kennzahlen[297] (Verhältniskennzahlen) differenziert. Absolute Kennzahlen sind ohne eine Vergleichsgröße nur schwer interpretierbar. Durch die Relativierung anhand einer Bezugsgröße lassen sich ökonomisch sinnvolle Aussagen ableiten.[298] Jedoch ist bei der Bildung solcher Kennzahlen darauf zu achten, dass zwischen Zähler und Nenner ein zeitlicher, sachlicher und wertmäßiger Zusammenhang besteht.[299] Der Vorteil relativer Kennzahlen besteht in der Fähigkeit, von unterschiedlichen Unternehmensgrößen und Verrechnungseinheiten[300] zu abstrahieren. Vor diesem Hintergrund besteht der in dieser Arbeit entwickelte Kennzahlenkatalog ausschließlich aus relativen Kennzahlen.

Des Weiteren muss bei der Entwicklung solcher Kennzahlen stets das Analyseziel berücksichtigt werden. Grundsätzlich zielt die Bilanzanalyse auf die Ableitung relevanter Informationen aus dem Jahresabschluss über die gegenwärtige und künftige Lage eines Unternehmens ab. Zu beachten ist dabei stets die Interessenlage des jeweiligen Stakeholders.[301] Da Bilanzratingsysteme regelmäßig im Rahmen der Kreditvergabe zum Einsatz kommen, ist im vorliegenden Fall die Sichtweise eines Gläubigers einzunehmen. Einem Kapitalgeber ist daran gelegen, bei einem bestimmten Risiko[302] den Gewinn zu maximieren. Um das Risiko adäquat bepreisen oder ein mögliches Engagement ablehnen zu können, muss der potentielle Gläubiger vor der Kreditvergabe das Risiko quantifizieren. Bedient er sich hierbei der Bilanzanalyse als Instrument zur Risikofrüherkennung, müssen Kennzahlen gefunden werden, die ex ante eine Identifikation insolvenzgefährdeter Unternehmen ermöglichen. Solche Kennzahlen werden als „trennfähige Kennzahlen“ bezeichnet.[303] Der Begriff

---

[295] Vgl. Hüls (1995), S. 69; Schuhmacher (2006), S. 65.

[296] Vgl. Benston (1966), S. 657.

[297] Verhältniskennzahlen können weiterhin in Gliederungs-, Beziehungs- und Indexkennzahlen unterteilt werden. Zur näheren Erläuterung vgl. Rummel (1949), S. 58 f.

[298] Vgl. Leffson (1970), S. 167 f.

[299] Siehe weiterführend Leffson (1970), S. 173.

[300] Beispielsweise unterschiedliche Währungen oder Recheneinheiten.

[301] Vgl. Baetge et al. (2004), S. 27 f.

[302] An dieser Stelle wird unter Risiko die Wahrscheinlichkeit verstanden, dass ein Schuldner seinem Kapitaldienst nicht oder nicht fristgerecht nachkommen kann.

[303] Vgl. Peemöller (2003), S. 261 f.

„trennfähig" leitet sich aus dem Anspruch dieser Kennzahlen ab, zwei Populationen (insolvente / solvente Unternehmen) trennen zu können. Neben ihrer möglichst hohen „Trennfähigkeit" sind an diese Kennzahlen weitere Ansprüche zu stellen.

Zum einen sollte für jede trennfähige Kennzahl eine betriebswirtschaftlich sinnvolle Arbeitshypothese[304] abgeleitet werden, die Gültigkeit für den gesamten Wertebereich besitzt. Insbesondere Zähler und Nenner sollten nicht gleichzeitig negative Werte annehmen, da in diesem Fall zwei Unternehmen bei identischen Beträgen in Zähler und Nenner irrtümlich eine identische Beurteilung erhalten könnten. Zu vermeiden sind auch Kennzahlen, deren Nenner vielfach den Wert Null annimmt. In diesem Fall ist die Kennzahl mathematisch nicht definiert und kann bei der Anwendung in einem Ratingmodell zu Problemen führen.[305] Trennfähige Kennzahlen sollten einen „Hebeleffekt" aufweisen.[306] Dies bedeutet, dass sich Zähler und Nenner im Falle einer Krise bzw. im Vorfeld einer Krise gegenläufig entwickeln. Deutlich wird dieser Effekt an der trennfähigen Kennzahl „kurzfristige Verbindlichkeitenquote",[307] welche als „Summe aller kurzfristigen Verbindlichkeiten / Umsatzerlöse" definiert ist. Im Falle einer Krise sinken (ab einem bestimmten Krisenstadium[308]) in der Regel die Umsatzerlöse und die kurzfristigen Verbindlichkeiten steigen. Dieser Umstand führt aufgrund des Hebeleffektes zu einer relativ[309] starken Reaktion der Kennzahl im Krisenfall.

Bei der Zusammenstellung des Kennzahlenkatalogs ist neben der theoretischen und empirischen Fundierung prinzipiell zu beachten, dass alle Informationsbereiche (Vermögens-, Finanz- und Ertragslage) des Jahresabschlusses adäquat durch Kennzahlen abgedeckt werden. Dieses Prinzip wird in der Literatur als „Ganzheitlichkeitsprinzip"[310] bezeichnet. Ergänzt wird dieser Grundsatz durch das Neutralisations- und das Objektivierungsprinzip. Die Prinzipien in ihrer Gesamtheit werden als „Grundsätze der Gesamturteilsbildung" bezeichnet.[311] Das Neutralisationsprinzip verlangt eine möglichst umfassende Elimination von Effekten, welche aus bilanzpolitischen

---

[304] Eine Arbeitshypothese gibt an, ob ein hoher oder niedriger Kennzahlenwert positiv oder negativ zu beurteilen ist. In diesem Zusammenhang bedeutet die Hypothese G (gesund) > K (krank), dass ein höherer Kennzahlenwert positiv zu beurteilen ist. G < K heißt dementsprechend, dass ein höherer Kennzahlenwert negativ ist. Zur näheren Erläuterung
Vgl. Baetge et al. (2004), S. 41 ff.

[305] Vgl. Schuhmacher (2006), S. 67.

[306] Vgl. Hüls (1995), S. 73.

[307] Die hohe Trennfähigkeit dieser Kennzahl wurde bereits in verschiedenen Studien nachgewiesen. Beispielsweise Krehl et al. (2006), S. 28.

[308] Bezüglich Krisentheorie und Krisenstadien siehe weiterführend Hauschildt (2006), S. 22.

[309] Im Vergleich zu einem Unternehmen, das sich nicht in einer Krise befindet.

[310] Vgl. Baetge et al. (2004), S. 495.

[311] Vgl. Baetge et al. (2004), S. 495 ff.

Maßnahmen resultieren. Nur durch die Neutralisation dieser Effekte ist ein bilanzanalytischer Vergleich zwischen Unternehmen möglich. Insbesondere im Kontext länderübergreifender Vergleiche ist dieses Prinzip von besonderer Bedeutung. Hier sind die Wirkungen bilanzpolitischer Wahlrechte und unterschiedlicher Rechnungslegungsstandards zu eliminieren. Grundsätzlich ist es sinnvoll, verschiedene Varianten (d.h. beispielsweise unterschiedlich komplexe Bereinigungen) einer Kennzahl in den Katalog aufzunehmen, da theoretisch nicht exakt prognostiziert werden kann, welche Variante die höchste Trennfähigkeit aufweist.

Das Objektivierungsprinzip fordert zum einen den Einsatz eines ganzheitlichen und objektiven[312] Verfahrens zur Gesamturteilsbildung und zum anderen eine durch einen Dritten nachzuvollziehende Vorgehensweise bei der Urteilsbildung.[313] Dieses Prinzip spielt zwar nur eine untergeordnete Rolle bei der Entwicklung des Kennzahlenkatalogs, ist jedoch relevant für ein Bilanzratingsystem als Ganzes. Die Auswertung von 95 Studien,[314] welche sich mit der Entwicklung von Bilanzratingsystemen auseinandersetzen, ergab, dass in den jeweiligen Ratingmodellen Kennzahlen zur Finanzlage (45%) insgesamt dominieren. Kennzahlen zur Vermögenslage sind mit 28% und Kennzahlen zur Ertragslage zu 27% vertreten. Abbildung 10 visualisiert diesen Zusammenhang.

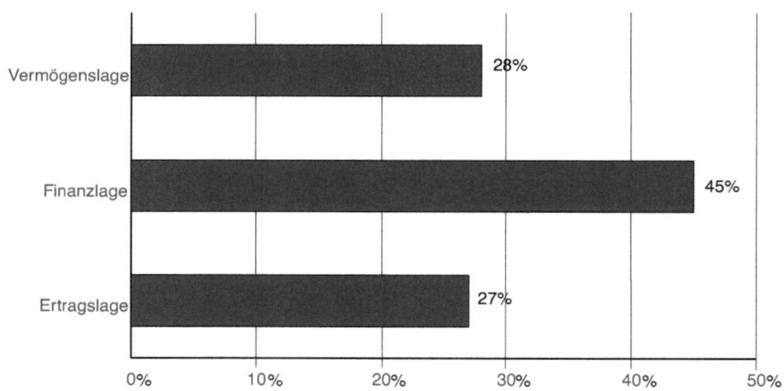

Abb. 10 Verteilung der Kennzahlen nach Informationsbereichen.[315]

[312] Bilanzratingsysteme werden den objektiven Verfahren zugeordnet.
Vgl. Baetge et al. (2004), S. 535 ff.

[313] Vgl. Baetge et al. (2004), S. 496.

[314] Die Studien wurden am Institut für betriebswirtschaftliches Management am FB 12 (Prof. Dr. J. Leker) der Universität Münster im Rahmen einer Masterarbeit von Herrn André Hamacher durchgeführt. Eine Auflistung der Studien finden sich in Anhang 3 wieder.

[315] Eigene Darstellung.

In einem zweiten Schritt wurde die Analyse der Studien um die Dimension Rechnungslegungsstandard erweitert. Hierzu wurden die Studien in die Gruppen HGB (Deutschland) und US-GAAP (USA) eingeteilt. Es zeigte sich, dass in den Ratingmodellen beider Länder Kennzahlen zur Finanzlage dominierten (Deutschland 58% und USA 43%). Auch hinsichtlich des Anteils von Kennzahlen, welche der Ertragslage zuzuordnen sind, ähneln sich beide Länder (Deutschland 30% und USA 25%). Bemerkenswert sind die Unterschiede hinsichtlich der Vermögenslage. Während in Deutschland lediglich 12% der verwendeten Kennzahlen der Vermögenslage zuzuordnen sind, sind es in den USA immerhin 32%.

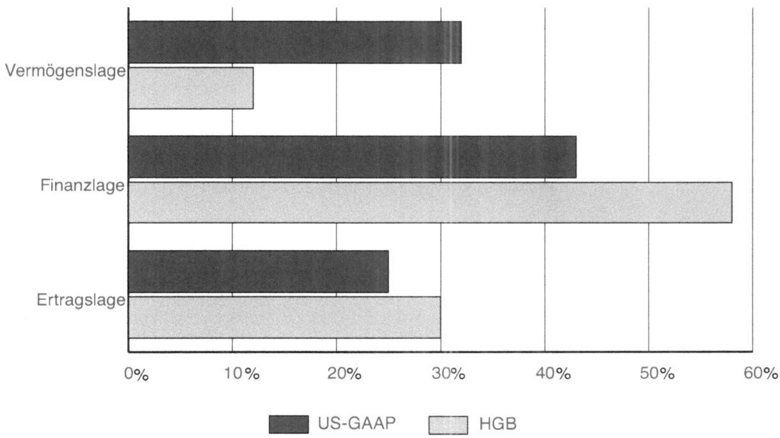

Abb. 11 Verteilung der Kennzahlen nach Informationsbereichen und Rechnungslegung.[316]

Eine mögliche Erklärung für die starke Anteilsabweichung im Bereich der Vermögenslage könnte in den unterschiedlichen Rechnungslegungsvorschriften begründet sein. Insbesondere das im deutschen Einzelabschluss vorherrschende Gläubigerschutzprinzip, welches zu einer Bewertung von Vermögensgegenständen nach Niederstwertprinzip oder maximal zu den fortgeschriebenen Anschaffungs- / Herstellungskosten führt, beeinträchtigt die Aussagekraft von Kennzahlen, welche die Aktiva beschreiben. Im Gegensatz hierzu steigert der Anspruch des „true and fair views" im US-GAAP die Aussagekraft der Vermögensstrukturanalyse.

Die Entwicklung von Kennzahlen, welche einen betriebswirtschaftlich nachvollziehbaren Zusammenhang mit Unternehmenskrisen aufweisen, setzt ein breites betriebswirtschaftliches und

[316] Eigene Darstellung.

rechnungslegungsspezifisches Wissen voraus. Zusätzlich erschwert das Fehlen einer allgemeingültigen und umfassenden Krisentheorie[317] die Entwicklung solcher Kennzahlen. Der Ruf nach einer derartigen Theorie ist ebenso laut wie die Gründe ihres Mangels einer solchen vielfältig sind.[318] Deshalb wird bei der Entwicklung von Bilanzratingmodellen auf die theoretische Ableitung trennfähiger Kennzahlen verzichtet und auf bestehende Kennzahlenkataloge früherer Studien zurückgegriffen.[319] Begründet wird dieses Vorgehen regelmäßig mit dem Fehlen einer fundierten Theorie der Jahresabschlussanalyse.[320] Infolge dieses Vorgehens nehmen einige jüngere Studien eine rein empirisch getriebene Kennzahlenentwicklung als gegeben und akzeptabel hin:

„As noted by Scott (1981), many of the variables that appeared in most empirical work do not rest on any strong underlying theory, hence the use of these ratios in our study is acceptable.“[321]

Der vollständige Verzicht auf eine theoretisch fundierte Herleitung trennfähiger Kennzahlen ist jedoch in Frage zu stellen.[322] Ergeben sich aufgrund einer solchen Vorgehensweise dem ökonomischen Verständnis widersprechende Koeffizienten, kann dies selbst bei einer hohen Trennfähigkeit zur Ablehnung ganzer Bilanzratingsysteme durch den Markt führen.[323]

Vielmehr sollten die Vorteile einer theoretischen und einer empirischen Kennzahlenherleitung kombiniert werden. Beide Herangehensweisen stehen nicht im Widerspruch zueinander, sondern können sich ergänzen. Während die theoretisch abgeleiteten Zusammenhänge empirisch zu validieren sind, müssen empirisch hergeleitete Hypothesen theoretisch fundiert werden.[324]

Nachdem der Kennzahlenkatalog erstellt wurde, sind die einzelnen Kennzahlen hinsichtlich ihrer Trennfähigkeit zu untersuchen.

---

[317] Vgl. Hauschild (2006), S. 28.

[318] Vgl. Schneider (1985), S. 1489 f; Gemünden (2000), S. 167.

[319] Vgl. Hüls (1995), S. 69; Schuhmacher (2006), S. 65.

[320] Vgl. Schuhmacher (2006), S. 65.

[321] S. Abdullah et al. (2008), S. 206.

[322] Vgl. Schneider (1985), S. 1493.

[323] Vgl. Abdullah et al. (2008), S. 214.

[324] Vgl. Hüls (1995), S. 72.

3.2.2 Univariate Analyse

Univariate Analysen haben die Aufgabe, auf Basis eines Kennzahlenkatalogs trennscharfe und betriebswirtschaftlich sinnvolle Merkmale für die Entwicklung des Ratingmodells zu identifizieren und zu evaluieren.[325] Dabei sind diejenigen Kennzahlen zu identifizieren, welche einerseits beide Populationen (solvente und insolvente) möglichst stark separieren und andererseits innerhalb der jeweiligen Gruppe möglichst homogen ausgeprägt sind.[326]

Zunächst sind jedoch potentielle Hypothesenverstöße aufzudecken, da grundsätzlich nur Kennzahlen in ein Modell eingehen sollten, deren theoretische und empirische Arbeitshypothese kongruent sind.[327] Dies kann beispielsweise[328] überprüft werden, indem die Mediane einer Kennzahl für die Gruppe der solventen und der insolventen Unternehmen verglichen werden. Anhand dieses Vergleichs ist unmittelbar zu erkennen, ob die empirische der theoretisch abgeleiteten Arbeitshypothese entspricht. Ist dies der Fall, kann die Kennzahl im weiteren Verlauf der Untersuchung berücksichtigt werden.

Besteht ein signifikanter[329] Unterschied zwischen den Kennzahlenmedianen der beiden Populationen (solvente und insolvente Unternehmen), kann dies als erster Hinweis auf eine univariate Trennfähigkeit der betrachteten Kennzahl interpretiert werden.[330] Ein für die Bestimmung der univariaten Trennfähigkeit gängiges Maß ist die Area-under-Curve (AUC),[331] welche die Klassifikationsleistung einer Variablen oder eines Modells als Indexgröße quantifiziert.[332] In einigen Untersuchungen wurden Kennzahlen mit einer niedrigen univariaten Trennfähigkeit von den weiteren Untersuchungen ausgeschlossen.[333] Der Ausschluss solcher Kennzahlen ist jedoch nicht sinnvoll, da diese Kennzahlen unter Umständen zu einer Erhöhung der Klassifikationsleistung der multivariaten Modelle führen können.[334]

---

[325] Vgl. Österreichische Nationalbank (2004), S. 78.

[326] Vgl. Trustorff, Botterweck (2009), S. 80.

[327] Vgl. Österreichische Nationalbank (2004), S. 79.

[328] Alternativ kann eine Analyse der Hypothesenverstöße mit Hilfe von Trennschärfemaßen wie dem Gini-Koeffizienten durchgeführt werden.

[329] Eine Überprüfung auf signifikante Unterschiede zwischen zwei Medianen kann beispielsweise mit dem U-Test von Wilcoxon, Mann und Whitney erfolgen.

[330] Schon Beaver (1966), S. 82 f überprüfte Finanzkennzahlen auf ihre univariate Trennfähigkeit mit Hilfe eines Mittelwertvergleichs.

[331] Siehe weiterführend Abschnitt 3.3.1.

[332] Neben der AUC eignen sich weitere Maße zur Überprüfung der Klassifikationsleistung, wie beispielsweise die Kullback-Leibler-Distanz oder die Chernoff-Schranke. Eine Diskussion der Maße findet sich bei Papaioannou et al (2007).

[333] Vgl. Perlitz (1972), S 5 ff; Plöger (1984), S. 114 ff.

[334] Vgl. Altman (1968), S. 597.

Nachdem diejenigen Inputfaktoren identifiziert wurden, welche univariat den höchsten Erklärungsbeitrag im Sinne eines Bilanzratings liefern, gilt es, eine möglichst optimale Kombination von Kennzahlen auszuwählen. Dies ist Aufgabe der multivariaten Analysen.

3.2.3 Multivariate Analysen

Im Rahmen der multivariaten Analysen werden zum einen die Kennzahlen für das Ratingmodell selektiert und zum anderen die Kennzahlenkoeffizienten bzw. das Ratingmodell geschätzt. Folgende Grundsätze sind dabei zu berücksichtigen:[335]

1. Objektive Kennzahlenauswahl auf Basis empirischer Verfahren
2. Hohe und stabile Trennschärfe der Funktion
3. Berücksichtigung aller Informationsbereiche
4. Keine bzw. nur sehr geringe Korrelation der Kennzahlen

3.2.3.1 Kennzahlenselektion

Für die Selektion der Kennzahlen können verschiedene Verfahren angewendet werden. Unabhängig vom gewählten Vorgehen ist zu prüfen, ob sich eine oder mehrere Kennzahlen durch eine Linearkombination der übrigen Kennzahlen oder Bestandteile der Kennzahlen erklären lassen.[336] Multikollinearität erhöht nicht nur den Standardfehler der Modellparameter, sondern erschwert auch die Interpretation der Variablen.[337] Des Weiteren leisten multikollineare Kennzahlen keinen bzw. einen nur sehr geringen Erklärungsbeitrag zu einem Modell. Es sollten deshalb in einem Ratingmodell nur Kennzahlen berücksichtigt werden, welche die Klassifikationsleistung des Modells merklich steigern und sich nicht multikollinearer zu anderen Kennzahlen verhalten. Eine hohe Korrelation zwischen den Kennzahlen ist ein sicherer Hinweis auf Multikollinearität. Da Korrelation allerdings nur bivariate, lineare und keine multivariaten Abhängigkeiten erfasst, ist ein Prüfkriterium erforderlich, das auch multivariate Abhängigkeiten abbilden kann.[338] Hierzu eignet sich der Variance Inflation Factor (VIF).[339]

[335] In Anlehnung an Österreichische Nationalbank (2004), S. 84.

[336] Vgl. Trustorff, Botterweck (2009), S. 84.

[337] Vgl. Backhaus et al. (2010), S. 88 f.

[338] Vgl. Trustorff, Botterweck (2009), S. 84.

[339] Vgl. Trustorff (2009), S. 84.

Dieser wird definiert als:

$$VIF = \frac{1}{1 - R_j^2}$$

Formel 1: Berechnung des Variance Inflation Factors.

mit R_j^2 als Bestimmtheitsmaß für die Regression der unabhängigen Variablen x_j mit den übrigen unabhängigen Variablen der Regressionsfunktion.

Der VIF quantifiziert die Zunahme des aus Multikollinearität resultierenden Standardfehlers. Übersteigt der VIF einen Wert von 10, muss von erhöhter Multikollinearität ausgegangen werden[340] und die Variable ist von den weiteren Untersuchungen auszuschließen.

Die eigentliche Selektion der Modellvariablen kann entweder durch die sogenannte „Schrittweise Vorwärtsintegration", die „Schrittweise Rückwärtsintegration" oder eine „Kombination beider Verfahren (Floating Search)" erfolgen.[341] Bei der schrittweisen Vorwärtsintegration werden die Kennzahlen nacheinander entsprechend der Rangliste integriert, welche im Rahmen der univariaten Analysen generiert wurde, bis die zusätzliche Aufnahme einer weiteren Variablen keinen oder nur noch einen sehr geringen Erklärungsbeitrag liefert Zuerst wird dabei die Kennzahl mit der höchsten univariaten Klassifikationsleistung integriert. Ein Nachteil dieser Vorgehensweise ist der Umstand, dass eine aufgenommene Kennzahl nicht mehr eliminiert werden kann, selbst wenn daraus eine höhere Klassifikationsleistung resultieren würde.[342]

Das Verfahren der schrittweisen Rückwärtsintegration eliminiert Kennzahlen entsprechend der Rangliste (Beginn von hinten), solange sich die Modellgüte nicht signifikant verschlechtert. Die Kennzahl mit der niedrigsten univariaten Trennfähigkeit wird bei diesem Verfahren als erstes eliminiert.[343] Nachteil dieses Verfahrens: Multikollineare Variablen können bei der Auswahl nicht vermieden werden. Vielmehr muss das Maximum der Korrelation zwischen den Variablen vor Anwendung des Verfahrens begrenzt und dadurch ex ante eine Auswahl an Kennzahlen getroffen werden.[344]

---

340 Vgl. Ripley (2005), S. 60.

341 Vgl. ebenda.

342 Vgl. Hosmer, Lemeshow (2000), S. 116 ff.

343 Vgl. Trustorff, Botterweck (2009), S. 80; Schuhmacher (2006), S. 110.

344 Vgl. Eisenbeis (1977), S. 884.

Durch die Kombination[345] der schrittweisen Vorwärts- und Rückwärtsintegration (Floating-Search-Methode) werden die oben dargelegter Problemfelder der einzelnen Verfahren reduziert. Da dieses Verfahren in seiner Anwendung sehr komplex ist,[346] wenden die meisten Untersuchungen[347] allerdings die schrittweise Vorwärtsintegration an. Trotz der hohen Komplexität dieses Verfahrens kommt es aufgrund seiner Überlegenheit in der vorliegenden Arbeit zur Anwendung.

Nach Auswahl der Inputvariablen unter Berücksichtigung Ihrer univariaten Klassifikationsleistung sowie der potentiellen Multikollinearität folgt nun die Schätzung des Ratingmodells.

3.2.3.2 Modellschätzung

Seit den 30er Jahren des vergangen Jahrhunderts wurde eine Vielzahl empirisch-statistischer Methoden angewendet, um die Bonität von Unternehmen zu prognostizieren:[348]

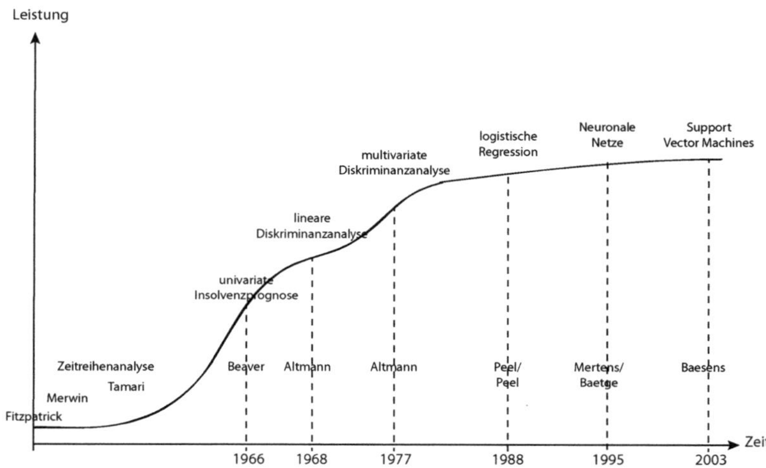

Abb. 12 Wesentliche Entwicklungen der empirisch-statistischen Insolvenzprognosen im Zeitverlauf.[349]

[345] Zur Erläuterung der kombinierten Vorgehensweise vgl. Schuhmacher (2006), S. 111.

[346] Vgl. Schuhmacher (2006), S. 111 f.

[347] Vgl. beispielsweise Altman, Levalee (1981); Niehaus (1987); Hüls (1995).

[348] Neben empirisch-statistischen Methoden fanden und finden auch heuristische und kausalanalytische Modelle im Rahmen der Insolvenzprognose Verwendung. Vgl. Österreichische Nationalbank (2004), S. 32 ff.

[349] Eigene Darstellung. Die Abbildung verdeutlicht die Entwicklung der empirisch-statistischen Methoden im Zeitverlauf. Die zunehmende Leistungsfähigkeit zeigt lediglich eine Tendenz und ist nicht allgemeingültig. Nur auf demselben Datenbestand könnte eine Zunahme der Leistungsfähigkeit – wie in obiger Abbildung dargestellt – nachgewiesen werden.

Der Grundstein der Insolvenzprognose wurde 1932 von Fitzpatrick gelegt. Mit Hilfe paarweiser Vergleiche analysierte er die Entwicklung solventer und insolventer Unternehmen im Zeitverlauf und leitete daraus typische Unterscheidungsmerkmale ab.[350] Im Jahre 1966 knüpfte Beaver an diese Idee an und markierte damit den Beginn der empirisch-statistischen Insolvenzprognose. Er quantifizierte die univariate Klassifikationsleistung von Kennzahlen auf einer Stichprobe von 158 Unternehmen mit Hilfe der Varianzanalyse.[351] 1968 analysierte Altman die multivariate Trennfähigkeit von Kennzahlenkombinationen mit Hilfe der linearen Diskriminanzanalyse.[352] Er beschäftigte sich in den folgenden Jahren kontinuierlich mit der empirisch-statistischen Insolvenzprognose und wendete in diesem Zusammenhang das Verfahren der quadratischen multivariaten Diskriminanzanalyse[353] unter Verwendung logarithmisch transformierter Kennzahlen 1977 erstmalig an.[354]

In der Bundesrepublik Deutschland[355] wurde in den achtziger Jahren des vergangenen Jahrhunderts an die Forschungsergebnisse von Beaver und Altman mit Erfolg angeknüpft. Während Baetge, Huß und Niehaus[356] sich im Wesentlichen mit methodischen Fragestellungen wie beispielsweise der Wahl eines geeigneten Cut-Offs[357] auseinandersetzten, beschäftigte sich Hauschildt mit dem mangelhaften Bezug zwischen empirischer Insolvenzforschung und der wenig theoretisch fundierten Krisentheorie.[358] Hauschildt kritisierte die „blinde“ Anwendung von statistisch-mathematischen Verfahren auf bekannte Kennzahlen im Kontext der Insolvenzprognose.[359] Er stellte deshalb vor die statistisch-mathematisch Analyse eine Krisendiagnose, um daraus deduktiv Kennzahlen für die Insolvenzprognose abzuleiten.[360] Mit diesem Vorgehen trat Hauschild der Kritik[361] an der staatlichen Insolvenzprognose erfolgreich entgegen.

---

350 Vgl. Fitzpatrick (1932), S. 598 ff.

351 Vgl. Beaver (1966), S. 71 ff.

352 Vgl. Altman (1968), S. 589 ff.

353 Die Diskriminanzfunktionen fanden in der Praxis vor allem Anwendung in dem Bereich der Kreditwürdigkeitsprüfung von deutschen Banken im Firmenkundengeschäft. Vgl. hierzu Hauschildt, Leker (1995), S. 261.

354 Vgl. Altman (1977), S. 443 ff.

355 Erste deutsche Studien wurden von Weinrich (1978), Gebhardt (1980), Stein, Ziegler (1984) und Thomas (1985) publiziert. Für eine Übersicht dieser Studien siehe Rössler (1986), S. 42 ff.

356 Vgl. Baetge et al. (1986), S. 606 ff.

357 Baetge et al. führten im Kontext der Wahl des cut-offs erstmalig einen sog. Graubereich ein, welcher insgesamt die Klassifikationsleistung der Modelle verbesserte vgl. Baetge et al. (1986), S. 606 ff.

358 Vgl. Hauschildt (1988), S. 115 ff.

359 Vgl. Hauschildt (1988), S. 115.

360 Vgl. Hauschildt (1988), S. 119 ff.

361 Vgl. beispielsweise Schneider (1985), S. 1493.

Im Jahre 1988 setzten Peel und Peel[362] erstmals die logistische Regression für die Prognose von Unternehmensinsolvenzen ein. Gegenüber der multivariaten Diskriminanzanalyse weist dieses Verfahren einige Vorteile auf. Zum einen müssen die Inputfaktoren nicht normalverteilt sein, zum anderen lässt sich aus dem Ergebnis einer logistischen Regression direkt die Wahrscheinlichkeit einer Gruppenzugehörigkeit ableiten. Die relativ geringen Anwendungsvoraussetzungen sowie die gute Nachvollziehbarkeit der sehr robusten Ergebnisse einer logistischen Regression[363] haben dazu geführt, dass diese Methode heute noch in den meisten Bilanzratingsystemen zur Anwendung kommt.[364]

Anfang der neunziger Jahre wurden erstmalig Insolvenzen mit Hilfe von künstlichen neuronalen Netzen (KNN) prognostiziert.[365] KNN stellen weniger strenge Anforderungen[366] an die Daten als die Diskriminanzanalyse[367] und sind in der Lage, Zusammenhänge zwischen Variablen selbständig durch einen Lernprozess zu ermitteln.[368] In Deutschland setzten sich vor allem Baetge und Mertens mit der Anwendung von KNN bei Insolvenzprognosen auseinander.[369] Aus dem Engagement von Baetge resultiert das wohl bekannteste KNN zur Prognose von Insolvenzen: Das „BP-14" wurde 1995 am Institut für Revisionswesen der Westfälischen-Wilhelms Universität mit Unterstützung der Baetge & Partner GmbH entwickelt und umfasst 14 trennfähige Kennzahlen.[370] Trotz der großen Popularität der künstlichen neuronalen Netze konnte sie sich in der Praxis nicht durchsetzen. Größter Kritikpunkt war und ist der Blackbox-Charakter der KNNs: Für die Anwender in der Praxis ist nicht nachvollziehbar, wie das Ratingergebnis zu Stande kommt.[371]

In den 90'er Jahren forschte auch Vapnik an KNN, allerdings im Kontext der Texterkennung. Dabei entwickelte er eine neuartige Methode, die erst einige Jahre später auf ihre Eignung für die Insolvenzprognose überprüft wird. Es handelt sich dabei um die Support-Vector-Machines (SVM).[372] Baesens et al. wendeten diese Methode 2003 erstmalig im Rahmen der Insolvenzprog-

---

[362] Vgl. Peel, Peel (1988), S. 309 ff.

[363] Vgl. Leker, Schewe (1998), S. 877 ff.

[364] Vgl. Günther, Grünning (2000), S. 35 ff; Österreichische Nationalbank (2004), S. 44.

[365] Vgl. Baetge et al. (1992), S. 1237 ff.

[366] Beispielsweise müssen Kennzahlen nicht normalverteilt sein.

[367] Vgl. Uthoff (1997), S. 157 f.

[368] Vgl. Backhaus et al. (2010), S. 738.

[369] Vgl. Baetge et al. (1992), S. 1237 ff.

[370] Vgl. Baetge, Jerschensky (1996), S. 1581 ff.

[371] Vgl. Rösler et al. (2002), S. 652; auch Befürhworter der KNNs verschließen sich dieser Kritik nicht vgl. Baetge et al. (1994), S. 337 ff.

[372] Vgl. Vapnik et al. (1994), S. 851 ff.

nose an.[373] Leker et al. zeigten, dass SVMs unter bestimmten Voraussetzungen, insbesondere bei kleinen Datensampeln,[374] eine höhere Klassifikationsleistung als logistische Regressionsmodelle aufweisen können.[375] Ob sich SVMs für die Insolvenzprognose in der Praxis bewähren, kann gegenwärtig noch nicht abgeschätzt werden. Derzeit sammelt die Deutsche Bundesbank erste Erfahrungen am Markt.

In der Praxis dominiert heute die logistische Regression. So verwenden beispielsweise die Commerzbank, die Deutsche Bank, die HypoVereinsbank, die Sparkassen sowie die Volks- und Raiffeisenbanken diese Methode. Die Ratingsysteme der DATEV eG und der Creditreform basieren ebenfalls auf der logistischen Regression.[376] Auch in der Wissenschaft spiegelt sich dieser Trend wider.[377] Aufgrund der dargelegten Vorteile der Methode, des hohen Verbreitungsgrads in Wissenschaft und Praxis sowie der damit verbundenen breiten Akzeptanz, konzentriert sich die vorliegende Arbeit in ihren weiteren Ausführungen auf diese Methode.

Die logistische Regression zielt wie die Diskriminanzanalyse darauf ab, die Abhängigkeit einer binären Variablen von einer oder mehreren unabhängigen Variablen abzubilden. Die abhängige Variable (Y) kann dabei den Wert 0 (solvent) oder 1 (insolvent) annehmen. Die Koeffizienten der unabhängigen Variablen werden mit Hilfe der Maximum-Likelihood-Methode ermittelt, wobei die Koeffizienten so zu bestimmen sind, dass die Wahrscheinlichkeit einer exakten Prognose der empirischen Daten (Entwicklungsstichprobe) maximal wird.[378]

Mit Hilfe der logistischen Regression kann die Wahrscheinlichkeit einer bestimmten Ausprägung der abhängigen Variablen festgestellt werden.[379] Im Kontext der Insolvenzprognose wird die Wahrscheinlichkeit, dass die abhängige Variable den Wert 1 (insolvent) annimmt, als Ausfallwahrscheinlichkeit oder Probability of Default (PD) bezeichnet.

---

[373] Vgl. Baesens et al. (2003), S. 635.

[374] Ab ca. 30 Daten von Ausfallern.

[375] Vgl. Leker et al. (2011), S. 565 ff.

[376] Vgl. Botterweck (2007), S. 132.

[377] Vgl. Schuhmacher (2004), S. 233 ff.

[378] Vgl. Backhaus et al. (2010), S. 428.

[379] Vgl. Österreichische Nationalbank (2004), S. 43.

Die Wahrscheinlichkeit (p) der jeweiligen Gruppenzugehörigkeit (solvent oder insolvent) wird bei der logistischen Regression wie folgt bestimmt:

$$p = \frac{1}{1 + exp[-(k_0 + k_1 * I_1 + k_2 * I_2 + ... k_n * I_n)]}$$

p = Wahrscheinlichkeit

I_i = jeweilige Ausprägung des Bonitätsindikators

k_0 = Konstante

k_i = Koeffizient des jeweiligen Bonitätsindikators

Formel 2: Wahrscheinlichkeitsprognose.

Aufgrund des logistischen Verlaufs der Funktion ist sichergestellt, dass sich die p-Werte in einem Wertebereich zwischen 0 und 1 bewegen und dadurch als Wahrscheinlichkeit interpretiert werden können.[380] Nachdem die Modellfunktion bestimmt wurde, ist diese gegebenenfalls noch zu kalibrieren.

3.2.4 Kalibrierung

Ziel der Kalibrierung ist es, jedem potentiellen Ergebnis der Modellfunktion (Prognose) eine im Idealfall exakt mit den beobachteten Ausfallraten übereinstimmende Ausfallwahrscheinlichkeit zuzuordnen.[381] Da die logistische Regression direkt eine stichprobenabhängige Ausfallwahrscheinlichkeit generiert, kann unter Umständen auf eine Kalibrierung verzichtet werden. Dies ist dann der Fall, wenn das Verhältnis zwischen solventen und insolventen Unternehmen in der Stichprobe der Zusammensetzung des Portfolios entspricht, auf welches das Ratingmodell angewendet werden soll. Anderenfalls muss lediglich die Ausfallwahrscheinlichkeit auf die mittlere Ausfallquote des Portfolios skaliert werden. Die Skalierung der prognostizierten Ausfallwahrscheinlichkeiten erfolgt nicht auf Basis des Verhältnisses Ausfallwahrscheinlichkeit zu Ausfallquote, sondern indirekt durch Skalierung der Relative-Default-Frequency (RDF). Die RDF entspricht dem Verhältnis von Ausfallwahrscheinlichkeit zu Überlebenswahrscheinlichkeit:[382]

$$RDF = \frac{PD}{1 - PD} \; bzw. \; PD = \frac{RDF}{1 + RDF}$$

Formel 3: Relative-Default-Frequency bzw. Probability-of-Default.

[380] Vgl. Österreichische Nationalbank (2004), S. 43.

[381] Vgl. Österreichische Nationalbank (2004), S. 88.

[382] Vgl. Österreichische Nationalbank (2004), S. 90.

Für die Skalierung der Ergebnisse der logistischen Regression eignet sich folgendes Vorgehen:[383]

1. Bestimmung des Mittelwertes der Ratingmodellergebnisse auf der Stichprobe
2. Umrechnung dieser mittleren Stichproben-PD in eine $RDF_{Stichprobe}$
3. Bestimmung der mittleren Portfolio-PD
4. Umrechnung dieser mittleren Portfolio-PD in eine $RDF_{Portfolio}$
5. Darstellung jeder durch das Ratingmodell erreichbarer PD als $RDF_{unskaliert}$
6. Berechnung von $RDF_{skaliert}$ gem. folgender Formel

$$RDF_{skaliert} = RDF_{unskaliert} * \frac{RFD_{Portfolio}}{RDF_{\ Stichprobe}}$$

Formel 4: Skalierte Relative-Default-Frequency.

In einem weiteren Schritt ist die skalierte RDF noch in eine skalierte Ausfallwahrscheinlichkeit umzurechnen und den Klassen einer Ratingskala zuzuordnen. Abschließend ist das Modell auf der Validierungsstichprobe zu validieren.

[383] Vgl. Österreichische Nationalbank (2004), S. 89.

3.3 Modellvalidierung

Allgemein wird unter dem Begriff der „Validierung" die Überprüfung der Gültigkeit eines Ergebnisses verstanden.[384] Die Überprüfung des Verhaltens eines statistischen Modells bei neuen Datensituationen wird als Modellvalidierung bezeichnet.[385] Bei der Validierung von Ratingsystemen wird zwischen quantitativer und qualitativer Validierung differenziert (vgl. Abbildung 13).

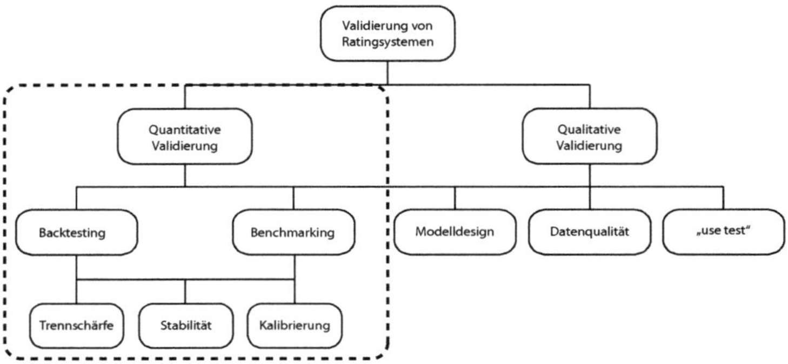

Abb. 13 Aspekte der Validierung von Ratingsystemen.[386]

Da in der vorliegenden Arbeit der Fokus nicht auf vollständigen Ratingsystemen liegt, sondern ausschließlich quantitative Ratingmodelle betrachtet werden, beschränken sich die weiteren Ausführungen auf die quantitative Validierung. Im Rahmen dieser Validierung werden die Kriterien Trennschärfe, Stabilität und Kalibrierung untersucht. Jedes der genannten Kriterien kann mit unterschiedlichen statistisch-mathematischen Methoden beurteilt werden.[387]

3.3.1 Klassifikationsleistung

Primäres Ziel eines Bilanzratingmodells ist die Herbeiführung einer optimalen Trennung zweier Populationen (solvente und insolvente Unternehmen). Ein optimales Ratingsystem[388] könnte ex ante alle später ausfallenden Unternehmen identifizieren.[389] Der Begriff „Trennschärfe" bezeich-

---

[384] Vgl. Riley, Rosanke (1996), S. 313.

[385] Vgl. Miller et al. (1993), S. 49 ff.

[386] In Anlehnung an Deutsche Bundesbank (2003), S. 62.

[387] Vgl. Deutsche Bundesbank (2003), S. 62.

[388] Solche Systeme existieren nur in der Theorie.

[389] Vgl. Deutsche Bundesbank (2003), S. 64.

net in diesem Zusammenhang die grundsätzliche Fähigkeit des Modells, „solvente" von „insolventen" Unternehmen zu unterscheiden.[390]

Wenn es einem Modell nicht gelingt, Unternehmen hinsichtlich ihrer Bonität zuverlässig zu klassifizieren,[391] ist es auch nicht möglich, einen sinnvollen Zusammenhang zwischen berechnetem Bonitätsscore (durch das Modell) und Ausfallwahrscheinlichkeit zu modellieren. Insofern ist die Trennschärfe bei der Beurteilung der Leistungsfähigkeit von Ratingsystemen von besonderer Bedeutung. Zur Abbildung der Trennschärfe existieren verschiedene Gütemaße, welche sich im Wesentlichen auf die beiden Klassifikationsfehler (Alpha- und Beta-Fehler) stützen. Der Alpha-Fehler (Fehler 1. Art) bezeichnet denjenigen Anteil ausgefallender Kreditnehmer, welche ex ante durch das Modell als solvent klassifiziert wurden. Dieser Fehler führt durch Zahlungsausfälle und durch die damit verbundenen Kosten zu finanziellen Verlusten des Kreditgebers. Der Beta-Fehler (Fehler 2. Art) hingegen steht für den Anteil der nicht ausgefallen Unternehmen, welche im Vorfeld der Gruppe der Insolventen zugeordnet wurden. Dieser Fehler führt zu Marktanteilsverlusten, werden doch solventen Unternehmen keine Kredite gewährt. In allen bekannten Modellen überlagern sich die Wahrscheinlichkeitsdichten des Bonitätscores (s) von solventen und insolventen Unternehmen. Dieser Umstand führt zwangsweise zu Klassifikationsfehlern (vgl. Abbildung 14).[392]

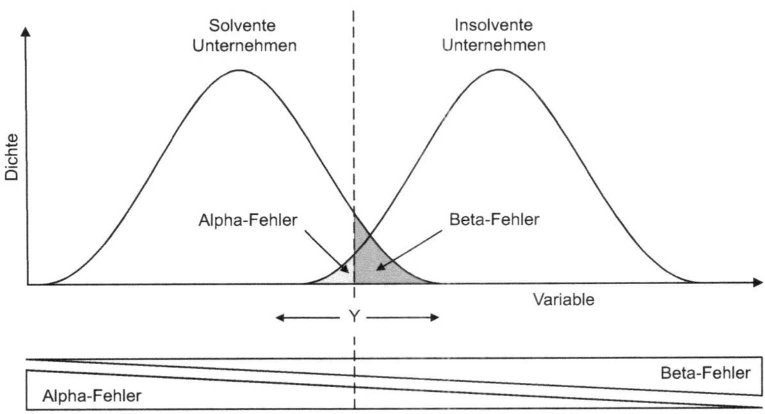

Abb. 14 Zusammenhang zwischen Alpha- und Beta-Fehler.[393]

[390] Vgl. Trustorff (2009), S. 100.

[391] Die Begriffe „Trennschärfe" und „Klassifikationsleistung" werden meist synonym verwendet.

[392] Siehe weiterführend Henking et al. (2006), S. 216 ff.

[393] In Anlehnung an Shapiro (1999), S. 115.

Wie obiger Abbildung zu entnehmen ist, bestimmt die Wahl des Trennwertes (Y) die Höhe des Alpha- und des Beta-Fehlers. Wird der Trennwert (cut-off) zu Gunsten eines Fehlers verändert, führt dies zwangsweise zu einer Erhöhung des anderen Fehlers. In der Praxis ist die Wahl des cut-offs ein nicht zu unterschätzendes Problem, da dieser wesentlichen Einfluss auf die Gewinne des Kreditgebers haben kann. Baetge und Krause[394] schlagen in diesem Zusammenhang vor, den Trennwert unter Berücksichtigung der finanziellen Auswirkungen von Alpha- und Beta-Fehlern zu bestimmen. Jedoch dürfte es in der Praxis sehr schwierig sein, die monetären Auswirkungen der Klassifikationsfehler zu quantifizieren. Zwar kann es aus der Perspektive eines Fremdkapitalgebers sinnvoll sein, den Alpha-Fehler zu Lasten des Beta-Fehlers zu minimieren bzw. zu reduzieren, jedoch empfiehlt es sich aus Gründen der Transparenz und Interpretierbarkeit des Klassifikationsfehlers, auf eine asymmetrische Verteilung von Alpha- und Beta-Fehler zu verzichten.[395]

Für die Abschätzung der Fehler 1. und 2. Art auf einer oder mehreren Stichproben wird die Ausfallprognose des Ratingmodells der empirischen Realisation gegenübergestellt und in einer Kontingenztabelle abgebildet:

Tabelle 33: Kontingenztabelle eines Ratingmodells.[396]

		Realität	
		Ausfall	Nicht-Ausfall
Prognose	Ausfall	Wahr Positiv (WP)	Falsch Positiv (FP)
	Nicht-Ausfall	Falsch Negativ (FN)	Wahr Negativ (WN)
	Summe	N_A=WP+FN	N_{NA}=FP+WN

Der empirische Alpha- (e_α) und Beta-Fehler (e_β) berechnen sich wie folgt:

$$e_\alpha = \frac{FN}{N_A}$$

Formel 5: Berechnung des empirischen Alpha-Fehlers.

$$e_\beta = \frac{FP}{N_{NA}}$$

Formel 6: Berechnung des empirischen Beta-Fehlers.

394 Vgl. Baetge, Krause (1994), S. 100.

395 Vgl. Trustorff, Botterweck (2009), S. 103.

396 In Anlehnung an Rauhmeier (2004), S. 79.

Aus der Kontingenztabelle lassen sich außerdem die Sensitivität (SN)[397] und die Spezifität (SP)[398] des betrachteten Modells wie folgt ableiten:[399]

$$SN = \frac{WP}{N_A}$$

Formel 7: Berechnung der Sensitivität.

$$SP = \frac{WN}{N_{NA}}$$

Formel 8: Berechnung der Spezifität.

Die Sensitivität setzt die richtig als Ausfaller prognostizierten Unternehmen ins Verhältnis zur Summe aller ausgefallenen Unternehmen der betrachteten Stichprobe. Die Spezifität repräsentiert das Verhältnis zwischen richtig als solvent klassifizierten Unternehmen und der Gesamtzahl aller solventen Unternehmen.

Die Fehler erster und zweiter Art sowie die Sensitivität respektive die Spezifität gelten nach wie vor als zentrale Gütekriterien für Ratingmodelle.[400] Als Maß für die Güte der Bonitätseinschätzung eignen sie sich jedoch nicht. Sie erlauben lediglich eine Aussage über die dichotome Klassifikationsleistung eines bestimmten Modells.[401] Ein gängiges Maß, welches die Sensitivität und die Spezifität eines Modells visualisiert, ist die Receiver-Operating-Characteristics (ROC).[402]

Die ROC wurde ursprünglich als Testverfahren in der Signalerkennungstheorie entwickelt und hat sich in diversen wissenschaftlichen Disziplinen[403] etabliert. Die Arbeiten von Sobhart und Keenan (2001) führten zur Popularität des Konzepts der ROC bei der Ratingmodellvalidierung. Inzwischen gehört die ROC zu den gängigsten Verfahren zur Beurteilung eines Ratingmodells.[404]

Die ROC visualisiert die Trennschärfe eines Modells in Bezug auf die Prognosen eines Bonitätsindikators für den gesamten Wertebereich (bei einem logistischen Modell von 0 bis 1).[405] Dafür wird der empirische Alpha-Fehler der empirischen Sensitivität (1-Betafehler) gegenübergestellt.

---

[397] Die Sensitivität wird in der Literatur vielfach auch als Hit Rate (HR) bezeichnet.

[398] Die Spezifität wird in der Literatur oft auch als False Alarm Rate (FAR) bezeichnet.

[399] Vgl. Rauhmeier (2004), S. 80.

[400] Vgl. Saunders, Allen (2002), S. 21.

[401] Vgl. Greene (2003), S. 893.

[402] Vgl. Henking et al. (2006), S. 216 ff.

[403] Beispielsweise bei medizinischen Diagnosetests. Vgl. Peek et al. (2007), S. 492.

[404] Vgl. Deutsche Bundesbank (2003), S. 108; Wagner (2009), S. 111.

[405] Vgl. Muche et al. (2005), S. 104.

Um die Trennschärfe eines Modells unabhängig vom cut-off (Y) beurteilen zu können, werden für jeden zwischen dem minimalen und dem maximalen Scorewert liegenden Trennwert die Trefferquote und die Fehlalarmquote berechnet. Die aus den Berechnungen resultierenden Punkte ergeben die ROC.[406] Da ein ideales Ratingmodell allen Ausfällen den niedrigsten Bonitätsscore zuordnet bzw. die Ausfaller in die schlechteste Ratingklasse einordnen würde, verläuft die ROC eines idealen Ratingmodells zuerst exakt auf der Ordinate und anschließend (ab dem Wert 1 oder 100%) parallel zu Abszisse. Ein Ratingmodell, das nicht in der Lage ist, solvente von insolventen Unternehmen zu trennen, führte zu einem linearen Verlauf der ROC auf der Winkelhalbierenden. Abbildung 15 zeigt exemplarisch den Verlauf der ROC eines idealen (B), eines durchschnittlichen (A) und eines nicht trennfähigen (C) Ratingmodells.

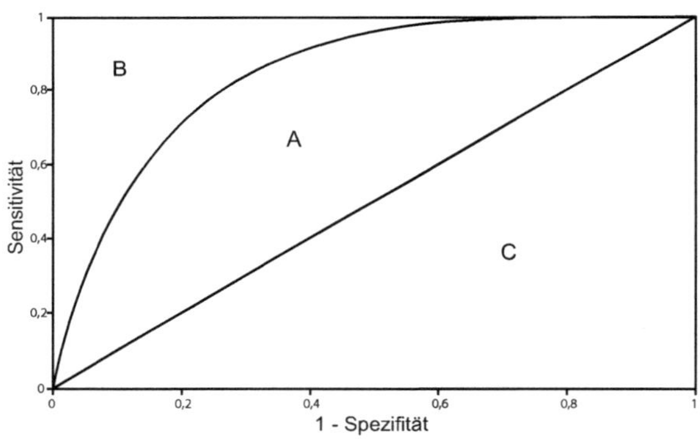

Abb. 15 Receiver-Operating-Characteristics.[407]

Ein direkt aus dem ROC ableitbares flächenbezogenes Gütemaß ist die Area-under-Curve (AUC).[408] Dieser Begriff verdeutlicht, dass die AUC die Fläche unterhalb einer Kurve – der ROC – beschreibt. Bezieht man die AUC auf Abbildung 15, definiert sie sich wie folgt:

$$AUC = Fläche\ A + Fläche\ C$$

Formel 9: Berechnung der AUC

[406] Vgl. Deutsche Bundesbank (2003), S. 72.

[407] In Anlehnung an Henking (2006), S. 222.

[408] Vgl. Henking (2006), S. 222.

Der Wertebereich der AUC liegt zwischen 0 und 1, wobei der Wert 0,5 (die ROC würde in diesem Fall exakt auf der Winkelhalbierenden verlaufen) ein nicht trennfähiges Modell beschreibt. Je größer die Abweichung der AUC vom Wert 0,5 ist, desto besser grenzt ein Modell solvente von insolventen Unternehmen ab. In der Regel liegt die AUC im Wertebereich zwischen 0,5 und 1. Grundsätzlich gilt: Je größer die AUC, desto besser ist die Trennschärfe des Modells,[409] wobei auch ein AUC-Wert von 0 ein perfekt diskriminierendes Modell beschreibt. Hier besteht lediglich ein inverser Zusammenhang zwischen berechnetem Bonitätsscore und Solvenzstatus.

Die AUC ist ein stark verbreitetes Gütemaß,[410] da sie unter anderem die Klassifikationsleistung eines Modells als Indexgröße quantifiziert. In Praxis und Literatur dominiert die AUC bei der Beurteilung der Klassifikationsleistung von Ratingmodellen.[411] Jedoch darf nicht außer Acht gelassen werden, dass bei der Berechnung der AUC wesentliche Informationen über die Eigenschaften des Ratingmodells und die Form der ROC verloren gehen. Beispielsweise kann beim Vergleich zweier Ratingmodelle allein über die AUC nicht eindeutig beurteilt werden, welches Modell eine höhere Performance aufweist, insbesondere dann nicht, wenn sich die ROCs der beiden Ratingmodelle schneiden.[412] Hosmer und Lemeshow geben Richtwerte für AUC von Modellen an, welche auf einer logistischen Regression basieren (siehe Tabelle 34):

Tabelle 34: Richtwerte für AUC.[413]

Wertebereich	Interpretation
AUC = 0,5	Zufallsmodell, keine Trennung der Populationen
0,7 ≤ AUC < 0,8	Akzeptable Trennung der Populationen
0,8 ≤ AUC < 0,9	Gute Trennung der Populationen
AUC ≥ 0,9	Sehr gute Trennung der Populationen

Hosmer und Lemeshow weisen in diesem Zusammenhang darauf hin, dass AUC-Werte > 0,9 äußerst ungewöhnlich sind und vermutlich nur auf Entwicklungsstichproben erzeugt werden können. Ein Ratingmodell, das eine AUC > 0,9 auf einer unbekannten repräsentativen Stichprobe generiert, ist dem Autor dieser Arbeit gegenwärtig nicht bekannt.

[409] Vgl. Österreichische Nationalbank (2004), S. 111.

[410] Vgl. Lingo, Winkler (2008), S. 51; Lasko et al. (2005), S. 407.

[411] Vgl. Schuhmacher (2006), S. 146.

[412] Vgl. Österreichische Nationalbank (2004), S. 111.

[413] In Anlehnung an Hosmer, Lemeshow (2000), S. 162.

Die Cumulativ-Accuracy-Profile (CAP)[414] visualisiert ebenfalls die Trennschärfe eines Ratingmodells. Um die Kurve modellieren zu können, muss mit Hilfe des Modells zuerst ein Bonitätsindikator für jeden Kreditnehmer eines betrachteten Portfolios[415] ermittelt werden. Anschließend werden die berechneten Werte aufsteigend sortiert. Werden nun die kumulierten Werte aller Unternehmen auf der Abszisse sowie der kumulative Anteil der ausgefallen Unternehmen auf der Ordinate abgetragen, resultiert daraus die CAP-Kurve. In einem Ratingmodell mit maximaler Trennschärfe würde jedem ausgefallenen Kreditnehmer der niedrigste Bonitätsindikator zugeordnet, was zuerst zu einem linearen Anstieg und anschließend zu einem horizontalen Verlauf der CAP führt. Der andere Extremfall wäre ein Ratingmodell ohne Trennschärfe. In diesem Fall verliefe die CAP-Kurve genau auf der Winkelhalbierenden. Abbildung 16 verdeutlicht diesen Zusammenhang.

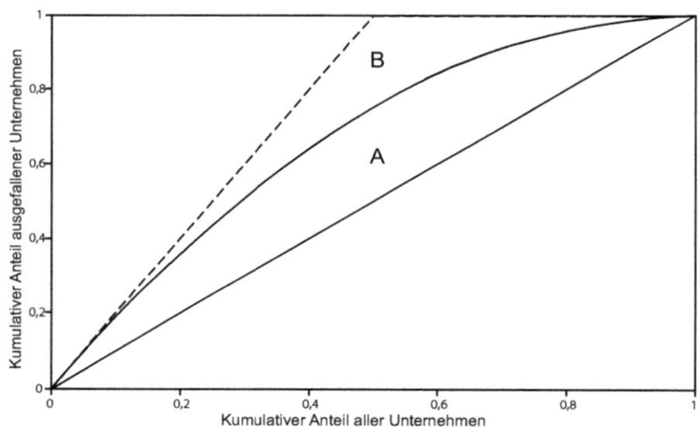

Abb. 16 Exemplarische Darstellung einer CAP-Kurve.[416]

Ein der AUC nahe verwandtes Gütemaß ist der Gini-Koeffizient (GK)[417]. Dieser lässt sich direkt aus der CAP, aber auch aus der ROC ableiten.[418] Bezogen auf Abbildung 16 ist der GK wie folgt definiert:

$$GK = \frac{\textit{Fläche A}}{\textit{Fläche B}}$$

Formel 10: Berechnung des Gini-Koeffizienten.

[414] Die Cap-Kurve wird vielfach auch als Powerkurve bezeichnet.

[415] Um die Vergleichbarkeit der CAPs unterschiedlicher Ratingmodelle sicherzustellen, ist es zwingend erforderlich, die Berechnungen immer auf demselben Portfolio durchzuführen.

[416] In Anlehnung an Deutsche Bundesbank (2003), S. 71.

[417] Der Gini-Koeffizient wird vielfach auch als Accuracy Ratio (AR) oder Power-Statistic bezeichnet.

[418] Vgl. Henking et al. (2006), S. 221.

Demnach gleicht der GK dem Quotienten der Fläche zwischen CAP-Kurve und der Winkelhalbierenden und der entsprechenden Fläche eines idealen Ratingverfahrens. Der GK bewegt sich in einem Wertebereich von 0 bis 1, wobei ein GK von 1 ein perfekt diskriminierendes Modell beschreibt. Der GK quantifiziert genau wie die AUC die Trennschärfe eines Modells als Indexgröße. Zwischen beiden Gütemaßen besteht folgender Zusammenhang:

$$GK = 2 * AUC - 1$$

Formel 11: Zusammenhang zwischen Gini-Koeffizienten und AUC.

Aufgrund des identischen Informationsgehaltes des GK und der AUC sind beide Gütemaße von denselben Vor- und Nachteilen gekennzeichnet. Der wesentliche Vorteil liegt in dem Umstand begründet, dass der GK die Klassifikationsleistung eines Modells in nur einer Zahl ausdrückt und damit relativ einfach interpretierbar und vergleichbar ist. Diesem Vorteil steht ein nicht zu vernachlässigender Nachteil entgegen, welcher ebenfalls aus der Eindimensionalität der Kennzahl resultiert.[419] Wie bei der AUC, gehen bei der Transformation einer CAP in einen GK wesentliche in der CAP enthaltene Informationen (z. B. Krümmung) verloren. Trotzdem ist der GK im Rahmen der Beurteilung von Ratingsystemen eines der am weitesten verbreiteten Gütemaße.[420] Die Österreichische Nationalbank (ÖnB) veröffentlichte im Jahre 2004 Richtwerte für GK:

Tabelle 35: Richtwerte für Gini-Koeffizienten.[421]

Wertebereich	Interpretation
0,3 ≤ GK < 0,4	Univariate Modelle (nur eine Kennzahl)
GK < 0,5	Qualitative Systeme
GK > 0,65	Optionspreismodelle (nur bei börsennotierten Unternehmen)
0,6 ≤ GK < 0,7	Multivariate Modelle
GK < 0,80	Neuronale Netze auf stark bereinigten Trainingsstichproben (bedingte Praxisrelevanz aufgrund potentiellen Übertrainings)

[419] Vgl. Österreichische Nationalbank (2004), S. 114.

[420] Vgl. Henking et al. (2006), S. 221.

[421] Vgl. Österreichische Nationalbank (2004), S. 114.

3.3.2 Güte der Wahrscheinlichkeitsprognose / Kalibrierung

Unter dem Begriff der Kalibrierung wird die Zuordnung von Ausfallwahrscheinlichkeiten zu den Ergebniswerten eines Ratingmodells verstanden.[422] Bei einem perfekt kalibrierten Ratingsystem stimmen die prognostizierten Ausfallwahrscheinlichkeiten mit den beobachteten Ausfallraten exakt überein.[423] Zur Beurteilung der Kalibrierung ist die Kenntnis folgender Parameter erforderlich:

1. Prognostizierte Ausfallwahrscheinlichkeiten je Ratingklasse für einen definierten Zeitraum (in der Regel 12 Monate)
2. Anzahl der durch das Modell eingeordneten Fälle je Klasse
3. Ausfallstatus dieser Fälle nach Ablauf des Prognosezeitraums[424]

Auf Basis dieser Informationen kann die Übereinstimmung der durchschnittlichen prognostizierten Ausfallwahrscheinlichkeit mit der durchschnittlichen beobachteten Ausfallrate bestimmt werden.

Ähnlich wie bei den Gütemaßen für Trennschärfe existiert auch für die Beurteilung der Wahrscheinlichkeitsprognose eine Reihe graphisch orientierter Gütemaße. Ein gleichermaßen in Wissenschaft und Praxis etabliertes Maß[425] ist das Reliability-Diagramm.[426] Darin werden die beobachteten Ausfallraten den prognostizierten Ausfallraten jeder Ratingklasse gegenübergestellt (vgl. Abbildung 17).

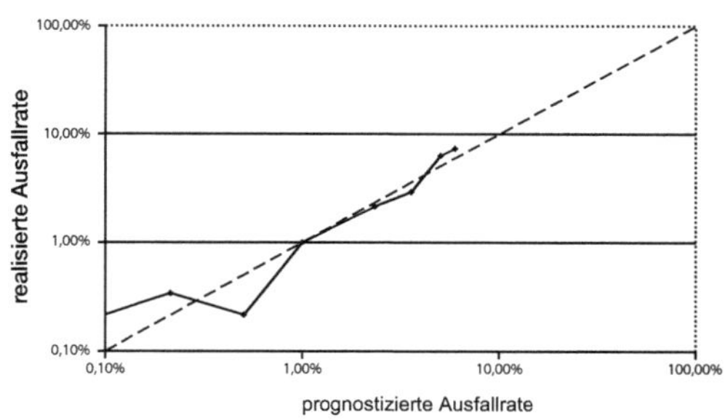

Abb. 17 Beispiel eines Reliability-Diagramms.[427]

[422] Vgl. Österreichische Nationalbank (2004), S. 121.

[423] Vgl. Deutsche Bundesbank (2003), S. 64.

[424] Vgl. ebenda.

[425] Vgl. Österreichische Nationalbank (2004), S. 125.

[426] Synonym wird auch der Begriff „Calibration Diagramm" verwendet.

[427] Eigene Darstellung.

Bei einem perfekt kalibrierten System liegt die Kalibrierungskurve auf der Winkelhalbierenden. Die Summe der gewichteten quadrierten vertikalen Abweichungen zwischen den Messpunkten und der Diagonalen wird als Kalibrierungsterm bezeichnet:[428]

$$\frac{1}{N}\sum_{n=1}^{N} N_K \, [(p_k^{prognose} - p_k^{beobachtet})^z]$$

Formel 12: Kalibrierungsterm.

Der Kalibrierungsterm ist wesentlicher Bestandteil eines weiteren Gütemaßes, des sogenannten Brier-Score (BS).[429] Dieser wurde ursprünglich zur Überprüfung von Prognosen meteorologisch relevanter Größen wie Temperatur oder Niederschlag entwickelt.[430] Aufgrund von Analogien[431] zwischen Wetterprognosen und Kreditrisikomanagement wird dieses Gütemaß auch zur Messung der Güte von Wahrscheinlichkeitsprognosen im Kontext von Ratingsystemen eingesetzt. Der BS quantifiziert die mittlere quadratische Abweichung zwischen den prognostizierten Ausfallraten der jeweiligen Stichproben und der Realisation der entsprechenden Fälle. Er wird wie folgt berechnet:[432]

$$BS = \frac{1}{N}\sum_{n=1}^{N} (p_n^{prognose} - y_n)^2$$

mit $y_n \begin{cases} 1 \; für \; n \; Ausfall \\ 0 \; für \; n \; kein \; Ausfall \end{cases}$

Formel 13: Berechnung des Brier-Scores.

Ein perfekt kalibriertes System wird durch einen BS von Null beschrieben, da in diesem Fall das Vorhergesagte stets tatsächlich eintritt und dementsprechend keine Abweichungen bestehen. Der schlechteste aller möglichen Werte (BS = 1) entsteht, wenn alle Prognosen eine Ausfallwahrscheinlichkeit von 0% oder 100% nennen, aber stets das Gegenteil eintritt. Der BS wird vielfach eingesetzt, um verschiedene Vorhersagesysteme zu vergleichen, jedoch verfügt der rein numerische Wert des BS nur über eine bedingte Aussagekraft.[433] Murphy (1972) und Yates (1982) konnten jedoch zeigten, dass sich durch die Calibration-Refinement-Decomposition (Basiszerle-

[428] Vgl. Rauhmeier (2004), S. 106.

[429] Synonym werden auch die Begriffe „Mean Square Error" und „Mean Probability Score" verwendet.

[430] Vgl. Brier (1950), S. 1.

[431] Vgl. hierzu die Ausführungen von Rauhmeier (2004), S. 86 f.

[432] Vgl. Österreichische Nationalbank (2004), S. 123.

[433] Vgl. Rauhmeier (2004), S. 94.

gung) des BS die Transparenz dieses Gütemaßes deutlich steigern lässt. Nach der Zerlegung des BS stellt er sich wie folgt dar:[434]

$$\boldsymbol{BS = p^{beobachtet}\left(1 - p^{beobachtet}\right) +}$$

$$\boldsymbol{\frac{1}{N}\sum_{n=1}^{N} N_k\left[\left(p_k^{prognose} - p_k^{beobachtet}\right)^2\right] -}$$

$$\boldsymbol{\frac{1}{N}\sum_{n=1}^{N} N_k\left[\left(p^{beobachtet} - p_k^{beobachtet}\right)^2\right]}$$

Formel 14: Zerlegung des Brier-Scores.

Der erste Term („Variation") beschreibt die Streuung der Ausfallquote in der gesamten Stichprobe. Dieser Wert wird nicht von der Kalibrierung des Ratingsystems beeinflusst, sondern hängt lediglich von der betrachteten Stichprobe ab:[435]

Variation:

$$\boldsymbol{p^{beobachtet}\left(1 - p^{beobachtet}\right)}$$

Formel 15: Variation-Term des zerlegten Brier-Scores.

Der mittlere Term[436] (Reliability) quantifiziert die mittlere quadratische Abweichung zwischen realisierten und prognostizierten Ausfallraten über alle Ratingklassen. Im Falle eines perfekt kalibrierten Systems wird dieser Term null:

Reliability:

$$\boldsymbol{\frac{1}{N}\sum_{n=1}^{N} N_k\left[\left(p_k^{prognose} - p_k^{beobachtet}\right)^2\right]}$$

Formel 16: Reliability-Term des zerlegten Brier-Scores.

[434] Vgl. Murphy (1972), S. 273 ff; Yates (1982), S. 132 ff.

[435] Vgl. Österreichische Nationalbank (2004), S. 123.

[436] Dieser Term wird vielfach auch als „Kalibrierung" bezeichnet.

Der letzte Term (Resolution[437]) entspricht der mittleren quadratischen Abweichung zwischen den beobachteten Ausfallraten der Ratingklassen und den beobachteten Ausfallraten der Grundgesamtheit. Ein gut kalibriertes Ratingsystem zeichnet sich durch eine möglichst große Spreizung der Klassenausfallquote und der Ausfallquote des Gesamtsamples aus. Dieser angestrebte Effekt zeigt sich in einem hohen Wert für diesen Term.[438]

Resolution:

$$\frac{1}{N}\sum_{n=1}^{N} N_k \left[\left(p^{beobachtet} - p_k^{beobachtet}\right)^2\right]$$

Formel 17: Resolution-Term des zerlegten Brier-Scores.

Bei genauerer Betrachtung des BS aus Formel 17 wird deutlich, dass sich der BS, durch den negativen Einfluss des Resolutionsterms, bei steigender Trennschärfe verbessert. Deshalb kann der BS als ein Gütemaß verstanden werden, welches sowohl die Klassifikationsleistung (Resolution) als auch die Genauigkeit (Reliabilität) der Wahrscheinlichkeitsprognose quantifiziert.[439]

3.3.3 Dynamische Aspekte der Modellvalidierung / Stabilität

Ein weiterer Aspekt der Validierung ist die Modellstabilität.[440] Grundsätzlich sollte ein Ratingmodell robust auf unterschiedlich lange Prognosehorizonte (beispielsweise 24 oder 36 Monate) reagieren.[441] Instabile Systeme weisen im Gegensatz zu stabilen Systemen eine im Zeitverlauf stark sinkende Trennschärfe auf.[442]

Die Klassifikationsleistung eines Ratingmodells sollte sich bei Verlängerung des Prognosezeitraums nur stetig verschlechtern. Ein abrupter Abfall auf niedrige Werte weist auf Instabilität des Systems hin.[443] Die Trennschärfe eines Modells kann dabei mit Hilfe verschiedener Trennschärfemaße wie beispielsweise der AUC beurteilt werden.[444] Des Weiteren sollten bestehende Korre-

---

437 Im deutschsprachigen Raum wird auch der Begriff „Auflösung“ verwendet.

438 Vgl. Rauhmeier (2004), S. 96.

439 Vgl. Spiegelhalter (1986), S. 426.

440 Bei der Analyse der Modellstabilität sind zwei Aspekte zu betrachten: Einerseits die Entwicklung der Prognosegüte im Zeitverlauf und andererseits der Einfluss geänderter Rahmenbedingungen für den Modelleinsatz. Im Rahmen dieser Arbeit wird der Einfluss sich ändernder Rahmenbedingungen bewusst nicht betrachtet, da hierzu insbesondere qualitative Aspekte berücksichtigt werden müssten und diese explizit nicht Inhalt dieser Arbeit sind.

441 Vgl. Österreichische Nationalbank (2004), S. 134.

442 Vgl. Deutsche Bundesbank (2003), S. 64.

443 Vgl. Österreichische Nationalbank (2004), S. 135.

444 Vgl. hierzu Abschnitt 3.3.1.

lationseffekte zwischen den jeweiligen Modellvariablen überprüft werden, da hohe Korrelationen ebenfalls die Stabilität eines Systems negativ beeinflussen können.[445]

Ein stabiles Ratingsystem sollte demnach auf unbekannten Daten eine im Zeitverlauf gleichmäßig schwach abnehmende Prognosegüte aufweisen sowie keine bzw. geringe und konstante Korrelationseffekte zwischen den Modellvariablen aufweisen.

Nachdem nun dargelegt wurde, wie ein Bilanzratingmodell entwickelt und validiert werden kann, widmet sich der folgende Abschnitt dem Vergleich von Bilanzratingmodellen.

---

[445] Vgl. Deutsche Bundesbank (2003), S. 64.

4 Empirische Analyse

4.1 Konzeptionelles Vorgehen

Ziel der empirischen Analyse ist die Entwicklung eines länderübergreifenden Bilanzratingmodells für Deutschland und Italien. Hierzu werden zunächst die theoretisch hergeleiteten Rechnungslegungsunterschiede zwischen Deutschland und Italien validiert und Konsequenzen für eine länderübergreifende Jahresabschlussanalyse abgeleitet.

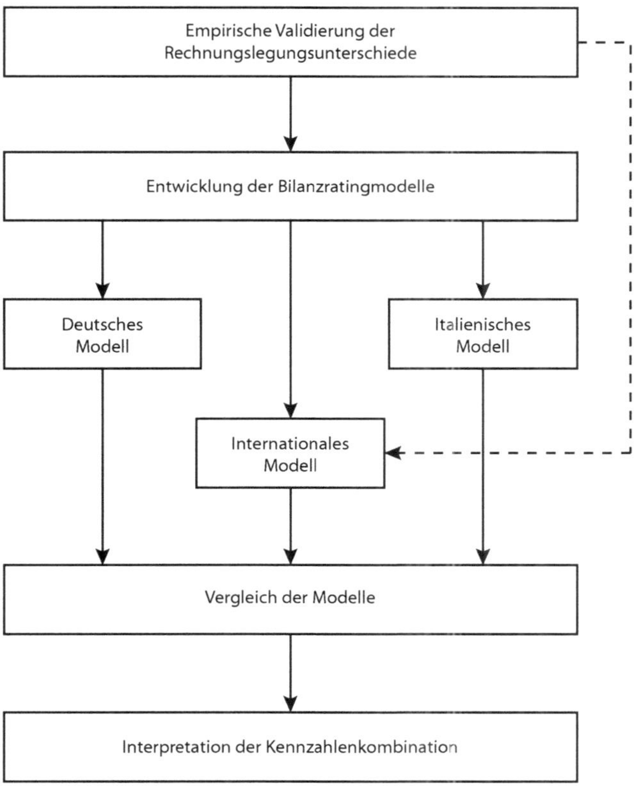

Abb. 18 Aufbau empirischer Teil.[446]

[446] Eigene Darstellung.

Anschließend wird ein deutsches und ein italienisches Bilanzratingmodell entwickelt. Unter Berücksichtigung der Erkenntnisse aus den empirisch validierten Rechnungslegungsunterschieden erfolgt danach die Entwicklung des länderübergreifenden Bilanzratingmodells. Abschließend werden die Modelle hinsichtlich ihrer Klassifikationsleistung miteinander verglichen und die Kennzahlenkombinationen der Ratingmodelle interpretiert.

4.2 Empirische Validierung der Rechnungslegungsunterschiede

4.2.1 Vorbereitende Arbeitsschritte

In Kapitel 2 wurden mit Hilfe eines Rechtsvergleichs Unterschiede zwischen der deutschen und der italienischen Rechnungslegung herausgearbeitet. Um Rückschlüsse für eine länderübergreifende Jahresabschlussanalyse ziehen zu können, ist es notwendig, diese empirisch zu validieren sowie weitere potentielle Abweichungen zu identifizieren und soweit möglich zu quantifizieren.

Solche Abweichungen können aus unterschiedlichen Rechnungslegungsstandards, national abweichendem Bilanzierungsverhalten oder unterschiedlichen wirtschaftlichen Verhältnissen resultieren.

Im vorliegenden Fall wurden mit Hilfe der European Database for Annual Statements (EDAS)[447] 618.037 Jahresabschlüsse (30.375 deutsche und 587.662 italienische)[448] aus dem Jahr 2008[449] ausgewertet. Berücksichtigt wurden nur plausible[450] Jahresabschlüsse, welche zumindest[451] einen Wert bei dem Posten „Umsatz" aufwiesen.

Hinsichtlich der Verteilung der Rechtsformen ist eine starke Dominanz von Kapitalgesellschaften in den Stichproben festzustellen. Ursache hierfür sind die beschränkten Veröffentlichungspflichten für Personengesellschaften in beiden Ländern. Die deutsche Stichprobe besteht zu 84,70%

---

[447] Diese Datenbank wurde vom Institut für betriebswirtschaftliches Management am FB 12 der Universität Münster entwickelt. Sie enthält ca. 10 Mio. Jahresabschlüsse deutscher, italienischer und spanischer Unternehmen.

[448] Die ungleiche Verteilung der Stichproben ist auf die jeweiligen nationalen Veröffentlichungspflichten zurückzuführen. In Italien sind diese deutlich umfassender als in Deutschland. Aus diesem Grunde stehen auch mehr italienische Jahresabschlüsse für die Untersuchung zur Verfügung.

[449] Es wurden bewusst nur Jahresabschlüsse eines Jahres verwendet, um potentielle Verzerrungen durch konjunkturelle Einflüsse zu vermeiden.

[450] Ein Jahresabschluss ist dann plausibel, wenn eine Überprüfung aller Jahresabschlussposten im Sinne des Abschnitts 3.1.3 durchgeführt wurde und keine widersprüchlichen Bilanzrelationen identifiziert werden konnten.

[451] Diese zusätzliche Eingrenzung der Jahresabschlüsse erfolgte, um potentielle Verzerrungen durch bedingte Offenlegungspflichten i.S.d. § 267 HGB i. V. m. § 326 HGB zu reduzieren. Trotz dieser Bereinigung des Datenbestandes können verbleibende bedingte Offenlegungspflichten insbesondere im Bereich von „Unterposten" zu Verzerrungen des Analyseergebnisses führen.

aus Daten von Kapitalgesellschaften, die italienischen Stichprobe zu 97,76%. Die folgende Abbildung visualisiert die Verteilung der Rechtsformen je Stichprobe im Vergleich.

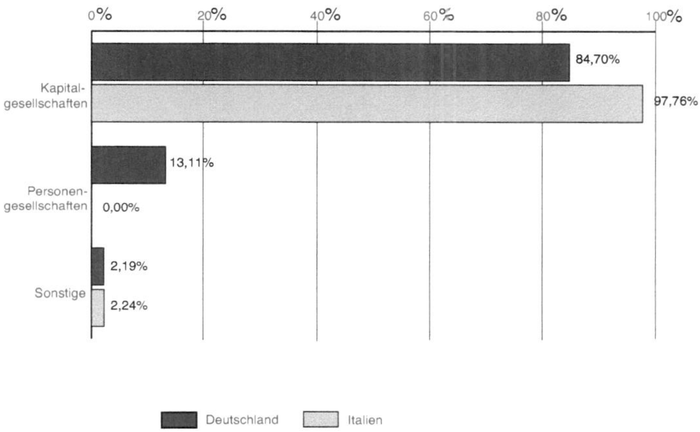

Abb. 19 Verteilung der Rechtsformen in den Stichproben.[452]

Da auch die Branchenzugehörigkeit der Unternehmen Bilanzrelationen signifikant beeinflussen kann,[453] wurden die Unternehmen anhand des WZ2008- und des ATECO2007-Codes nach Wirtschaftszweigen eingeteilt. Abbildung 20 zeigt die Verteilung der Branchen in den jeweiligen Stichproben im Vergleich.

[452] Eigene Darstellung.

[453] Vgl. beispielsweise Hauschildt et al. (1995), S. 287 ff.

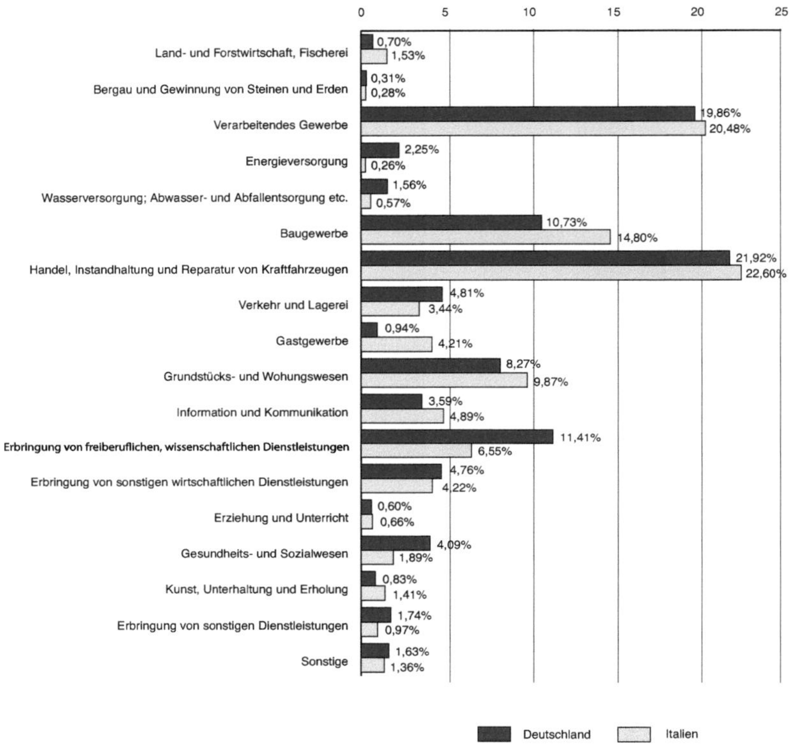

Abb. 20 Branchenverteilung in den Stichproben.[454]

Für jeden, der nach Bereinigung in der Stichprobe verbleibenden Jahresabschlüsse, wurden 26 Posten ausgewertet. Selektiert wurden ausschließlich Posten, welche entweder für das Gesamtverständnis der Bilanzrelationen von Relevanz oder aus bilanzanalytischer Sicht von besonderer Bedeutung sind. Um Verzerrungen durch unterschiedliche Unternehmensgrößen zu vermeiden, wurden die Bilanzposten anhand der Bilanzsumme und die GuV-Posten anhand der Gesamtleistung relativiert. Für die so berechneten Kennzahlen wurde anschließend der branchenspezifische Median gebildet.

[454] Eigene Darstellung.

Zur Gewinnung zusätzlicher Erkenntnisse für die Analyse wurde für jede Gruppe der Median einmal für alle Unternehmen in der Stichprobe[455] und einmal nur für Unternehmen, die in ihrem Jahresabschluss Angaben zu diesem Posten gemacht hatten, berechnet. Insbesondere bei Posten, die in Abhängigkeit von Wahlrechten gebildet wurden, gibt die Analyse derjenigen Unternehmen, welche Angaben zu diesem Posten gemacht hatten, wichtige Hinweise darauf, in welchem Umfang Wahlrechte genutzt wurden.

Abschließend wurden die gruppenspezifischen Mediane miteinander verglichen und mit Hilfe des U-Test nach Wilcoxon, Mann und Whitney[456] daraufhin überprüft, ob signifikante[457] Unterschiede zwischen den Posten der jeweiligen Länder bestehen.

Der folgende Abschnitt zeigt die Ergebnisse der empirischen Analyse auf Postenebene. Dabei werden die Posten nochmals kurz beschrieben und die Hypothese der Rechnungslegung dargelegt. Daran schließt sich jeweils die Analyse der gesamtwirtschaftlichen und branchenspezifischen Bedeutung bzw. Ausprägung an. Abschließend werden auf Basis des theoretischen Rechnungslegungsvergleichs und der empirischen Analyse Konsequenzen für eine länderübergreifende Jahresabschlussanalyse gezogen.

[455] Bei der Betrachtung aller Unternehmen in der Stichprobe werden bei der Bildung des Medians auch Nullwerte berücksichtigt. Solche Werte entstehen, wenn ein bestimmter Posten in einem Jahresabschluss nicht enthalten ist. Gründe hierfür können bedingte Offenlegungspflichten oder die tatsächliche „Nichtexistenz" des Postens sein.

[456] Siehe weiterführend Sachs, Hedderich (2009), S. 451 ff.

[457] Signifikanzniveau alpha = 0,05.

4.2.2 Ergebnisse

4.2.2.1 Bilanz

4.2.2.1.1 Bilanzierungshilfe – Ingangsetzungs- und Erweiterungsaufwendungen

Die Definition[458] der Ingangsetzungs- und Erweiterungsaufwendungen ist in Italien deutlich weiter gefasst als in Deutschland. Hier dürfen beispielsweise auch Gründungskosten mit einbezogen werden, weshalb aus Sicht der Rechnungslegung der deutsche Posten im Median tendenziell niedriger sein müsste. Die deutsche Bilanzanalyse, mindestens aber die Praxis der Bonitätsbeurteilung der Kreditinstitute und der Ratingpraxis, sieht in der Nutzung von Bilanzierungshilfen eher ein Krisensignal.[459] Tabelle 36 zeigt den deutschen und den italienischen Posten „Ingangsetzungs- und Erweiterungsaufwendungen“ im empirischen Vergleich:

[458] Vgl. Abschnitt 2.6.1.1.1.

[459] Beispielsweise Baetge et al. (2004), S. 161.

Tabelle 36: Empirischer Vergleich der Ingangsetzungs- und Erweiterungsaufwendungen.[460]

Ingangsetzungsaufwendungen		Alle Unternehmen		Unternehmen, sofern Angaben vorhanden						
		Median	Sig	Median	Sig	Anzahl	Anzahl in %	H0 Theorie	H0 Sig	Befund Empirie
Gesamtwirtschaft	DE	0,00%	Ja	1,82%	Ja	265	0,87%	DE < IT	-	DE > IT
	IT	0,00%		0,19%		28.753	4,89%			
Land- und Forstwirtschaft, Fischerei	DE	0,00%	Ja	0,03%	Ja	1	0,47%	DE < IT	√	DE < IT
	IT	0,00%		0,13%		408	4,44%			
Bergbau und Gewinnung von Steinen und Erden	DE	0,00%	x	0,00%	x	0	0,00%	DE < IT	x	x
	IT	0,00%		0,12%		88	6,27%			
Verarbeitendes Gewerbe	DE	0,00%	Ja	1,34%	Ja	73	1,21%	DE < IT	-	DE > IT
	IT	0,00%		0,13%		6.721	6,26%			
Energieversorgung	DE	0,00%	Ja	0,41%	Ja	12	1,75%	DE < IT	-	DE > IT
	IT	0,00%		0,08%		198	13,36%			
Wasserversorgung; Abwasser- und Abfallentsorgung etc.	DE	0,00%	Ja	0,23%	Ja	1	0,21%	DE < IT	-	DE > IT
	IT	0,00%		0,12%		287	9,46%			
Baugewerbe	DE	0,00%	Ja	3,50%	Ja	16	0,49%	DE < IT	-	DE > IT
	IT	0,00%		0,16%		3.735	4,38%			
Handel, Instandhaltung und Reparatur von Kraftfahrzeugen	DE	0,00%	Ja	2,11%	Ja	57	0,86%	DE < IT	-	DE > IT
	IT	0,00%		0,21%		6.540	5,24%			
Verkehr und Lagerei	DE	0,00%	Ja	3,90%	Ja	6	0,41%	DE < IT	-	DE > IT
	IT	0,00%		0,17%		1.056	5,70%			
Gastgewerbe	DE	0,00%	Nein	1,57%	Ja	7	2,45%	DE < IT	-	DE > IT
	IT	0,00%		0,60%		1.169	4,65%			
Grundstücks- und Wohnungswesen	DE	0,00%	Ja	0,40%	Ja	6	0,24%	DE < IT	-	DE > IT
	IT	0,00%		0,11%		2.329	3,17%			
Information und Kommunikation	DE	0,00%	Ja	6,83%	Ja	14	1,28%	DE < IT	-	DE > IT
	IT	0,00%		0,30%		1.245	4,13%			
Erbringung von freiberuflichen, wissenschaftlichen Dienstleistungen etc.	DE	0,00%	Ja	0,80%	Ja	29	0,84%	DE < IT	-	DE > IT
	IT	0,00%		0,31%		1.871	4,49%			
Erbringung von sonstigen wirtschaftlichen Dienstleistungen	DE	0,00%	Ja	6,29%	Ja	12	0,83%	DE < IT	-	DE > IT
	IT	0,00%		0,29%		1.228	4,65%			
Erziehung und Unterricht	DE	0,00%	Ja	**9,19%**	Ja	1	0,55%	DE < IT	-	DE > IT
	IT	0,00%		0,49%		152	3,55%			
Gesundheits- und Sozialwesen	DE	0,00%	Ja	0,70%	Ja	16	1,29%	DE < IT	-	DE > IT
	IT	0,00%		0,39%		486	4,54%			
Kunst, Unterhaltung und Erholung	DE	0,00%	Ja	1,11%	Ja	5	1,98%	DE < IT	-	DE > IT
	IT	0,00%		0,35%		444	4,73%			
Erbringung von sonstigen Dienstleistungen	DE	0,00%	Ja	4,14%	Ja	8	1,51%	DE < IT	-	DE > IT
	IT	0,00%		**0,79%**		251	3,86%			

Ausgehend davon, dass Unternehmen ohne Angaben auch keine Ingangsetzung- und Erweiterungskosten haben, zeigt die gesamtwirtschaftliche Betrachtung (-> alle Unternehmen), dass der Posten von untergeordneter Bedeutung ist. Im Median aller Unternehmen ist deren Anteil an der Bilanzsumme Null. Auch bei denjenigen Unternehmen, die über die aktivierten Aufwendungen berichten, ist deren Bedeutung gering. In Deutschland berichten 0,87% der Unternehmen über diese Hilfe. Der Anteil an der Bilanzsumme ist mit 1,82% im Median relativ gering. Der Befund folgt der Einschätzung der Bilanzanalytiker, die den Ansatz einer Bilanzierungshilfe als Krisensignal betrachten.

Italien zeigt im Grundsatz das gleiche Bild: 4,89% der Unternehmen berichten über Ingangsetzungs- und Erweiterungsaufwendungen, aber ebenfalls nur mit einer geringen strukturellen Wir-

[460] Eigene Darstellung.

kung auf das Bilanzbild. Im Median wird nur ein Wert von 0,19% erreicht. Offensichtlich ist die Norm der Bilanzanalytiker in Italien mit Blick auf die Ingangsetzungs- und Erweiterungsaufwendungen weniger streng geformt.

Ein differenziertes Bild zeigt sich bei einer branchenbezogenen Betrachtung. In Deutschland (alle Unternehmen) bleibt es über alle Branchen hinweg bei einer geringen Nutzung dieser Bilanzierungshilfen. In Branchen wie dem „Baugewerbe“ (3,5%), „Verkehr und Lagerei“ (3,9%), „Information und Kommunikation“ (6,83%) oder Erziehung und Unterricht (9,19%) ist der Posten von individuell hoher Bedeutung.

In Italien existieren Branchen, bei denen die Nutzung von Bilanzierungshilfen nahezu normal ist. 13,36% der Energieversorger weisen Bilanzierungshilfen aus, aber im Mittel nur mit 0,08% der Bilanzsumme. Den höchsten Anteil an der Bilanzsumme weisen die Unternehmen der Branche „sonstigen Dienstleistungen“ in Höhe von 0,79% aus.

Zusammenfassend kann festgehalten werden, dass Ingangsetzungs- und Erweiterungsaufwendungen für eine großzahlige und an der Statistik orientierte Jahresabschlussanalyse ohne Bedeutung sind. Für den Analytiker, der den Einzelfall betrachtet, mag dagegen ein Unternehmen, bei dem abweichend vom Durchschnitt hohe aktivierte Ingangsetzungs- und Erweiterungsaufwendungen erkennbar sind, gerade wegen des Abweichens vom normalen Bild, besonders interessant erscheinen.

4.2.2.1.2 Anlagevermögen

Das Anlagevermögen besteht aus Vermögensgegenständen, welche dauerhaft – also in der Regel mehr als ein Jahr – dem Geschäftsbetrieb dienen. Es setzt sich aus immateriellen Vermögensgegenständen, Sachanlagen und Finanzanlagen zusammen. Aus bilanzanalytischer Sicht ist eine isolierte Betrachtung des Anlagevermögens wenig sinnvoll, da starke branchenspezifische Unterschiede keine generelle Arbeitshypothese zur Anlagenintensität (Anlagevermögen / Gesamtkapital) zulassen.

Aus Rechnungslegungssicht besteht zwischen dem deutschen und dem italienischen Anlagevermögen bzw. der Anlagenintensität aufgrund der italienischen Aufwertungsgesetze, welche eine Aufwertung von Vermögensgegenständen zu Zeitwerten zulassen, ein erheblicher Unterschied. Theoretisch müssten demnach italienische Anlagenintensitäten im Median deutlich höher sein als deutsche. Tabelle 37 zeigt den deutschen und den italienischen Posten „Anlagevermögen“ im empirischen Vergleich:

Tabelle 37: Empirischer Vergleich des Anlagevermögens.[461]

Anlagevermögen		Alle Unternehmen		Unternehmen, sofern Angaben vorhanden						
		Median	Sig	Median	Sig	Anzahl	Anzahl in %	H0 Theorie	H0 Sig	Befund Empirie
Gesamtwirtschaft	DE	26,11%	Ja	28,12%	Ja	29.212	96,17%	DE < IT	-	DE > IT
	IT	17,85%		18,74%		439.145	74,73%			
Land- und Forstwirtschaft, Fischerei	DE	54,04%	Nein	54,81%	Nein	205	96,24%	DE < IT	-	DE = IT
	IT	43,89%		45,19%		6.758	73,54%			
Bergbau und Gewinnung von Steinen und Erden	DE	55,35%	x	55,92%	x	91	96,81%	DE < IT	x	x
	IT	42,44%		43,03%		1.241	88,45%			
Verarbeitendes Gewerbe	DE	28,93%	Ja	29,38%	Ja	5.965	98,87%	DE < IT	-	DE > IT
	IT	22,56%		22,82%		91.381	85,16%			
Energieversorgung	DE	65,20%	Ja	65,87%	Ja	658	96,06%	DE < IT	-	DE > IT
	IT	46,81%		49,28%		1.155	77,94%			
Wasserversorgung; Abwasser- und Abfallentsorgung etc.	DE	61,50%	Ja	63,73%	Ja	455	95,99%	DE < IT	-	DE > IT
	IT	33,15%		33,55%		2.531	83,39%			
Baugewerbe	DE	16,61%	Ja	17,13%	Ja	3.183	97,67%	DE < IT	-	DE > IT
	IT	8,98%		9,88%		63.626	74,67%			
Handel, Instandhaltung und Reparatur von Kraftfahrzeugen	DE	14,75%	Ja	15,37%	Ja	6.482	97,33%	DE < IT	-	DE > IT
	IT	11,34%		11,71%		99.905	80,09%			
Verkehr und Lagerei	DE	45,66%	Ja	47,48%	Ja	1.415	96,85%	DE < IT	-	DE > IT
	IT	21,28%		21,85%		15.228	82,19%			
Gastgewerbe	DE	38,61%	Ja	40,49%	Ja	276	96,50%	DE < IT	√	DE < IT
	IT	**60,40%**		**61,02%**		18.757	74,57%			
Grundstücks- und Wohnungswesen	DE	**85,56%**	Ja	**86,86%**	Ja	2.380	94,75%	DE < IT	-	DE > IT
	IT	53,23%		59,51%		42.000	57,12%			
Information und Kommunikation	DE	15,01%	Nein	16,47%	Nein	1.043	95,69%	DE < IT	-	DE = IT
	IT	15,41%		16,04%		21.491	71,27%			
Erbringung von freiberuflichen, wissenschaftlichen Dienstleistungen etc.	DE	22,75%	Ja	28,24%	Ja	3.117	89,90%	DE < IT	-	DE > IT
	IT	13,78%		14,54%		28.698	68,88%			
Erbringung von sonstigen wirtschaftlichen Dienstleistungen	DE	22,20%	Ja	25,03%	Ja	1.365	94,27%	DE < IT	-	DE > IT
	IT	16,28%		17,15%		18.532	70,18%			
Erziehung und Unterricht	DE	31,13%	Ja	36,26%	Ja	172	95,03%	DE < IT	-	DE > IT
	IT	17,11%		17,87%		2.932	68,55%			
Gesundheits- und Sozialwesen	DE	64,54%	Ja	64,93%	Ja	1.224	98,55%	DE < IT	-	DE > IT
	IT	25,02%		25,69%		8.365	78,16%			
Kunst, Unterhaltung und Erholung	DE	38,55%	Nein	40,96%	Nein	244	96,83%	DE < IT	-	DE = IT
	IT	43,17%		44,15%		6.247	66,54%			
Erbringung von sonstigen Dienstleistungen	DE	23,00%	Ja	24,85%	Nein	494	93,21%	DE < IT	√	DE < IT
	IT	30,68%		31,67%		4.282	65,82%			

Die gesamtwirtschaftliche Analyse (Unternehmen, sofern Angaben vorhanden) widerlegt jedoch die Hypothese der Rechnungslegung. Mit einer Anlageintensität von 28,12% im Median weisen deutsche Unternehmen signifikant höhere Werte als italienische Unternehmen mit einem Wert von 18,74% aus. Offensichtlich bestehen tatsächliche strukturelle Unterschiede zwischen deutschen und italienischen Unternehmen. Es ist jedoch zu vermuten, dass außerdem von der Möglichkeit der Aufwertung von Aktiva zu Zeitwerten in Italien wenig Gebrauch gemacht wird.

Die branchenbezogene Betrachtung bestätigt den Befund der gesamtwirtschaftlichen Analyse weitgehend. Über nahezu alle Branchen (außer „Gastgewerbe") hinweg weisen deutsche Unternehmen im Median höhere Anlagenintensitäten als italienische Unternehmen aus – in der Branche „Grundstücks- und Wohnungswesen" sogar einen Wert von 86,86%. In Italien werden

[461] Eigene Darstellung.

die höchsten Intensitäten im „Gastgewerbe“ mit einem Wert von 61,02% erreicht. Interessant sind auch die Werte der „Bauwirtschaft“. Während deutsche Unternehmen hier einen Wert von 17,13% ausweisen, sind es in Italien nur 9,88%.

4.2.2.1.2.1 Immaterielle Vermögensgegenstände

Immaterielle Vermögensgegenstände[462] stellen sowohl für den Bilanztheoretiker als auch für den Bilanzanalytiker ein wichtiges und kontrovers diskutiertes Thema[463] dar.

Grob skizziert entwickelte sich in Deutschland die Möglichkeit zur Aktivierung immaterieller Vermögensgegenständen von einem faktischen Verbot (Zielsetzung der Bilanz als reines Schuldendeckungspotential) über ein Aktivierungswahlrecht beispielsweise für Konzessionen, gewerbliche Schutzrechte, Patente und Lizenzen im alten Aktienrecht von 1968 (soweit fremdbezogen) bis hin zu einer Aktivierungspflicht. Diese Pflicht entstand mit Einführung der vierten EG-Richtlinie zur Vereinheitlichung des Bilanzrechts 1985, die sich bis zur Aktivierungsmöglichkeit der Entwicklungskosten selbst erstellter immaterieller Vermögensgegenstände mit dem Bilanzmodernisierungsgesetz von 2009 weiterentwickelte.

Diese Entwicklung wird begleitet von einer Diskussion um Sinn und Zweck der Aktivierungen.[464] Zimmerer macht schon sehr früh die Bedeutung immaterieller Vermögensgegenstände für den zukünftigen Wert eines Unternehmens deutlich. Demgegenüber betont Moxter[465] die Schuldendeckungsfähigkeit, indem er feststellt, dass sich bei eintretendem Konkurs die Werte immaterieller Vermögensgegenstände verflüchtigen. Der Diskussion der Bilanztheorie folgt die Diskussion der Bilanzanalytiker. In modernen, nach „Basel II“ ausgerichteten Ratingsystemen, die im Grundsatz „die Insolvenz eines Unternehmens“ und nicht die Profitabilität des Unternehmens messen, werden immaterielle Vermögensgegenstände mit Ausnahme von Patenten, Lizenzen und gewerblichen Rechten vom Eigenkapital abgezogen. Tabelle 38 zeigt den deutschen und den italienischen Posten „immaterielle Vermögensgegenstände“ im empirischen Vergleich:

[462] Vgl. Abschnitt 2.6.1.1.2.1.

[463] Vgl. Coenenberg et al. (2009), 175 ff.

[464] Vgl. Zimmerer (1981), S. 85 ff.

[465] Vgl. Moxter (1978), S. 821 ff.

Tabelle 38: Empirischer Vergleich immaterieller Vermögensgegenstände[466]

Immaterielle Vermögensgegenstände		Alle Unternehmen		Unternehmen, sofern Angaben vorhanden						
		Median	Sig	Median	Sig	Anzahl	Anzahl in %	H0 Theorie	H0 Sig	Befund Empirie
Gesamtwirtschaft	DE	0,06%	Ja	0,38%	Ja	18.508	60,93%	DE < IT	√	DE < IT
	IT	0,43%		1,18%		334.765	56,97%			
Land- und Forstwirtschaft, Fischerei	DE	0,02%	Ja	0,25%	Ja	121	56,81%	DE < IT	√	DE < IT
	IT	0,14%		0,72%		4.477	48,72%			
Bergbau und Gewinnung von Steinen und Erden	DE	0,04%	x	0,32%	x	53	56,38%	DE < IT	x	x
	IT	0,65%		1,67%		934	66,57%			
Verarbeitendes Gewerbe	DE	0,24%	Ja	0,44%	Ja	4.680	77,57%	DE < IT	√	DE < IT
	IT	0,64%		1,16%		75.048	69,94%			
Energieversorgung	DE	0,33%	Ja	0,56%	Ja	515	75,18%	DE < IT	√	DE < IT
	IT	0,72%		1,38%		970	65,45%			
Wasserversorgung; Abwasser- und Abfallentsorgung etc.	DE	0,12%	Ja	0,35%	Ja	328	69,20%	DE < IT	√	DE < IT
	IT	0,80%		1,39%		2.099	69,16%			
Baugewerbe	DE	0,00%	Ja	0,17%	Ja	1.544	47,38%	DE < IT	√	DE < IT
	IT	0,10%		0,43%		43.649	51,23%			
Handel, Instandhaltung und Reparatur von Kraftfahrzeugen	DE	0,04%	Ja	0,34%	Ja	3.867	58,06%	DE < IT	√	DE < IT
	IT	0,57%		1,30%		77.840	62,40%			
Verkehr und Lagerei	DE	0,04%	Ja	0,25%	Ja	834	57,08%	DE < IT	√	DE < IT
	IT	0,54%		1,33%		11.800	63,69%			
Gastgewerbe	DE	0,00%	Ja	0,60%	Ja	138	48,25%	DE < IT	√	DE < IT
	IT	**4,64%**		**8,12%**		16.120	64,08%			
Grundstücks- und Wohnungswesen	DE	0,00%	Ja	0,05%	Ja	928	36,94%	DE < IT	√	DE < IT
	IT	0,04%		0,38%		25.874	35,19%			
Information und Kommunikation	DE	**0,51%**	Ja	**1,23%**	Ja	815	74,77%	DE < IT	√	DE < IT
	IT	1,03%		2,27%		17.174	56,95%			
Erbringung von freiberuflichen, wissenschaftlichen Dienstleistungen etc.	DE	0,07%	Ja	0,77%	Ja	1.986	57,28%	DE < IT	√	DE < IT
	IT	0,71%		1,48%		22.678	54,43%			
Erbringung von sonstigen wirtschaftlichen Dienstleistungen	DE	0,03%	Ja	0,50%	Ja	785	54,21%	DE < IT	√	DE < IT
	IT	0,72%		1,78%		14.353	54,35%			
Erziehung und Unterricht	DE	0,11%	Ja	0,22%	Ja	123	67,96%	DE < IT	√	DE < IT
	IT	1,46%		3,43%		2.329	54,45%			
Gesundheits- und Sozialwesen	DE	0,23%	Ja	0,30%	Ja	1.067	85,91%	DE < IT	√	DE < IT
	IT	1,08%		2,55%		6.573	61,42%			
Kunst, Unterhaltung und Erholung	DE	0,08%	Ja	0,73%	Ja	156	61,90%	DE < IT	√	DE < IT
	IT	1,89%		4,69%		4.983	53,07%			
Erbringung von sonstigen Dienstleistungen	DE	0,08%	Ja	0,69%	Ja	316	59,62%	DE < IT	√	DE < IT
	IT	1,63%		3,70%		3.448	53,00%			

Italien bietet im Vergleich zu Deutschland erheblich mehr Möglichkeiten zur Aktivierung immaterieller Vermögensgegenstände. Dies gilt auch nach Einführung des Bilanzmodernisierungsgesetzes in Deutschland. Neben eigenen Entwicklungskosten können auch Forschungskosten und Werbungskosten aktiviert werden. Zusätzlich werden unter dem immateriellen Anlagevermögen auch die „Kosten der Ingangsetzung und Erweiterung des Geschäftsbetriebs" als immaterielle Vermögensgegenstände aufgefasst und nicht wie in Deutschland vor dem Anlagevermögen als Bilanzierungshilfe dargestellt.

Aus Sicht der Rechnungslegung und unter Berücksichtigung möglicher unterschiedlicher Bewertungsverfahren zwischen Deutschland und Italien sollte der Posten in Italien deutlich öfter genutzt und hinsichtlich seiner Höhe erheblich bedeutsamer als in Deutschland sein.

---

[466] Eigene Darstellung.

Die gesamtwirtschaftliche Betrachtung (Unternehmen, sofern Angaben vorhanden) bestätigt die Hypothese der Rechnungslegung. Mit einem Anteil der immateriellen Vermögensgegenstände am Gesamtvermögen von 1,18% im Median weisen italienische Unternehmen einen signifikant höheren Wert als deutsche Unternehmen mit einem Wert von 0,38% aus. Hinsichtlich des Nutzungsgrades bestehen zwischen Italien und Deutschland ebenfalls Unterschiede. Es zeigt sich, dass in den vorliegenden Stichproben deutsche Unternehmen zwar häufiger immaterielle Vermögensgegenstände in ihren Jahresabschlüssen angeben (60,93%), jedoch grundsätzlich geringere Anteile am Gesamtvermögen ausweisen.

Die branchenbezogene Betrachtung bestätigt den Befund der gesamtwirtschaftlichen Analyse. In allen Branchen weisen italienische Unternehmen im Median einen höheren Anteil immaterieller Vermögensgegenstände an der Bilanzsumme aus als deutsche Unternehmen. In Deutschland sind die höchsten Anteile mit einem Wert von 1,23% in der Branche „Information und Kommunikation“ zu finden, in Italien hingegen führt das „Gastgewerbe“ die Branchenliste mit einem Wert von 8,12% im Median an.

4.2.2.1.2.2 Geschäfts- oder Firmenwert

Der GoF[467] gilt seit dem BilMoG als eingeschränkt nutzbarer Vermögensgegenstand. Damit wird eine viele Jahre dauernde Diskussion um die Frage, ob dies überhaupt ein Vermögensgegenstand sein kann, einstweilen abgeschlossen. Für die hier vorliegenden Daten nach „altem“ Recht (vor BilMoG) bestand noch ein Wahlrecht zur Aktivierung derivativer Geschäfts- und Firmenwerte. Analytisch zeigt sich im originären Geschäfts- und Firmenwert tatsächlich ein Mehrwert eines gekauften Unternehmens gegenüber seinem Eigenkapital im Buchwert. Dies versucht der Bilanzanalytiker zu messen, wenn er ein Unternehmen analysiert. Gleichzeitig zeigt sich darin der Zwiespalt des Bilanzanalytikers, ist doch unsicher, wie lange dieser Wert tatsächlich bestehen bleibt; er zieht deshalb in vielen Fällen den GoF vom Eigenkapital ab. Aus Rechnungslegungssicht dürften beim GoF zwischen Italien und Deutschland keine Unterschiede bestehen. Tabelle 39 zeigt den deutschen und den italienischen Posten „Geschäfts- oder Firmenwert“ im empirischen Vergleich:

[467] Vgl. Abschnitt 2.6.1.1.2.1.

Tabelle 39: Empirischer Vergleich des Geschäfts- oder Firmenwerts.[468]

Geschäfts- oder Firmenwert		Alle Unternehmen		Unternehmen, sofern Angaben vorhanden						
		Median	Sig	Median	Sig	Anzahl	Anzahl in %	H0 Theorie	H0 Sig	Befund Empirie
Gesamtwirtschaft	DE	0,00%	Ja	2,09%	Nein	2.718	8,95%	DE = IT	√	DE = IT
	IT	0,00%		1,94%		12.363	2,10%			
Land- und Forstwirtschaft, Fischerei	DE	0,00%	Ja	0,83%	Ja	8	3,76%	DE = IT	-	DE > IT
	IT	0,00%		0,52%		102	1,11%			
Bergbau und Gewinnung von Steinen und Erden	DE	0,00%	x	**12,85%**	x	6	6,38%	DE = IT	x	x
	IT	0,00%		1,03%		41	2,92%			
Verarbeitendes Gewerbe	DE	0,00%	Ja	1,65%	Nein	667	11,06%	DE = IT	√	DE = IT
	IT	0,00%		1,53%		3.529	3,29%			
Energieversorgung	DE	0,00%	Ja	0,72%	Ja	24	3,50%	DE = IT	-	DE < IT
	IT	0,00%		2,76%		149	10,05%			
Wasserversorgung; Abwasser- und Abfallentsorgung etc.	DE	0,00%	Nein	0,75%	Ja	35	7,38%	DE = IT	-	DE > IT
	IT	0,00%		0,58%		138	4,55%			
Baugewerbe	DE	0,00%	Ja	1,63%	Ja	173	5,31%	DE = IT	-	DE > IT
	IT	0,00%		1,02%		969	1,14%			
Handel, Instandhaltung und Reparatur von Kraftfahrzeugen	DE	0,00%	Ja	1,30%	Ja	735	11,04%	DE = IT	-	DE < IT
	IT	0,00%		1,93%		3.633	2,91%			
Verkehr und Lagerei	DE	0,00%	Ja	1,93%	Ja	99	6,78%	DE = IT	-	DE > IT
	IT	0,00%		0,89%		555	3,00%			
Gastgewerbe	DE	0,00%	Ja	8,77%	Ja	28	9,79%	DE = IT	-	DE < IT
	IT	0,00%		**10,00%**		797	3,17%			
Grundstücks- und Wohnungswesen	DE	0,00%	Ja	2,97%	Ja	59	2,35%	DE = IT	-	DE > IT
	IT	0,00%		1,71%		389	0,53%			
Information und Kommunikation	DE	0,00%	Ja	5,66%	Ja	122	11,19%	DE = IT	-	DE > IT
	IT	0,00%		3,01%		490	1,62%			
Erbringung von freiberuflichen, wissenschaftlichen Dienstleistungen etc.	DE	0,00%	Ja	3,42%	Nein	468	13,50%	DE = IT	-	DE > IT
	IT	0,00%		2,75%		418	1,00%			
Erbringung von sonstigen wirtschaftlichen Dienstleistungen	DE	0,00%	Ja	2,65%	Nein	109	7,53%	DE = IT	√	DE = IT
	IT	0,00%		2,96%		460	1,74%			
Erziehung und Unterricht	DE	0,00%	Ja	3,26%	Ja	12	6,63%	DE = IT	-	DE < IT
	IT	0,00%		7,64%		45	1,05%			
Gesundheits- und Sozialwesen	DE	0,00%	Ja	6,29%	Ja	76	6,12%	DE = IT	-	DE > IT
	IT	0,00%		3,37%		156	1,46%			
Kunst, Unterhaltung und Erholung	DE	0,00%	Ja	5,80%	Ja	28	11,11%	DE = IT	-	DE < IT
	IT	0,00%		6,39%		142	1,51%			
Erbringung von sonstigen Dienstleistungen	DE	0,00%	Ja	4,59%	Ja	35	6,60%	DE = IT	-	DE < IT
	IT	0,00%		5,27%		115	1,77%			

Die gesamtwirtschaftliche Betrachtung bestätigt die Hypothese der Rechnungslegung. Hinsichtlich des Postens „GoF" bestehen zwischen Italien und Deutschland keine signifikanten Unterschiede. Allerdings wird der Posten in Deutschland mit 8,95% aller Unternehmen deutlich öfter als in Italien (2,10% der Unternehmen) angegeben. Die Bedeutung ist in beiden Ländern nahezu identisch. In Deutschland beträgt der Median 2,09%, in Italien 1,94%. Die Tatsache, dass nur ein Bruchteil der Unternehmen Angaben zum GoF in ihren Jahresabschlüssen machen, ist ein Hinweis darauf, dass der GoF zumindest in der großzahlig empirisch getriebenen Bilanzanalyse eine untergeordnete Rolle spielt. In der Einzelfallbetrachtung hingegen kann der GoF von erheblicher Bedeutung sein.

[468] Eigene Darstellung.

Die branchenbezogene Betrachtung zeigt ebenfalls, dass die Unternehmen im Median keinen GoF bilanzieren. Wird er aber angegeben, kann dieser Wert in einzelnen Branchen von erheblicher Bedeutung sein. In der Branche Bergbau geben in Deutschland zwar nur 6,8% der Unternehmen einen GoF an, aber der GOF beträgt im Median 12,85% an der Bilanzsumme. Italienische Unternehmen weisen in der Branche „Gastgewerbe“ mit einem Wert von 10,00% den höchsten Anteil an der Bilanzsumme auf.

4.2.2.1.2.3 Sachanlagen

In den Sachanlagen[469] kommt das in physisch greifbaren Gegenständen im Unternehmen vorhandene und dauerhaft genutzte Vermögen zum Ausdruck. In der deutschen Bilanztheorie betonen die handelsrechtlichen Regelungen nach wie vor das Anschaffungskostenprinzip. Auch das Bilanzrechtsmodernisierungsgesetz hat daran nichts geändert, obwohl die internationalen Regelungen des IFRS mit der Neubewertungsmethode und Italien im nationalen Recht des C.C. mit verschiedenen Aufwertungsgesetzen eine über die Anschaffungskosten hinausgehende Folgebewertung ermöglichen. In der Praxis wird die Möglichkeit der Aufwertung in Italien offensichtlich nur in wenigen Fällen genutzt. Der Bilanzanalytiker darf also wie bisher auch in Zukunft im Sachanlagevermögen nach stillen Reserven suchen. In der Praxis der Bilanzanalyse kommt dem Sachanlagevermögen als dem in der Regel größten Posten des Anlagevermögens bei der Analyse der fristenkongruenten Finanzierung eine erhebliche Bedeutung zu. In keinem Lehrbuch zur Bilanzanalyse fehlt der Hinweis auf die Einhaltung der goldenen oder modifizierten goldenen Bilanzregel.[470]

Aus Rechnungslegungssicht ist zu erwarten, dass italienische Unternehmen aufgrund der Möglichkeit der Bilanzierung zu Zeitwerten höhere Sachanlageintensitäten als deutsche Unternehmen aufweisen.[471] Tabelle 40 zeigt den deutschen und den italienischen Posten „Sachanlagen“ im empirischen Vergleich:

[469] Vgl. Baetge (2011a), S. 233.

[470] Vgl. beispielsweise Peemöller (2003), S. 255; Baetge et al. (2004), S. 258 ff; Küting, Weber (2009), S. 148; Coenenberg et al. (2009), S. 1064 f.

[471] Vgl. hierzu die Ausführungen in Kapitel 4.2.2.1.2.3.

Tabelle 40: Empirischer Vergleich der Sachanlagen.[472]

Sachanlagen		Alle Unternehmen		Unternehmen, sofern Angaben vorhanden						
		Median	Sig	Median	Sig	Anzahl	Anzahl in %	H0 Theorie	H0 Sig	Befund Empirie
Gesamtwirtschaft	DE	16,93%	Ja	19,03%	Ja	28.584	94,10%	DE < IT	-	DE > IT
	IT	9,95%		11,88%		416.966	70,95%			
Land- und Forstwirtschaft, Fischerei	DE	47,93%	Nein	49,91%	Nein	205	96,24%	DE < IT	-	DE = IT
	IT	**36,23%**		39,48%		6.507	70,81%			
Bergbau und Gewinnung von Steinen und Erden	DE	44,67%	x	47,32%	x	90	95,74%	DE < IT	x	x
	IT	31,00%		31,89%		1.226	87,38%			
Verarbeitendes Gewerbe	DE	20,89%	Ja	21,53%	Ja	5.901	97,81%	DE < IT	-	DE > IT
	IT	15,58%		16,30%		89.890	83,77%			
Energieversorgung	DE	54,17%	Ja	56,23%	Ja	642	93,72%	DE < IT	-	DE > IT
	IT	28,86%		37,98%		1.056	71,26%			
Wasserversorgung; Abwasser- und Abfallentsorgung etc.	DE	53,78%	Ja	56,86%	Ja	448	94,51%	DE < IT	-	DE > IT
	IT	23,90%		25,40%		2.477	81,61%			
Baugewerbe	DE	13,54%	Ja	14,17%	Ja	3.142	96,41%	DE < IT	-	DE > IT
	IT	5,83%		7,85%		58.095	68,18%			
Handel, Instandhaltung und Reparatur von Kraftfahrzeugen	DE	9,99%	Ja	10,74%	Ja	6.403	96,14%	DE < IT	-	DE > IT
	IT	6,10%		6,73%		96.747	77,56%			
Verkehr und Lagerei	DE	39,19%	Ja	42,06%	Ja	1.405	96,17%	DE < IT	-	DE > IT
	IT	12,79%		14,08%		14.738	79,54%			
Gastgewerbe	DE	30,81%	Nein	32,57%	Nein	275	96,15%	DE < IT	-	DE = IT
	IT	31,26%		32,66%		18.424	73,24%			
Grundstücks- und Wohnungswesen	DE	**81,35%**	Ja	**83,72%**	Ja	2.340	93,15%	DE < IT	-	DE > IT
	IT	33,77%		**55,85%**		36.746	49,98%			
Information und Kommunikation	DE	5,56%	Nein	6,32%	Ja	1.031	94,59%	DE < IT	√	DE < IT
	IT	6,21%		7,15%		20.430	67,75%			
Erbringung von freiberuflichen, wissenschaftlichen Dienstleistungen etc.	DE	5,59%	Ja	9,85%	Ja	2.847	82,12%	DE < IT	-	DE > IT
	IT	6,23%		7,57%		26.806	64,34%			
Erbringung von sonstigen wirtschaftlichen Dienstleistungen	DE	13,13%	Ja	16,36%	Ja	1.330	91,85%	DE < IT	-	DE > IT
	IT	8,13%		9,73%		17.500	66,27%			
Erziehung und Unterricht	DE	22,59%	Ja	25,54%	Ja	170	93,92%	DE < IT	-	DE > IT
	IT	7,08%		8,50%		2.778	64,95%			
Gesundheits- und Sozialwesen	DE	60,17%	Ja	61,15%	Ja	1.217	97,99%	DE < IT	-	DE > IT
	IT	13,52%		14,74%		8.098	75,67%			
Kunst, Unterhaltung und Erholung	DE	19,89%	Nein	23,99%	Nein	238	94,44%	DE < IT	-	DE = IT
	IT	20,83%		23,58%		6.004	63,95%			
Erbringung von sonstigen Dienstleistungen	DE	12,57%	Ja	16,29%	Nein	479	90,38%	DE < IT	-	DE = IT
	IT	16,64%		18,44%		4.162	63,97%			

Es zeigt sich jedoch, dass, entgegen der Hypothese der Rechnungslegung, deutsche Unternehmen (19,03%) im Median ein deutlich höheres Sachanlagevermögen als italienische Unternehmen (11,88%) ausweisen. Auffallend ist in diesem Zusammenhang die Anzahl derjenigen Unternehmen, die Angaben zu diesem Posten in ihrem Jahresabschluss machen: Es sind 94,10% aller deutschen und lediglich 70,95% der italienischen Unternehmen.

Die branchenbezogene Betrachtung bestätigt den Befund der gesamtwirtschaftlichen Analyse. In nahezu allen Branchen weisen deutsche Unternehmen im Median höhere Sachanlageintensitäten als italienische Unternehmen aus. Nur in der Branche „Information und Kommunikation“ weisen italienische Unternehmen signifikant höhere Werte aus.

---

[472] Eigene Darstellung.

In beiden Ländern werden die relativ höchsten Intensitäten in der Branche „Grundstücks- und Wohnungswesen" erreicht. Deutsche Unternehmen wiesen hier einen Wert von 83,85% aus, italienische einen Wert von 55,85%.

4.2.2.1.2.4 Finanzanlagen

Die Finanzanlagen unterscheiden sich vom übrigen Anlagevermögen (immaterielle Vermögensgegenstände und Sachanlagen) vor allem dadurch, dass das in ihnen gebundene Vermögen anderen Unternehmen zur Verfügung steht und dort entweder als Eigen- oder Fremdkapital ausgewiesen wird.[473] Aus Sicht der Rechnungslegung dürfen bei den Finanzanlagen nur marginale Unterschiede zwischen den beiden Ländern bestehen, welche im Wesentlichen aus leicht unterschiedlichen AK- / HK-Definitionen und einem abweichenden Wertaufholungsgebot bei vorübergehenden Wertminderungen resultieren. Tabelle 41 zeigt den deutschen und den italienischen Posten „Finanzanlagen" im empirischen Vergleich:

[473] Vgl. Baetge et al (2011a), S. 313 ff.

Tabelle 41: Empirischer Vergleich der Finanzanlagen.[474]

Finanzanlagen		Alle Unternehmen		Unternehmen, sofern Angaben vorhanden						
		Median	Sig	Median	Sig	Anzahl	Anzahl in %	H0 Theorie	H0 Sig	Befund Empirie
Gesamtwirtschaft	DE	0,00%	Ja	2,40%	Ja	14.611	48,10%	DE = IT	-	DE > IT
	IT	0,00%		0,65%		205.931	35,04%			
Land- und Forstwirtschaft, Fischerei	DE	**0,94%**	Ja	2,52%	Ja	146	68,54%	DE = IT	-	DE > IT
	IT	0,01%		0,39%		3.696	40,22%			
Bergbau und Gewinnung von Steinen und Erden	DE	0,00%	x	1,73%	x	46	48,94%	DE = IT	x	x
	IT	**0,06%**		0,78%		730	52,03%			
Verarbeitendes Gewerbe	DE	0,02%	Ja	2,64%	Ja	3.123	51,77%	DE = IT	-	DE > IT
	IT	0,02%		0,38%		49.823	46,43%			
Energieversorgung	DE	0,45%	Ja	3,08%	Ja	455	66,42%	DE = IT	-	DE > IT
	IT	0,04%		1,01%		685	46,22%			
Wasserversorgung; Abwasser- und Abfallentsorgung etc.	DE	0,01%	Nein	2,43%	Ja	239	50,42%	DE = IT	-	DE > IT
	IT	0,04%		0,68%		1.459	48,07%			
Baugewerbe	DE	0,00%	Ja	1,65%	Ja	1.335	40,96%	DE = IT	-	DE > IT
	IT	0,00%		0,49%		26.707	31,34%			
Handel, Instandhaltung und Reparatur von Kraftfahrzeugen	DE	0,00%	Ja	2,02%	Ja	3.110	46,70%	DE = IT	-	DE > IT
	IT	0,00%		0,53%		44.217	35,45%			
Verkehr und Lagerei	DE	0,00%	Nein	1,67%	Ja	693	47,43%	DE = IT	-	DE > IT
	IT	0,00%		0,77%		7.462	40,27%			
Gastgewerbe	DE	0,00%	Ja	2,83%	Ja	87	30,42%	DE = IT	-	DE > IT
	IT	0,00%		0,56%		8.329	33,11%			
Grundstücks- und Wohnungswesen	DE	0,00%	Ja	1,21%	Ja	1.124	44,75%	DE = IT	-	DE < IT
	IT	0,00%		**2,04%**		17.278	23,50%			
Information und Kommunikation	DE	0,00%	Nein	3,54%	Ja	453	41,56%	DE = IT	-	DE > IT
	IT	0,00%		1,01%		9.943	32,97%			
Erbringung von freiberuflichen, wissenschaftlichen Dienstleistungen etc.	DE	0,07%	Ja	**8,76%**	Ja	1.826	52,67%	DE = IT	-	DE > IT
	IT	0,00%		1,31%		13.232	31,76%			
Erbringung von sonstigen wirtschaftlichen Dienstleistungen	DE	0,00%	Nein	2,82%	Ja	567	39,16%	DE = IT	-	DE > IT
	IT	0,00%		1,03%		8.284	31,37%			
Erziehung und Unterricht	DE	0,00%	Nein	3,04%	Ja	75	41,44%	DE = IT	-	DE > IT
	IT	0,00%		1,25%		1.339	31,31%			
Gesundheits- und Sozialwesen	DE	0,08%	Ja	0,55%	Ja	794	63,93%	DE = IT	-	DE < IT
	IT	0,02%		0,95%		4.415	41,25%			
Kunst, Unterhaltung und Erholung	DE	0,00%	Nein	3,73%	Ja	87	34,52%	DE = IT	-	DE > IT
	IT	0,00%		0,80%		2.820	30,04%			
Erbringung von sonstigen Dienstleistungen	DE	0,00%	Nein	3,40%	Ja	218	41,13%	DE = IT	-	DE > IT
	IT	0,00%		0,87%		1.865	28,67%			

Im Rahmen einer gesamtwirtschaftlichen Betrachtung zeigt sich jedoch, dass die Mehrheit aller Unternehmen keine Finanzanlagen ausweisen. Diejenigen Unternehmen, welche Angaben zu diesem Posten machen, weisen in Deutschland einen Wert von 2,40% im Median aus, in Italien sind es lediglich 0,65%. Hier bestehen offensichtlich signifikante Unterschiede, welche allerdings nicht auf abweichende Rechnungslegungsvorschriften zurückzuführen sind.

Der Befund der gesamtwirtschaftlichen Analyse wird durch die branchenbezogene Betrachtung bestätigt. Über nahezu alle Branchen hinweg (Ausnahme Branche „Grundstücks- und Wohnungswesen) weisen deutsche im Vergleich zu italienischen Unternehmen im Median signifikant höhere Anteile der Finanzanlagen am Gesamtvermögen aus. In Deutschland wird der höchste Wert (8,76% im Median) in der Branche „Erbringung von freiberuflichen, wissenschaftlichen Dienst-

[474] Eigene Darstellung.

leistungen“ ausgewiesen, in Italien in der Branche „Grundstücks- und Wohnungswesen“ mit einem Wert von 2,04%.

4.2.2.1.3 Umlaufvermögen

Das Umlaufvermögen ist seiner Natur nach kurzfristig (Fristigkeit unter einem Jahr), d. h. nicht für einen dauerhaften oder längeren Verbleib im Geschäftsbetrieb gedacht. Aus bilanzanalytischer Sicht sind vor allem der Anteil des Umlaufvermögens am Gesamtvermögen, seine Zusammensetzung sowie die Fristenkongruenz von besonderer Bedeutung. Aufgrund der umfassenderen deutschen Abschreibungsmöglichkeiten müsste aus Sicht der Rechnungslegung das italienische Umlaufvermögen im Median niedriger sein. Tabelle 42 zeigt den deutschen und den italienischen Posten „Umlaufvermögen“ im empirischen Vergleich:

Tabelle 42: Empirischer Vergleich des Umlaufvermögens. [475]

Umlaufvermögen		Alle Unternehmen		Unternehmen, sofern Angaben vorhanden						
		Median	Sig	Median	Sig	Anzahl	Anzahl in %	H0 Theorie	H0 Sig	Befund Empirie
Gesamtwirtschaft	DE	71,58%	Ja	71,61%	Ja	30.359	99,95%	DE < IT	√	DE < IT
	IT	79,18%		79,18%		450.166	76,60%			
Land- und Forstwirtschaft, Fischerei	DE	43,80%	Nein	43,80%	Nein	213	100,00%	DE < IT	-	DE = IT
	IT	54,47%		54,47%		6.892	75,00%			
Bergbau und Gewinnung von Steinen und Erden	DE	44,21%	x	44,21%	x	94	100,00%	DE < IT	x	x
	IT	54,58%		54,58%		1.251	89,17%			
Verarbeitendes Gewerbe	DE	69,77%	Ja	69,77%	Ja	6.033	100,00%	DE < IT	√	DE < IT
	IT	75,25%		75,25%		92.173	85,90%			
Energieversorgung	DE	34,38%	Ja	34,38%	Ja	685	100,00%	DE < IT	√	DE < IT
	IT	48,71%		48,71%		1.191	80,36%			
Wasserversorgung; Abwasser- und Abfallentsorgung etc.	DE	36,56%	Ja	36,56%	Ja	474	100,00%	DE < IT	√	DE < IT
	IT	64,32%		64,32%		2.564	84,48%			
Baugewerbe	DE	81,11%	Ja	81,12%	Ja	3.257	99,94%	DE < IT	√	DE < IT
	IT	**89,21%**		**89,21%**		66.615	78,18%			
Handel, Instandhaltung und Reparatur von Kraftfahrzeugen	DE	**84,02%**	Ja	**84,02%**	Ja	6.660	100,00%	DE < IT	√	DE < IT
	IT	86,86%		86,86%		101.739	81,56%			
Verkehr und Lagerei	DE	51,14%	Ja	51,14%	Ja	1.461	100,00%	DE < IT	√	DE < IT
	IT	74,32%		74,32%		15.504	83,68%			
Gastgewerbe	DE	56,51%	Ja	56,51%	Ja	286	100,00%	DE < IT	-	DE > IT
	IT	36,47%		36,47%		18.971	75,42%			
Grundstücks- und Wohnungswesen	DE	13,52%	Ja	13,83%	Ja	2.494	99,28%	DE < IT	√	DE < IT
	IT	38,75%		38,80%		44.419	60,41%			
Information und Kommunikation	DE	80,91%	Nein	80,91%	Nein	1.090	100,00%	DE < IT	-	DE = IT
	IT	81,03%		81,03%		21.992	72,93%			
Erbringung von freiberuflichen, wissenschaftlichen Dienstleistungen etc.	DE	73,82%	Ja	73,85%	Ja	3.466	99,97%	DE < IT	√	DE < IT
	IT	82,50%		82,50%		29.489	70,78%			
Erbringung von sonstigen wirtschaftlichen Dienstleistungen	DE	75,24%	Ja	75,29%	Ja	1.448	100,00%	DE < IT	√	DE < IT
	IT	79,23%		79,23%		19.009	71,98%			
Erziehung und Unterricht	DE	62,00%	Ja	62,00%	Ja	181	100,00%	DE < IT	√	DE < IT
	IT	77,16%		77,16%		2.992	69,96%			
Gesundheits- und Sozialwesen	DE	33,19%	Ja	33,19%	Ja	1.242	100,00%	DE < IT	√	DE < IT
	IT	71,44%		71,44%		8.505	79,47%			
Kunst, Unterhaltung und Erholung	DE	57,63%	Nein	57,63%	Nein	252	100,00%	DE < IT	-	DE = IT
	IT	51,38%		51,38%		6.353	67,66%			
Erbringung von sonstigen Dienstleistungen	DE	74,11%	Ja	74,11%	Ja	530	100,00%	DE < IT	-	DE > IT
	IT	65,30%		65,30%		4.365	67,09%			

Eine gesamtwirtschaftliche Betrachtung bestätigt die Hypothese des theoretischen Rechnungslegungsvergleichs. Mit einem Anteil von 79,18% an der Bilanzsumme ist das italienische Umlaufvermögen im Median signifikant größer als das deutsche (71,61%). Grund hierfür könnten jedoch nicht nur unterschiedliche Bilanzierungsstandards oder deren Anwendung sein, sondern auch tatsächliche Unterschiede hinsichtlich der wirtschaftlichen Gegebenheiten.

Eine branchenbezogene Betrachtung bestätigt für nahezu alle Branchen den Befund der gesamtwirtschaftlichen Analyse. Nur im „Gastgewerbe" weisen deutsche Unternehmen (56,51%) höhere Umlaufintensitäten als italienische (36,47%) aus. Spitzenreiter ist die italienische „Bauwirtschaft", welche im Median Umlaufintensitäten in Höhe von 89,21% zeigt. Der höchste deutsche Wert wird in der Branche „Handel, Instandhaltung und Reparatur von Kraftfahrzeugen" mit einer

---

[475] Eigene Darstellung.

durchschnittlichen Umlaufintensität von 84,02% erreicht.

4.2.2.1.3.1 Vorräte

Als Vorräte[476] werden Vermögensgegenstände bezeichnet, welche im betrieblichen Leistungsprozess erworben, verarbeitet und/oder veräußert wurden.[477] Der Anteil der Vorräte am Gesamtvermögen wird in der Bilanzanalyse als Vorratsintensität (Vorräte / Gesamtvermögen) bezeichnet.[478] Aus bilanzanalytischer Sicht ist eher eine geringere Vorratsintensität von Vorteil, da in diesem Fall die Lager- und Kapitalbindungskosten geringer sind. Aufgrund der umfassenderen Abschreibungsmöglichkeiten in Deutschland müsste aus Sicht der Rechnungslegung die Vorratsintensität im Median geringer als in Italien sein. Tabelle 43 zeigt den deutschen und den italienischen Posten „Vorräte“ im empirischen Vergleich:

[476] Vgl. Abschnitt 2.6.1.1.3.1.

[477] Vgl. Baetge et al. (2011a), S. 345.

[478] Vgl. Baetge et al. (2004), S. 216.

Tabelle 43: Empirischer Vergleich der Vorräte.[479]

Vorräte		Alle Unternehmen		Unternehmen, sofern Angaben vorhanden						
		Median	Sig	Median	Sig	Anzahl	Anzahl in %	H0 Theorie	H0 Sig	Befund Empirie
Gesamtwirtschaft	DE	7,41%	Ja	16,25%	Ja	23.473	77,28%	DE < IT	√	DE < IT
	IT	5,42%		18,39%		299.777	51,01%			
Land- und Forstwirtschaft, Fischerei	DE	13,67%	Ja	15,06%	Ja	194	91,08%	DE < IT	-	DE > IT
	IT	3,59%		10,79%		4.738	51,56%			
Bergbau und Gewinnung von Steinen und Erden	DE	4,62%	x	6,28%	x	79	84,04%	DE < IT	x	x
	IT	5,60%		9,64%		1.010	71,99%			
Verarbeitendes Gewerbe	DE	22,30%	Ja	23,53%	Ja	5.759	95,46%	DE < IT	-	DE > IT
	IT	12,53%		15,09%		81.572	76,02%			
Energieversorgung	DE	0,59%	Ja	0,92%	Ja	498	72,70%	DE < IT	√	DE < IT
	IT	0,00%		1,55%		503	33,94%			
Wasserversorgung; Abwasser- und Abfallentsorgung etc.	DE	0,78%	Ja	1,53%	Ja	357	75,32%	DE < IT	√	DE < IT
	IT	0,41%		2,52%		1.580	52,06%			
Baugewerbe	DE	17,03%	Nein	20,20%	Ja	2.916	89,48%	DE < IT	√	DE < IT
	IT	16,70%		33,65%		50.713	59,52%			
Handel, Instandhaltung und Reparatur von Kraftfahrzeugen	DE	**27,77%**	Ja	**30,83%**	Nein	6.027	90,50%	DE < IT	-	DE = IT
	IT	**22,63%**		27,89%		88.542	70,98%			
Verkehr und Lagerei	DE	0,26%	Ja	1,42%	Nein	843	57,70%	DE < IT	-	DE = IT
	IT	0,00%		1,21%		4.841	26,13%			
Gastgewerbe	DE	3,35%	Nein	3,81%	Nein	254	88,81%	DE < IT	-	DE = IT
	IT	2,69%		4,59%		15.355	61,04%			
Grundstücks- und Wohnungswesen	DE	2,36%	Nein	4,49%	Ja	1.501	59,75%	DE < IT	√	DE < IT
	IT	0,00%		**63,16%**		18.995	25,83%			
Information und Kommunikation	DE	0,97%	Ja	6,28%	Ja	685	62,84%	DE < IT	-	DE > IT
	IT	0,00%		4,53%		7.359	24,40%			
Erbringung von freiberuflichen, wissenschaftlichen Dienstleistungen etc.	DE	0,05%	Ja	12,43%	Ja	1.773	51,14%	DE < IT	-	DE > IT
	IT	0,00%		6,69%		7.404	17,77%			
Erbringung von sonstigen wirtschaftlichen Dienstleistungen	DE	0,15%	Ja	5,43%	Ja	767	52,97%	DE < IT	-	DE > IT
	IT	0,00%		3,09%		6.005	22,74%			
Erziehung und Unterricht	DE	0,00%	Ja	0,50%	Ja	88	48,62%	DE < IT	√	DE < IT
	IT	0,00%		3,68%		738	17,26%			
Gesundheits- und Sozialwesen	DE	1,23%	Ja	1,55%	Nein	1.073	86,39%	DE < IT	-	DE = IT
	IT	0,00%		1,39%		3.714	34,70%			
Kunst, Unterhaltung und Erholung	DE	0,40%	Ja	0,94%	Ja	182	72,22%	DE < IT	√	DE < IT
	IT	0,00%		2,56%		2.738	29,16%			
Erbringung von sonstigen Dienstleistungen	DE	0,52%	Ja	5,21%	Ja	327	61,70%	DE < IT	√	DE < IT
	IT	2,82%		7,55%		3.026	46,51%			

Bei einer gesamtwirtschaftlichen Betrachtung kann die Hypothese der Rechnungslegung bestätigt werden. Es zeigt sich, dass deutsche Unternehmen im Median mit einem Wert von 16,25% eine signifikant niedrigere Vorratsintensität als italienische Unternehmen (18,39%) aufweisen. Bei der Betrachtung der Mediane aller Unternehmen zeigt sich jedoch ein anderes Bild. Mit einem Wert von 5,42% weisen italienische Unternehmen im Vergleich zu deutschen einen signifikant niedrigeren Wert (7,41%) aus.

Eine branchenbezogene Betrachtung zeigt ein heterogenes Bild. Die höchsten Anteile der Vorräte an der Bilanzsumme sind in Deutschland in der Branche „Handel, Instandhaltung und Reparatur von Kraftfahrzeugen" mit einem Wert von 30,83% zu finden. In Italien werden die höchsten durchschnittlichen Werte in der Branche „Grundstücks- und Wohnungswesen" (63,16%) ausgewiesen.

[479] Eigene Darstellung.

4.2.2.1.3.2 Forderungen

Unter Forderungen[480] werden monetäre Ansprüche eines Unternehmens – wie zum Beispiel Forderungen aus Lieferung und Leistung – zusammengefasst. In Deutschland wie in Italien sind sie zu AK / HK zu bilanzieren. Im Falle eines zu erwartenden Forderungsausfalls sind die Forderungen auf den niedrigeren beizulegenden Zeitwert abzuschreiben. Im Gegensatz zu Italien besteht in Deutschland zusätzlich die Möglichkeit, gem. § 253 Abs. 5 HGB den niedrigeren beizulegenden Zeitwert beizubehalten, auch wenn die Gründe dafür nicht mehr bestehen.

Aufgrund der in Italien fehlenden atypischen Sicherungsrechte wie Eigentumsvorbehalt, Sicherungsübereignung oder Globalzession wird jedoch in Italien ein höherer Forderungsausfall und damit auch ein niedrigerer durchschnittlicher Forderungsbestand als in Deutschland vermutet. Tabelle 44 zeigt den deutschen und den italienischen Posten „Forderungen" im empirischen Vergleich:

[480] Vgl. Abschnitt 2.6.1.1.3.1.

Tabelle 44: Empirischer Vergleich der Forderungen.[481]

Forderungen		Alle Unternehmen		Unternehmen, sofern Angaben vorhanden						
		Median	Sig	Median	Sig	Anzahl	Anzahl in %	H0 Theorie	H0 Sig	Befund Empirie
Gesamtwirtschaft	DE	27,76%	Ja	27,96%	Ja	30.205	99,44%	DE > IT	-	DE < IT
	IT	37,57%		37,74%		448.611	76,34%			
Land- und Forstwirtschaft, Fischerei	DE	12,43%	Ja	13,57%	Ja	210	98,59%	DE > IT	-	DE < IT
	IT	23,53%		23,77%		6.835	74,38%			
Bergbau und Gewinnung von Steinen und Erden	DE	18,51%	x	18,51%	x	94	100,00%	DE > IT	x	x
	IT	34,16%		34,18%		1.249	89,02%			
Verarbeitendes Gewerbe	DE	27,67%	Ja	27,69%	Ja	6.026	99,88%	DE > IT	-	DE < IT
	IT	42,87%		42,90%		92.094	85,82%			
Energieversorgung	DE	21,80%	Ja	21,88%	Ja	684	99,85%	DE > IT	-	DE < IT
	IT	30,98%		30,99%		1.190	80,30%			
Wasserversorgung; Abwasser- und Abfallentsorgung etc.	DE	20,12%	Ja	20,12%	Ja	474	100,00%	DE > IT	-	DE < IT
	IT	45,88%		45,92%		2.561	84,38%			
Baugewerbe	DE	31,37%	Ja	31,39%	Ja	3.254	99,85%	DE > IT	-	DE < IT
	IT	36,46%		36,64%		66.432	77,96%			
Handel, Instandhaltung und Reparatur von Kraftfahrzeugen	DE	33,52%	Nein	33,58%	Nein	6.646	99,79%	DE > IT	-	DE = IT
	IT	35,78%		35,91%		101.413	81,30%			
Verkehr und Lagerei	DE	34,31%	Ja	34,37%	Ja	1.458	99,79%	DE > IT	-	DE < IT
	IT	**58,96%**		**59,04%**		15.479	83,54%			
Gastgewerbe	DE	24,54%	Ja	24,74%	Ja	284	99,30%	DE > IT	√	DE > IT
	IT	14,40%		14,52%		18.863	74,99%			
Grundstücks- und Wohnungswesen	DE	1,94%	Ja	2,21%	Ja	2.435	96,93%	DE > IT	-	DE < IT
	IT	7,01%		7,15%		44.062	59,93%			
Information und Kommunikation	DE	**37,88%**	Ja	**37,95%**	Ja	1.084	99,45%	DE > IT	-	DE < IT
	IT	57,28%		57,36%		21.941	72,76%			
Erbringung von freiberuflichen, wissenschaftlichen Dienstleistungen etc.	DE	30,41%	Ja	30,83%	Ja	3.437	99,13%	DE > IT	-	DE < IT
	IT	56,22%		56,36%		29.392	70,54%			
Erbringung von sonstigen wirtschaftlichen Dienstleistungen	DE	34,64%	Ja	35,02%	Ja	1.436	99,17%	DE > IT	-	DE < IT
	IT	53,48%		53,60%		18.946	71,75%			
Erziehung und Unterricht	DE	15,87%	Ja	16,13%	Ja	177	97,79%	DE > IT	-	DE < IT
	IT	45,75%		46,14%		2.964	69,30%			
Gesundheits- und Sozialwesen	DE	15,77%	Ja	15,77%	Ja	1.241	99,92%	DE > IT	-	DE < IT
	IT	44,17%		44,47%		8.466	79,11%			
Kunst, Unterhaltung und Erholung	DE	11,03%	Ja	11,77%	Ja	248	98,41%	DE > IT	-	DE < IT
	IT	25,82%		26,29%		6.289	66,98%			
Erbringung von sonstigen Dienstleistungen	DE	29,90%	Nein	30,10%	Nein	527	99,43%	DE > IT	-	DE = IT
	IT	33,82%		34,34%		4.327	66,51%			

Die gesamtwirtschaftliche Betrachtung widerlegt die Hypothese der Rechnungslegung. Sie zeigt, dass italienische Unternehmen im Median einen signifikant höheren Anteil an Forderungen an der Bilanzsumme als deutsche Unternehmen aufweisen. Während die deutschen hier nur einen Wert von 27,96% aufweisen, zeigen die italienischen einen durchschnittlichen Wert von 37,74%. Die Gründe hierfür sind allerdings nicht auf unterschiedliche Rechnungslegungsstandards zurückzuführen, sondern dürften aus tatsächlichen wirtschaftlichen Unterschieden resultieren.

Eine branchenbezogene Analyse bestätigt die Ergebnisse der gesamtwirtschaftlichen Betrachtung im Wesentlichen. In nahezu allen Branchen (außer in der Branchen „Gastgewerbe") weisen italienische Unternehmen signifikant höhere Forderungsbestände als deutsche Unternehmen aus. In der Branche „Verkehr und Lagerei" macht der Anteil der Forderungen an der Bilanzsumme

[481] Eigene Darstellung

59,04% aus. Im Vergleich dazu weisen deutsche Unternehmen aus dieser Branche im Median nur einen Wert von 34,37% aus. Der höchste durchschnittliche deutsche Wert wird in der Branche „Information und Kommunikation“ ausgewiesen (37,95%).

4.2.2.1.4 Eigenkapital

Dem Eigenkapital[482] gilt aus bilanzanalytischer Sicht traditionell ein besonderes Interesse, ist es doch Haftungsbasis und Puffer für potentielle Verluste (Verlustausgleichsfunktion). Nicht werthaltige Vermögensgegenstände werden in der Regel von Bilanzanalytikern gegen das Eigenkapital verrechnet. Eine hohe Eigenkapitalquote (Eigenkapital / Gesamtvermögen) wird mit Einschränkungen[483] grundsätzlich positiv bewertet. Dennoch finden in modernen Bilanzratingsystemen klassische Eigenkapitalquoten immer weniger Berücksichtigung.

Aus Sicht der Rechnungslegung müsste das italienische Eigenkapital signifikant größer als das deutsche sein. Hintergrund sind unter anderem die italienischen Aufwertungsgesetze, die im Falle ihrer Anwendung zur Bildung bzw. Erhöhung ausschüttungsgesperrter Rücklagen führen. Tabelle 45 zeigt den deutschen und den italienischen Posten „Eigenkapital“ im empirischen Vergleich:

[482] Vgl. Abschnitt 2.6.1.2.1.

[483] Berücksichtigung des Leverage Effekts.

Tabelle 45: Empirischer Vergleich des Eigenkapitals.[484]

Eigenkapital		Alle Unternehmen		Unternehmen, sofern Angaben vorhanden						
		Median	Sig	Median	Sig	Anzahl	Anzahl in %	H0 Theorie	H0 Sig	Befund Empirie
Gesamtwirtschaft	DE	27,40%	Ja	27,41%	Ja	30.375	100,00%	DE < IT	-	DE > IT
	IT	17,28%		17,28%		450.145	76,60%			
Land- und Forstwirtschaft, Fischerei	DE	**45,68%**	Ja	**45,68%**	Ja	213	100,00%	DE < IT	-	DE > IT
	IT	18,23%		18,23%		6.892	75,00%			
Bergbau und Gewinnung von Steinen und Erden	DE	28,32%	x	28,32%	x	94	100,00%	DE < IT	x	x
	IT	**30,90%**		**30,90%**		1.251	89,17%			
Verarbeitendes Gewerbe	DE	29,06%	Ja	29,07%	Ja	6.031	99,97%	DE < IT	-	DE > IT
	IT	19,55%		19,56%		92.173	85,90%			
Energieversorgung	DE	32,65%	Ja	32,65%	Ja	684	99,85%	DE < IT	-	DE > IT
	IT	21,17%		21,22%		1.191	80,36%			
Wasserversorgung; Abwasser- und Abfallentsorgung etc.	DE	28,11%	Ja	28,11%	Ja	474	100,00%	DE < IT	-	DE > IT
	IT	21,33%		21,33%		2.564	84,48%			
Baugewerbe	DE	18,74%	Ja	18,74%	Ja	3.258	99,97%	DE < IT	-	DE > IT
	IT	12,62%		12,62%		66.615	78,18%			
Handel, Instandhaltung und Reparatur von Kraftfahrzeugen	DE	23,98%	Ja	23,98%	Ja	6.659	99,98%	DE < IT	-	DE > IT
	IT	15,53%		15,53%		101.736	81,56%			
Verkehr und Lagerei	DE	20,87%	Ja	20,87%	Ja	1.461	100,00%	DE < IT	-	DE > IT
	IT	13,05%		13,05%		15.504	83,68%			
Gastgewerbe	DE	27,44%	Ja	27,53%	Ja	285	99,65%	DE < IT	-	DE > IT
	IT	12,95%		12,95%		18.971	75,42%			
Grundstücks- und Wohnungswesen	DE	30,88%	Ja	30,98%	Ja	2.512	100,00%	DE < IT	-	DE > IT
	IT	25,24%		25,25%		44.427	60,42%			
Information und Kommunikation	DE	36,25%	Ja	36,25%	Ja	1.090	100,00%	DE < IT	-	DE > IT
	IT	21,90%		21,90%		21.993	72,94%			
Erbringung von freiberuflichen, wissenschaftlichen Dienstleistungen etc.	DE	36,66%	Ja	36,66%	Ja	3.467	100,00%	DE < IT	-	DE > IT
	IT	22,29%		22,30%		29.489	70,78%			
Erbringung von sonstigen wirtschaftlichen Dienstleistungen	DE	24,63%	Ja	24,66%	Ja	1.447	99,93%	DE < IT	-	DE > IT
	IT	15,24%		15,24%		19.009	71,98%			
Erziehung und Unterricht	DE	40,64%	Ja	40,64%	Ja	181	100,00%	DE < IT	-	DE > IT
	IT	15,81%		15,81%		2.992	69,96%			
Gesundheits- und Sozialwesen	DE	29,03%	Ja	29,03%	Ja	1.242	100,00%	DE < IT	-	DE > IT
	IT	20,86%		20,86%		8.505	79,47%			
Kunst, Unterhaltung und Erholung	DE	30,41%	Ja	30,41%	Ja	252	100,00%	DE < IT	-	DE > IT
	IT	14,47%		14,47%		6.353	67,66%			
Erbringung von sonstigen Dienstleistungen	DE	32,21%	Ja	32,21%	Ja	530	100,00%	DE < IT	-	DE > IT
	IT	15,66%		15,66%		4.365	67,09%			

Die gesamtwirtschaftliche Betrachtung zeigt jedoch, dass die deutschen Unternehmen im Median mit einem Wert von 27,41% eine im Vergleich zu Italien (17,28%) signifikant höhere Eigenkapitalquote ausweisen können. Dieser Befund korreliert auch mit dem empirischen Befund des Anlagevermögens, welcher zeigt, dass die italienischen Aufwertungsgesetze in der Gesamtbetrachtung nur wenig genutzt werden. Unabhängig davon können natürlich auch tatsächliche wirtschaftliche Unterschiede zwischen beiden Ländern zu diesem Ergebnis führen.

Die branchenbezogene Betrachtung bestätigt den Befund der gesamtwirtschaftlichen. Über nahezu alle Branchen (mit Ausnahme der Branche „Bergbau und Gewinnung von Steinen und Erden") weisen deutsche Unternehmen signifikant höhere Eigenkapitalquoten als italienische aus. In den Branchen der „Land- und Fortwirtschaft, Fischerei" werden in Deutschland sogar Eigenkapital-

[484] Eigene Darstellung.

quoten von 45,68% im Median erreicht. Italien erreicht Unternehmen aus diesen Branchen nur einen Wert von 18,23%. Die höchsten italienischen Eigenkapitalquoten werden in der Branche „Bergbau und Gewinnung von Steinen und Erden“ mit einem Wert von 30,90% ausgewiesen.

4.2.2.1.5 Rückstellungen

Im Gegensatz zu Verbindlichkeiten gelten Rückstellungen hinsichtlich ihrer Eintrittswahrscheinlichkeit als ungewiss, aber hinreichend wahrscheinlich und/oder sind hinsichtlich ihrer Höhe unbestimmt. Aus bilanzanalytischer Sicht sind Rückstellungen ein wichtiger und zugleich kritischer Posten, welcher insbesondere bei großen Unternehmen einen beträchtlichen Anteil des Fremdkapitals ausmachen kann. Die Schwierigkeit der Analyse dieses Postens liegt in den regelmäßig fehlenden – da gesetzlich nicht vorgeschrieben – Fristigkeitsvermerken. Gerade die Fristigkeit ist jedoch aufgrund der Liquiditätswirkung von Fremdkapital bilanzanalytisch von besonderem Interesse. So gelten Pensionsrückstellungen gemeinhin als langfristig und Steuerrückstellungen als kurzfristig. Problematisch sind die sonstigen Rückstellungen, da sich darin kurzfristige wie auch langfristige verbergen können. In Abhängigkeit des Analysezwecks hat der Bilanzanalytiker an dieser Stelle zu entscheiden, ob er diesen Posten als kurz- oder langfristig klassifiziert. Im Kontext des Bilanzratings erscheint es aufgrund der angenommenen Perspektive eines Fremdkapitalgebers sinnvoll, eher kritisch zu sein und deshalb die sonstigen Rückstellungen als kurzfristig zu klassifizieren.

Aus Sicht der Rechnungslegung müsste der Posten „Rückstellungen“ in Deutschland durchschnittlich signifikant höher als in Italien sein, da dem deutschen Bilanzierenden in der Gesamtbetrachtung umfassendere Möglichkeiten der Rückstellungsbildung zur Verfügung stehen (beispielsweise Aufwandsrückstellungen). Tabelle 46 zeigt den deutschen und den italienischen Posten „Rückstellungen“ im empirischen Vergleich:

Tabelle 46: Empirischer Vergleich der Rückstellungen.[485]

Rückstellungen		Alle Unternehmen		Unternehmen, sofern Angaben vorhanden						
		Median	Sig	Median	Sig	Anzahl	Anzahl in %	H0 Theorie	H0 Sig	Befund Empirie
Gesamtwirtschaft	DE	7,05%	Ja	7,29%	Ja	29.795	98,09%	DE > IT	√	DE > IT
	IT	0,00%		4,91%		146.099	24,86%			
Land- und Forstwirtschaft, Fischerei	DE	4,28%	Ja	4,39%	Ja	209	98,12%	DE > IT	√	DE > IT
	IT	0,00%		2,26%		2.243	24,41%			
Bergbau und Gewinnung von Steinen und Erden	DE	**12,45%**	x	**12,45%**	x	94	100,00%	DE > IT	x	x
	IT	0,00%		5,03%		575	40,98%			
Verarbeitendes Gewerbe	DE	10,10%	Ja	10,18%	Ja	6.002	99,49%	DE > IT	√	DE > IT
	IT	0,00%		6,48%		40.503	37,75%			
Energieversorgung	DE	8,73%	Ja	8,82%	Ja	676	98,69%	DE > IT	√	DE > IT
	IT	0,00%		2,25%		529	35,70%			
Wasserversorgung; Abwasser- und Abfallentsorgung etc.	DE	5,78%	Ja	5,84%	Nein	471	99,37%	DE > IT	-	DE = IT
	IT	0,00%		5,67%		1.255	41,35%			
Baugewerbe	DE	9,23%	Ja	9,50%	Ja	3.201	98,22%	DE > IT	√	DE > IT
	IT	0,00%		3,59%		18.187	21,34%			
Handel, Instandhaltung und Reparatur von Kraftfahrzeugen	DE	5,94%	Ja	6,11%	Ja	6.527	98,00%	DE > IT	√	DE > IT
	IT	0,00%		3,93%		31.401	25,17%			
Verkehr und Lagerei	DE	5,89%	Ja	6,06%	Nein	1.434	98,15%	DE > IT	-	DE = IT
	IT	0,00%		6,11%		5.485	29,60%			
Gastgewerbe	DE	8,09%	Ja	8,35%	Ja	278	97,20%	DE > IT	√	DE > IT
	IT	0,00%		5,07%		4.736	18,83%			
Grundstücks- und Wohnungswesen	DE	1,17%	Ja	1,28%	Ja	2.437	97,01%	DE > IT	-	DE < IT
	IT	0,00%		1,60%		12.084	16,43%			
Information und Kommunikation	DE	11,40%	Ja	11,97%	Ja	1.057	96,97%	DE > IT	√	DE > IT
	IT	0,00%		7,27%		7.000	23,21%			
Erbringung von freiberuflichen, wissenschaftlichen Dienstleistungen etc.	DE	7,23%	Ja	7,64%	Ja	3.370	97,20%	DE > IT	√	DE > IT
	IT	0,00%		5,74%		8.464	20,31%			
Erbringung von sonstigen wirtschaftlichen Dienstleistungen	DE	6,90%	Ja	7,36%	Ja	1.409	97,31%	DE > IT	√	DE > IT
	IT	0,00%		6,20%		5.356	20,28%			
Erziehung und Unterricht	DE	7,15%	Ja	7,49%	Nein	172	95,03%	DE > IT	-	DE = IT
	IT	0,00%		6,97%		691	16,16%			
Gesundheits- und Sozialwesen	DE	7,69%	Ja	7,76%	Ja	1.231	99,11%	DE > IT	-	DE < IT
	IT	0,00%		**11,43%**		2.443	22,83%			
Kunst, Unterhaltung und Erholung	DE	7,36%	Ja	7,65%	Ja	247	98,02%	DE > IT	√	DE > IT
	IT	0,00%		3,79%		1.623	17,29%			
Erbringung von sonstigen Dienstleistungen	DE	8,07%	Ja	8,79%	Ja	505	95,28%	DE > IT	√	DE > IT
	IT	0,00%		6,57%		1.230	18,91%			

Die gesamtwirtschaftliche Betrachtung bestätigt die formulierte Hypothese: Deutsche Unternehmen weisen mit einem Wert von 7,29% (Italien: 4,91%) im Median einen signifikant höheren Anteil der Rückstellungen an der Bilanzsumme auf.

Eine branchenbezogene Betrachtung bestätigt den Befund der gesamtwirtschaftlichen Analyse im Wesentlichen. In nahezu allen Branchen weisen deutsche Unternehmen im Median einen höheren Anteil der Rückstellungen an der Bilanzsumme als italienische Unternehmen aus. Nur in der Branche „Gesundheits- und Sozialwesen“ zeigen italienische Unternehmen einen signifikant höheren Anteil. Die höchsten deutschen Werte sind in der Branche „Bergbau und Gewinnung von Steinen und Erden“ mit einem Wert von 12,45% zu finden. Allerdings ist dieser Befund vor dem Hintergrund der geringen Besetzungszahl vorsichtig zu interpretieren.

485 Eigene Darstellung.

4.2.2.1.6 Pensionsrückstellungen

Pensionsrückstellungen sind aus der betrieblichen Altersvorsorge resultierende Rückstellungen; sie gelten gemeinhin als langfristig – in Italien sind sie eher ungewöhnlich. Es existieren dort jedoch sog. Rückstellungen für Abfertigung, welche für jeden Arbeitnehmer zu bilden und unabhängig vom Ausscheidungsgrund des Mitarbeiters auszuzahlen sind. Sie entsprechen den deutschen Pensionsrückstellungen. Aus diesem Grunde wurden die Rückstellungen für Abfertigungen in dem vorliegenden Vergleich dem italienischen Posten Pensionsrückstellungen hinzugerechnet.

Bei einer isolierten Betrachtung der Pensionsrückstellungen unter Berücksichtigung der Rückstellungen für Abfertigungen kann aus Sicht der Rechnungslegung gefolgert werden, dass italienische Unternehmen im Vergleich zu deutschen im Median einen signifikant höheren Anteil dieser Rückstellungen an der Bilanzsumme aufweisen. Begründen lässt sich diese Hypothese durch den Umstand, dass in Deutschland nicht für jedes Arbeitsverhältnis Pensionsrückstellungen gebildet werden, in Italien hingegen für jeden Mitarbeiter Rückstellungen für Abfertigungen gebildet werden müssen. Hierbei ist allerdings auch das länderspezifische Lohnniveau zu beachten, da diese Rückstellungen in Abhängigkeit der jeweiligen Gehälter zu bilden sind. Tabelle 47 zeigt den deutschen und den italienischen Posten „Pensionsrückstellungen" im empirischen Vergleich:

Tabelle 47: Empirischer Vergleich der Pensionsrückstellungen.[486]

Pensionsrückstellungen		Alle Unternehmen		Unternehmen, sofern Angaben vorhanden						
		Median	Sig	Median	Sig	Anzahl	Anzahl in %	H0 Theorie	H0 Sig	Befund Empirie
Gesamtwirtschaft	DE	0,00%	Ja	4,02%	Ja	9.504	31,29%	DE < IT	√	DE < IT
	IT	0,00%		4,56%		15.067	2,56%			
Land- und Forstwirtschaft, Fischerei	DE	0,00%	Ja	1,38%	Ja	38	17,84%	DE < IT	√	DE < IT
	IT	0,00%		1,63%		135	1,47%			
Bergbau und Gewinnung von Steinen und Erden	DE	0,00%	x	3,91%	x	34	36,17%	DE < IT	x	x
	IT	0,00%		2,79%		37	2,64%			
Verarbeitendes Gewerbe	DE	0,00%	Ja	5,42%	Nein	2.790	46,25%	DE < IT	-	DE = IT
	IT	0,00%		5,07%		7.110	6,63%			
Energieversorgung	DE	0,00%	Ja	1,33%	Ja	315	45,99%	DE < IT	-	DE > IT
	IT	0,00%		0,76%		41	2,77%			
Wasserversorgung; Abwasser- und Abfallentsorgung etc.	DE	0,00%	Ja	1,50%	Ja	135	28,48%	DE < IT	√	DE < IT
	IT	0,00%		3,01%		92	3,03%			
Baugewerbe	DE	0,00%	Ja	6,30%	Ja	847	25,99%	DE < IT	-	DE > IT
	IT	0,00%		3,05%		889	1,04%			
Handel, Instandhaltung und Reparatur von Kraftfahrzeugen	DE	0,00%	Ja	4,22%	Ja	2.054	30,84%	DE < IT	-	DE > IT
	IT	0,00%		3,71%		3.881	3,11%			
Verkehr und Lagerei	DE	0,00%	Ja	3,35%	Ja	381	26,08%	DE < IT	√	DE < IT
	IT	0,00%		6,15%		413	2,23%			
Gastgewerbe	DE	0,00%	Ja	5,89%	Ja	34	11,89%	DE < IT	-	DE > IT
	IT	0,00%		3,29%		170	0,68%			
Grundstücks- und Wohnungswesen	DE	0,00%	Ja	1,03%	Ja	592	23,57%	DE < IT	√	DE < IT
	IT	0,00%		1,52%		365	0,50%			
Information und Kommunikation	DE	0,00%	Ja	**8,37%**	Nein	312	28,62%	DE < IT	-	DE = IT
	IT	0,00%		7,86%		493	1,63%			
Erbringung von freiberuflichen, wissenschaftlichen Dienstleistungen etc.	DE	0,00%	Ja	4,25%	Ja	1.022	29,48%	DE < IT	√	DE < IT
	IT	0,00%		6,44%		561	1,35%			
Erbringung von sonstigen wirtschaftlichen Dienstleistungen	DE	0,00%	Ja	3,70%	Ja	313	21,62%	DE < IT	√	DE < IT
	IT	0,00%		6,14%		342	1,30%			
Erziehung und Unterricht	DE	0,00%	Ja	6,38%	Ja	41	22,65%	DE < IT	√	DE < IT
	IT	0,00%		9,82%		34	0,79%			
Gesundheits- und Sozialwesen	DE	0,00%	Ja	1,52%	Ja	307	24,72%	DE < IT	√	DE < IT
	IT	0,00%		**9,92%**		129	1,21%			
Kunst, Unterhaltung und Erholung	DE	0,00%	Ja	3,62%	Ja	56	22,22%	DE < IT	-	DE > IT
	IT	0,00%		3,17%		59	0,63%			
Erbringung von sonstigen Dienstleistungen	DE	0,00%	Ja	5,11%	Ja	115	21,70%	DE < IT	-	DE > IT
	IT	0,00%		4,96%		65	1,00%			

Die gesamtwirtschaftliche Betrachtung bestätigt die Hypothese der Rechnungslegung. Mit einem Wert von 4,56% weisen italienische Unternehmen im Median einen signifikant höheren Anteil der Pensionsrückstellungen an der Bilanzsumme als deutsche Unternehmen mit einem Wert von 4,02% aus. Interessant ist in diesem Zusammenhang auch der Anteil derjenigen Unternehmen, welche Angaben zu diesem Posten gemacht haben. Während in Deutschland 31,29% der Unternehmen diese Posten in ihrem Jahresabschluss zeigen, sind es in Italien lediglich 2,56%. Dieser niedrige Anteil legt eine vorsichtige Interpretation des Befundes nahe.

Die branchenbezogene Betrachtung bestätigt den Befund der gesamtwirtschaftlichen Analyse in vielen Branchen. Insgesamt entsteht jedoch ein heterogenes Bild. Markante Unterschiede sind in der Branche „Gesundheits- und Sozialwesen" festzustellen: Während deutsche Unternehmen

[486] Eigene Darstellung.

durchschnittlich nur einen Wert von 1,52% angeben, zeigen italienische einen Median von 9,92%. Die höchsten durchschnittlichen deutschen Werte finden sich in der Branche „Information und Kommunikation" (8,37%).

4.2.2.1.7 Steuerrückstellungen

Steuerrückstellungen sind für alle Steuern und Abgaben zu bilden, welche in der letzten Periode verursacht wurden und hinsichtlich ihrer Höhe noch nicht feststehen.[487] Eine Hypothese kann für diesen Posten nicht gebildet werden. Zwar sind die Vorschriften für die Bildung dieses Postens in Italien und Deutschland vergleichbar, jedoch weichen Steuersystematik und die Struktur der Rechtsformen teils erheblich voneinander ab. Tabelle 48 zeigt den deutschen und den italienischen Posten „Steuerrückstellungen" im empirischen Vergleich:

---

[487] Vgl. Coenenberg et al. (2009), S. 427 f.

Tabelle 48: Empirischer Vergleich der Steuerrückstellungen.[488]

Steuerrückstellungen		Alle Unternehmen		Unternehmen, sofern Angaben vorhanden						
		Median	Sig	Median	Sig	Anzahl	Anzahl in %	H0 Theorie	H0 Sig	Befund Empirie
Gesamtwirtschaft	DE	0,15%	Ja	1,08%	Ja	17.742	58,41%	-	-	DE > IT
	IT	0,00%		0,53%		29.723	5,06%			
Land- und Forstwirtschaft, Fischerei	DE	0,00%	Ja	0,62%	Ja	97	45,54%	-	-	DE > IT
	IT	0,00%		0,46%		405	4,41%			
Bergbau und Gewinnung von Steinen und Erden	DE	0,21%	x	1,32%	x	58	61,70%	-	x	x
	IT	0,00%		0,61%		146	10,41%			
Verarbeitendes Gewerbe	DE	0,33%	Ja	1,14%	Ja	3.885	64,40%	-	-	DE > IT
	IT	0,00%		0,44%		10.458	9,75%			
Energieversorgung	DE	0,08%	Ja	0,56%	Nein	399	58,25%	-	-	DE > IT
	IT	0,00%		0,32%		212	14,30%			
Wasserversorgung; Abwasser- und Abfallentsorgung etc.	DE	0,11%	Ja	0,74%	Ja	280	59,07%	-	-	DE > IT
	IT	0,00%		0,38%		356	11,73%			
Baugewerbe	DE	0,34%	Ja	1,12%	Ja	2.113	64,84%	-	-	DE > IT
	IT	0,00%		0,61%		3.235	3,80%			
Handel, Instandhaltung und Reparatur von Kraftfahrzeugen	DE	0,26%	Ja	1,08%	Ja	4.133	62,06%	-	-	DE > IT
	IT	0,00%		0,41%		6.008	4,82%			
Verkehr und Lagerei	DE	0,20%	Ja	0,97%	Ja	887	60,71%	-	-	DE > IT
	IT	0,00%		0,56%		1.207	6,51%			
Gastgewerbe	DE	0,43%	Ja	**2,51%**	Ja	161	56,29%	-	-	DE > IT
	IT	0,00%		**1,40%**		786	3,12%			
Grundstücks- und Wohnungswesen	DE	0,00%	Ja	0,41%	Ja	1.051	41,84%	-	-	DE < IT
	IT	0,00%		0,96%		2.209	3,00%			
Information und Kommunikation	DE	**0,43%**	Ja	1,86%	Ja	674	61,83%	-	-	DE > IT
	IT	0,00%		0,80%		1.080	3,58%			
Erbringung von freiberuflichen, wissenschaftlichen Dienstleistungen etc.	DE	0,24%	Ja	1,36%	Ja	2.088	60,22%	-	-	DE > IT
	IT	0,00%		0,54%		1.264	3,03%			
Erbringung von sonstigen wirtschaftlichen Dienstleistungen	DE	0,21%	Ja	1,34%	Ja	855	59,05%	-	-	DE > IT
	IT	0,00%		0,92%		837	3,17%			
Erziehung und Unterricht	DE	0,00%	Ja	0,75%	Ja	51	28,18%	-	-	DE < IT
	IT	0,00%		0,85%		96	2,24%			
Gesundheits- und Sozialwesen	DE	0,00%	Ja	0,18%	Ja	384	30,92%	-	-	DE < IT
	IT	0,00%		0,84%		393	3,67%			
Kunst, Unterhaltung und Erholung	DE	0,00%	Ja	1,94%	Nein	118	46,83%	-	-	DE = IT
	IT	0,00%		1,22%		277	2,95%			
Erbringung von sonstigen Dienstleistungen	DE	0,00%	Ja	1,37%	Nein	248	46,79%	-	-	DE = IT
	IT	0,00%		1,30%		199	3,06%			

Die gesamtwirtschaftliche Betrachtung zeigt, dass deutsche Unternehmen im Median mit einem Anteil von 1,08% an der Bilanzsumme signifikant höhere Steuerrückstellungen als italienische Unternehmen (0,53%) bilden. Der Befund ist allerdings vorsichtig zu interpretieren, da nur 5,06% der italienischen Unternehmen Steuerrückstellungen in ihren Jahresabschlüssen ausgewiesen haben. In deutschen Bilanzen findet sich dieser Posten immerhin in 58,41% der betrachteten Fälle.

Die branchenbezogene Betrachtung zeigt ein heterogenes Bild, wobei tendenziell der Eindruck entsteht, dass deutsche Unternehmen insgesamt mehr Steuerrückstellungen als italienische Unternehmen bilden. In beiden Ländern werden die höchsten Steuerrückstellungen in der Branche „Gastgewerbe" gebildet. In dieser Branche weisen deutsche Unternehmen (2,51%) im Median einen signifikant höheren Anteil dieser Rückstellungen an der Bilanzsumme als italienische (1,40%)

[488] Eigene Darstellung.

aus. Auch in dieser Branche muss der Befund aufgrund niedriger italienischer Besetzungszahlen (3,12%) vorsichtig interpretiert werden.

4.2.2.1.8 Sonstige Rückstellungen

Die sonstigen Rückstellungen haben den Charakter eines Sammelpostens. Unter diesem Posten werden alle Rückstellungen zusammengefasst, die gebildet werden und nicht Pensions-[489] oder Steuerrückstellungen sind.

Aus Sicht der Rechnungslegung müsste der Anteil der sonstigen Rückstellungen an der Bilanzsumme im Median in Deutschland signifikant größer als in Italien sein. Grund hierfür sind die umfassenderen Wahlrechte zur Bildung von Rückstellungen in Deutschland (z. B. Aufwandsrückstellungen gem. § 249 Abs. 2 HGB). Tabelle 49 zeigt den deutschen und den italienischen Posten „Sonstige Rückstellungen“ im empirischen Vergleich:

[489] Ebenfalls Rückstellungen für Abfertigungen.

Tabelle 49: Empirischer Vergleich der sonstigen Rückstellungen.[490]

Sonstige Rückstellungen		Alle Unternehmen		Unternehmen, sofern Angaben vorhanden						
		Median	Sig	Median	Sig	Anzahl	Anzahl in %	H0 Theorie	H0 Sig	Befund Empirie
Gesamtwirtschaft	DE	3,97%	Ja	4,46%	Ja	28.319	93,23%	DE > IT	√	DE > IT
	IT	0,00%		1,00%		20.807	3,54%			
Land- und Forstwirtschaft, Fischerei	DE	2,27%	Ja	3,43%	Ja	181	84,98%	DE > IT	√	DE > IT
	IT	0,00%		0,92%		468	5,09%			
Bergbau und Gewinnung von Steinen und Erden	DE	**7,84%**	x	**8,07%**	x	90	95,74%	DE > IT	x	x
	IT	0,00%		1,89%		102	7,27%			
Verarbeitendes Gewerbe	DE	5,63%	Ja	5,94%	Ja	5.786	95,91%	DE > IT	√	DE > IT
	IT	0,00%		0,89%		7.615	7,10%			
Energieversorgung	DE	6,72%	Ja	7,21%	Ja	650	94,89%	DE > IT	√	DE > IT
	IT	0,00%		0,90%		255	17,21%			
Wasserversorgung; Abwasser- und Abfallentsorgung etc.	DE	4,20%	Ja	4,46%	Ja	453	95,57%	DE > IT	√	DE > IT
	IT	0,00%		2,06%		416	13,71%			
Baugewerbe	DE	5,47%	Ja	6,04%	Ja	3.057	93,80%	DE > IT	√	DE > IT
	IT	0,00%		0,76%		1.688	1,98%			
Handel, Instandhaltung und Reparatur von Kraftfahrzeugen	DE	3,14%	Ja	3,45%	Ja	6.248	93,81%	DE > IT	√	DE > IT
	IT	0,00%		0,81%		4.018	3,22%			
Verkehr und Lagerei	DE	3,53%	Ja	3,82%	Ja	1.385	94,80%	DE > IT	√	DE > IT
	IT	0,00%		1,35%		1.018	5,49%			
Gastgewerbe	DE	3,84%	Ja	4,60%	Ja	264	92,31%	DE > IT	√	DE > IT
	IT	0,00%		1,74%		399	1,59%			
Grundstücks- und Wohnungswesen	DE	0,49%	Ja	0,60%	Ja	2.277	90,64%	DE > IT	-	DE < IT
	IT	0,00%		1,04%		898	1,22%			
Information und Kommunikation	DE	6,09%	Ja	7,47%	Ja	992	91,01%	DE > IT	√	DE > IT
	IT	0,00%		1,70%		809	2,68%			
Erbringung von freiberuflichen, wissenschaftlichen Dienstleistungen etc.	DE	3,66%	Ja	4,32%	Ja	3.164	91,26%	DE > IT	√	DE > IT
	IT	0,00%		1,33%		1.043	2,50%			
Erbringung von sonstigen wirtschaftlichen Dienstleistungen	DE	3,85%	Ja	4,62%	Ja	1.331	91,92%	DE > IT	√	DE > IT
	IT	0,00%		1,19%		710	2,69%			
Erziehung und Unterricht	DE	4,19%	Ja	5,14%	Ja	157	86,74%	DE > IT	√	DE > IT
	IT	0,00%		1,83%		85	1,99%			
Gesundheits- und Sozialwesen	DE	6,16%	Ja	6,84%	Ja	1.152	92,75%	DE > IT	√	DE > IT
	IT	0,00%		**2,22%**		504	4,71%			
Kunst, Unterhaltung und Erholung	DE	3,47%	Ja	4,40%	Ja	228	90,48%	DE > IT	√	DE > IT
	IT	0,00%		1,61%		215	2,29%			
Erbringung von sonstigen Dienstleistungen	DE	4,85%	Ja	5,96%	Ja	468	88,30%	DE > IT	√	DE > IT
	IT	0,00%		0,81%		103	1,58%			

Die gesamtwirtschaftliche Analyse bestätigt die Hypothese der Rechnungslegung. Deutsche Unternehmen weisen im Median mit einem Wert von 4,46% signifikant höhere Anteile der sonstigen Rückstellungen an der Bilanzsumme als italienische (1,00%) aus. Interessant ist in diesem Zusammenhang auch die Anzahl derjenigen Unternehmen, welche Angaben zu diesem Posten machen. Während in Italien lediglich 3,54% der Unternehmen diesen Posten in ihrem Jahresabschluss ausweisen, sind es in der deutschen Stichprobe 93,23% aller Fälle.

Die branchenbezogene Betrachtung bestätigt den Befund der gesamtwirtschaftlichen Analyse. In allen Branchen weisen deutsche Unternehmen im Vergleich zu italienischen im Median höhere Anteile an sonstigen Rückstellungen in der Bilanzsumme aus. Der höchste Wert wird in Deutschland in der Branche „Bergbau und Gewinnung von Steinen und Erden" mit einem Wert

[490] Eigene Darstellung.

von 8,07% erreicht. Dieser hohe Wert könnte aus den für diese Branche typischen Rückstellungen für Abraumbeseitigung resultieren. In Italien wird der höchste Wert in der Branche „Gesundheits- und Sozialwesen“ mit einem Wert von 2,22% erreicht. Auch in dieser Branche weisen allerdings deutsche Unternehmen einen signifikant höheren Wert (6,80%) aus.

4.2.2.1.9 Verbindlichkeiten

Verbindlichkeiten[491] sind Schulden, die hinsichtlich ihrer Eintrittswahrscheinlichkeit als sicher gelten und in ihrer Höhe feststehen. Wie bei den Rückstellungen sind die Fristigkeiten dieser Schulden für den Bilanzanalytiker von besonderem Interesse, da sie den Abfluss von Liquidität zeitlich determinieren. Jedoch besteht im Gegensatz zu den Rückstellungen für große Unternehmen i.S.d. § 267 HGB gem. § 268 Abs. 5 HGB eine Angabepflicht für Fristigkeiten. Insofern ist es für den Analytiker bei diesem Posten in der Regel leichter, Rückschlüsse auf die finanzielle Stabilität eines Unternehmens zu ziehen. Liegen keine Fristigkeitsvermerke vor, muss der Bilanzanalytiker vor dem Hintergrund des Analysezwecks Annahmen bezüglich der Fristigkeit treffen. Im Kontext von Bilanzratingsystemen werden Verbindlichkeiten im Zweifel als kurzfristig klassifiziert. Dieses Vorgehen ist aus Sicht eines Kapitalgebers auch richtig, hat jedoch unter Umständen negative Auswirkungen auf die Konditionen für das Unternehmen. Vor diesem Hintergrund empfiehlt sich grundsätzlich eine offene Kommunikation, insbesondere hinsichtlich der Fristigkeiten in den Kapitalien.

Aus Sicht der Rechnungslegung müsste dieser Posten hypothetisch in Deutschland wie in Italien ausgeprägt sein, da in beiden Ländern nur geringfügig abweichende Vorschriften bezüglich der Bilanzierung von Verbindlichkeiten bestehen. Tabelle 50 zeigt den deutschen und den italienischen Posten „Verbindlichkeiten“ im empirischen Vergleich:

---

[491] Vgl. Abschnitt 2.6.1.2.3.

Tabelle 50: Empirischer Vergleich der Verbindlichkeiten.[492]

Verbindlichkeiten		Alle Unternehmen		Unternehmen, sofern Angaben vorhanden						
		Median	Sig	Median	Sig	Anzahl	Anzahl in %	H0 Theorie	H0 Sig	Befund Empirie
Gesamtwirtschaft	DE	55,95%	Ja	56,21%	Ja	30.211	99,46%	DE = IT	-	DE < IT
	IT	75,38%		75,42%		449.807	76,54%			
Land- und Forstwirtschaft, Fischerei	DE	43,37%	Ja	43,37%	Ja	213	100,00%	DE = IT	-	DE < IT
	IT	75,56%		75,59%		6.883	74,90%			
Bergbau und Gewinnung von Steinen und Erden	DE	45,62%	x	45,62%	x	94	100,00%	DE = IT	x	x
	IT	60,86%		60,86%		1.251	89,17%			
Verarbeitendes Gewerbe	DE	54,57%	Ja	54,61%	Ja	6.027	99,90%	DE = IT	-	DE < IT
	IT	71,24%		71,26%		92.144	85,87%			
Energieversorgung	DE	42,08%	Ja	42,10%	Ja	684	99,85%	DE = IT	-	DE < IT
	IT	73,10%		73,10%		1.191	80,36%			
Wasserversorgung; Abwasser- und Abfallentsorgung etc.	DE	50,61%	Ja	50,61%	Ja	474	100,00%	DE = IT	-	DE < IT
	IT	68,92%		68,92%		2.564	84,48%			
Baugewerbe	DE	**65,65%**	Ja	**65,65%**	Ja	3.258	99,97%	DE = IT	-	DE < IT
	IT	**82,97%**		**82,99%**		66.550	78,10%			
Handel, Instandhaltung und Reparatur von Kraftfahrzeugen	DE	65,25%	Ja	65,39%	Ja	6.648	99,82%	DE = IT	-	DE < IT
	IT	79,45%		79,48%		101.643	81,49%			
Verkehr und Lagerei	DE	65,20%	Ja	65,28%	Ja	1.458	99,79%	DE = IT	-	DE < IT
	IT	78,15%		78,16%		15.493	83,62%			
Gastgewerbe	DE	53,27%	Ja	53,27%	Ja	286	100,00%	DE = IT	-	DE < IT
	IT	79,44%		79,46%		18.963	75,38%			
Grundstücks- und Wohnungswesen	DE	62,05%	Ja	62,35%	Ja	2.491	99,16%	DE = IT	-	DE < IT
	IT	71,48%		71,54%		44.386	60,37%			
Information und Kommunikation	DE	37,30%	Ja	37,49%	Ja	1.085	99,54%	DE = IT	-	DE < IT
	IT	65,24%		65,28%		21.968	72,85%			
Erbringung von freiberuflichen, wissenschaftlichen Dienstleistungen etc.	DE	44,04%	Ja	45,43%	Ja	3.368	97,14%	DE = IT	-	DE < IT
	IT	68,15%		68,21%		29.458	70,70%			
Erbringung von sonstigen wirtschaftlichen Dienstleistungen	DE	55,39%	Ja	55,75%	Ja	1.440	99,45%	DE = IT	-	DE < IT
	IT	74,91%		74,95%		18.989	71,91%			
Erziehung und Unterricht	DE	23,58%	Ja	23,92%	Ja	180	99,45%	DE = IT	-	DE < IT
	IT	68,60%		68,63%		2.989	69,89%			
Gesundheits- und Sozialwesen	DE	25,90%	Ja	25,90%	Ja	1.241	99,92%	DE = IT	-	DE < IT
	IT	61,23%		61,26%		8.494	79,37%			
Kunst, Unterhaltung und Erholung	DE	42,27%	Ja	42,70%	Ja	251	99,60%	DE = IT	-	DE < IT
	IT	77,75%		77,88%		6.343	67,56%			
Erbringung von sonstigen Dienstleistungen	DE	46,37%	Ja	46,86%	Ja	526	99,25%	DE = IT	-	DE < IT
	IT	75,10%		75,10%		4.362	67,05%			

Die gesamtwirtschaftliche Analyse verdeutlicht, dass die Hypothese der Rechnungslegung abgelehnt werden muss. Empirisch zeigt sich, dass deutsche Unternehmen im Median eine signifikant niedrigere Verbindlichkeitenquote (Verbindlichkeiten / Gesamtkapital) als italienische aufweisen. Italienische Unternehmen haben im Median eine Verbindlichkeitenquote von 75,38%, wogegen deutsche nur einen Wert von 56,21% aufweisen. Da aus Sicht der Rechnungslegung keine Unterschiede bei der Bilanzierung von Verbindlichkeiten bestehen, müssen tatsächliche wirtschaftliche Unterschiede Ursache dieser Abweichungen sein.

Die branchenbezogene Betrachtung bestätigt den Befund der gesamtwirtschaftlichen Analyse. Über alle Branchen hinweg weisen italienische Unternehmen im Median signifikant höhere Verbindlichkeitenquoten als deutsche Unternehmen aus. In der Branche „Baugewerbe" haben itali-

[492] Eigene Darstellung.

enische Unternehmen durchschnittlich sogar eine Quote von 82,99%. In dieser Branche weisen allerdings auch die deutschen Unternehmen durchschnittlich mit einem Wert von 65,65% die höchsten Verbindlichkeitenquoten aus.

4.2.2.1.9.1 Kurzfristige Verbindlichkeiten

Kurzfristige Verbindlichkeiten sind ihrer Höhe nach bestimmte monetäre Verpflichtungen gegenüber Dritten, welche innerhalb eines Jahres (z. B. Verbindlichkeiten aus Lieferung und Leistung) durch das bilanzierende Unternehmen zu begleichen sind.[493] Aus bilanzanalytischer Sicht sind sie aufgrund ihrer unmittelbaren Liquiditätswirkung von besonderem Interesse. In keinem Werk zur Bilanzanalyse fehlt der Hinweis auf Fristenkongruenz[494]. Übersteigen beispielsweise die kurzfristigen Verbindlichkeiten das kurzfristige Vermögen, kann dies zu Illiquidität und damit zur Insolvenz führen. Regelmäßig sind die kurzfristigen Verbindlichkeiten fester Bestandteil hoch trennfähiger Kennzahlen in Bilanzratingsystemen (z. B. ratingorientiere kurzfristige Verbindlichkeitenquote = kurzfristige Verbindlichkeiten / Umsatzerlöse).

Aus Rechnungslegungssicht dürften – wie bei den Verbindlichkeiten generell – nur marginale Unterschiede zwischen Deutschland und Italien bestehen. Tabelle 51 zeigt die deutschen und die italienischen kurzfristigen Verbindlichkeiten im empirischen Vergleich:

[493] Vgl. Abschnitt 2.6.1.2.3.

[494] Vgl. beispielsweise Peemöller (2003), S. 255; Baetge et al. (2004), S. 258 ff; Küting, Weber (2009), S. 148; Coenenberg et al. (2009), S. 1064 f.

Tabelle 51: Empirischer Vergleich der kurzfristigen Verbindlichkeiten.[495]

kurzfristige Verbindlichkeiten		Alle Unternehmen Median	Sig	Unternehmen, sofern Angaben vorhanden: Median	Sig	Anzahl	Anzahl in %	H0 Theorie	H0 Sig	Befund Empirie
Gesamtwirtschaft	DE	0,00%	Ja	42,08%	Ja	589	1,94%	DE = IT	-	DE < IT
	IT	57,78%		57,94%		448.583	76,33%			
Land- und Forstwirtschaft, Fischerei	DE	0,00%	Ja	35,08%	Ja	4	1,88%	DE = IT	-	DE < IT
	IT	47,73%		48,00%		6.856	74,61%			
Bergbau und Gewinnung von Steinen und Erden	DE	0,00%	-	**64,10%**	-	4	4,26%	DE = IT	-	DE < IT
	IT	43,16%		43,27%		1.249	89,02%			
Verarbeitendes Gewerbe	DE	0,00%	Ja	45,77%	Ja	106	1,76%	DE = IT	-	DE < IT
	IT	57,54%		57,61%		91.988	85,73%			
Energieversorgung	DE	0,00%	Ja	37,07%	Ja	8	1,17%	DE = IT	-	DE < IT
	IT	47,49%		47,49%		1.191	80,36%			
Wasserversorgung; Abwasser- und Abfallentsorgung etc.	DE	0,00%	Ja	50,30%	Ja	5	1,05%	DE = IT	-	DE < IT
	IT	52,91%		52,96%		2.559	84,32%			
Baugewerbe	DE	0,00%	Ja	54,70%	Ja	94	2,88%	DE = IT	-	DE < IT
	IT	63,26%		63,41%		66.367	77,89%			
Handel, Instandhaltung und Reparatur von Kraftfahrzeugen	DE	0,00%	Ja	45,30%	Ja	127	1,91%	DE = IT	-	DE < IT
	IT	66,54%		66,67%		101.360	81,26%			
Verkehr und Lagerei	DE	0,00%	Ja	44,20%	Ja	25	1,71%	DE = IT	-	DE < IT
	IT	**66,82%**		**66,96%**		15.447	83,37%			
Gastgewerbe	DE	0,00%	Ja	51,36%	Ja	6	2,10%	DE = IT	-	DE > IT
	IT	49,92%		50,11%		18.897	75,12%			
Grundstücks- und Wohnungswesen	DE	0,00%	Ja	20,15%	Ja	44	1,75%	DE = IT	-	DE < IT
	IT	24,09%		24,30%		44.230	60,15%			
Information und Kommunikation	DE	0,00%	Ja	29,54%	Ja	35	3,21%	DE = IT	-	DE < IT
	IT	53,64%		53,84%		21.908	72,65%			
Erbringung von freiberuflichen, wissenschaftlichen Dienstleistungen etc.	DE	0,00%	Ja	33,75%	Ja	63	1,82%	DE = IT	-	DE < IT
	IT	56,42%		56,65%		29.363	70,47%			
Erbringung von sonstigen wirtschaftlichen Dienstleistungen	DE	0,00%	Ja	36,77%	Ja	39	2,69%	DE = IT	-	DE < IT
	IT	62,91%		63,05%		18.935	71,70%			
Erziehung und Unterricht	DE	0,00%	Ja	29,48%	Ja	7	3,87%	DE = IT	-	DE < IT
	IT	55,82%		56,08%		2.979	69,65%			
Gesundheits- und Sozialwesen	DE	0,00%	Ja	7,86%	Ja	6	0,48%	DE = IT	-	DE < IT
	IT	47,00%		47,24%		8.472	79,16%			
Kunst, Unterhaltung und Erholung	DE	0,00%	Ja	7,33%	Ja	2	0,79%	DE = IT	-	DE < IT
	IT	55,55%		55,84%		6.320	67,31%			
Erbringung von sonstigen Dienstleistungen	DE	0,00%	Ja	32,01%	Ja	9	1,70%	DE = IT	-	DE < IT
	IT	56,51%		56,62%		4.348	66,83%			

Die gesamtwirtschaftliche Analyse widerlegt allerdings die formulierte Hypothese der Rechnungslegung. Die italienischen Unternehmen weisen deutlich höhere kurzfristige Verbindlichkeitenquoten (kurzfristige Verbindlichkeiten / Gesamtkapital) als deutsche Unternehmen aus. Der Befund ist allerdings aufgrund der sehr geringen deutschen Besetzungszahlen (1,94%) sehr vorsichtig zu interpretieren. Die geringen Besetzungszahlen resultieren aus den bedingten Veröffentlichungspflichten deutscher Unternehmen.

Bezieht man allerdings den Befund des Postens Verbindlichkeiten als Ganzes mit in die Betrachtung ein, wird deutlich, dass deutsche Unternehmen insgesamt weniger Verbindlichkeiten (56,21%) als italienische Unternehmen kurzfristige Verbindlichkeiten ausweisen (57,78%).

---

[495] Eigene Darstellung.

Die branchenbezogene Betrachtung bestätigt den Befund der gesamtwirtschaftlichen Analyse. Über alle Branchen hinweg weisen italienische Unternehmen höhere kurzfristige Verbindlichkeitenquoten als deutsche Unternehmen aus, wobei auch hier die äußert geringen deutschen Besetzungszahlen bei der Interpretation zu berücksichtigen sind. In Italien ist der höchste durchschnittliche Anteil kurzfristiger Verbindlichkeiten am Gesamtvermögen in der Branche „Verkehr und Lagerei" mit einem Wert von 66,96% zu finden.

4.2.2.1.9.2 Verbindlichkeiten gegenüber Kreditinstituten

Der Posten „Verbindlichkeiten gegenüber Kreditinstituten" beinhaltet sowohl langfristige als auch kurzfristige Anteile. Sofern keine Angaben bezüglich der Fristigkeiten vorliegen, wird dieser Posten zumindest im Rahmen eines Bilanzratings regelmäßig als kurzfristig klassifiziert.

Aus Rechnungslegungssicht bestehen aufgrund der nahezu kongruenten italienischen und deutschen Vorschriften hinsichtlich Verbindlichkeiten keine wesentlichen Unterschiede. Tabelle 52 zeigt den deutschen und den italienischen Posten „Verbindlichkeiten gegenüber Kreditinstituten" im empirischen Vergleich:

Tabelle 52: Empirischer Vergleich der Verbindlichkeiten gegenüber Kreditinstituten.[496]

Verbindlichkeiten gegenüber Kreditinstituten		Alle Unternehmen		Unternehmen, sofern Angaben vorhanden						
		Median	Sig	Median	Sig	Anzahl	Anzahl in %	H0 Theorie	H0 Sig	Befund Empirie
Gesamtwirtschaft	DE	5,82%	Ja	22,60%	Nein	18.754	61,74%	DE = IT	√	DE = IT
	IT	0,00%		23,88%		176.148	29,97%			
Land- und Forstwirtschaft, Fischerei	DE	16,19%	Ja	20,03%	Nein	170	79,81%	DE = IT	√	DE = IT
	IT	0,00%		21,53%		2.600	28,29%			
Bergbau und Gewinnung von Steinen und Erden	DE	4,79%	x	17,29%	x	64	68,09%	DE = IT	x	x
	IT	0,00%		22,75%		579	41,27%			
Verarbeitendes Gewerbe	DE	9,89%	Ja	20,70%	Ja	4.174	69,19%	DE = IT	-	DE < IT
	IT	0,00%		25,86%		44.588	41,55%			
Energieversorgung	DE	5,26%	Ja	21,65%	Nein	415	60,58%	DE = IT	√	DE = IT
	IT	0,00%		21,34%		545	36,77%			
Wasserversorgung; Abwasser- und Abfallentsorgung etc.	DE	13,62%	Ja	30,18%	Ja	309	65,19%	DE = IT	-	DE > IT
	IT	0,00%		20,86%		1.203	39,64%			
Baugewerbe	DE	7,34%	Ja	16,25%	Ja	2.261	69,38%	DE = IT	-	DE < IT
	IT	0,00%		27,26%		25.255	29,64%			
Handel, Instandhaltung und Reparatur von Kraftfahrzeugen	DE	6,66%	Ja	23,58%	Ja	4.175	62,69%	DE = IT	-	DE > IT
	IT	0,00%		22,79%		40.628	32,57%			
Verkehr und Lagerei	DE	14,07%	Ja	30,85%	Ja	986	67,49%	DE = IT	-	DE > IT
	IT	0,00%		19,09%		6.018	32,48%			
Gastgewerbe	DE	0,00%	Ja	24,09%	Nein	134	46,85%	DE = IT	√	DE = IT
	IT	0,00%		26,12%		6.863	27,28%			
Grundstücks- und Wohnungswesen	DE	**36,68%**	Ja	**47,23%**	Ja	1.894	75,40%	DE = IT	-	DE > IT
	IT	0,00%		**31,87%**		15.908	21,64%			
Information und Kommunikation	DE	0,00%	Nein	13,31%	Nein	395	36,24%	DE = IT	-	DE < IT
	IT	0,00%		17,15%		7.335	24,33%			
Erbringung von freiberuflichen, wissenschaftlichen Dienstleistungen etc.	DE	0,00%	Ja	17,97%	Nein	1.595	46,01%	DE = IT	-	DE > IT
	IT	0,00%		17,44%		9.381	22,52%			
Erbringung von sonstigen wirtschaftlichen Dienstleistungen	DE	0,19%	Ja	23,12%	Ja	749	51,73%	DE = IT	-	DE > IT
	IT	0,00%		18,27%		6.085	23,04%			
Erziehung und Unterricht	DE	0,00%	Nein	18,71%	Ja	60	33,15%	DE = IT	-	DE > IT
	IT	0,00%		15,34%		759	17,75%			
Gesundheits- und Sozialwesen	DE	3,76%	Ja	12,36%	Ja	803	64,65%	DE = IT	-	DE < IT
	IT	0,00%		19,15%		2.599	24,29%			
Kunst, Unterhaltung und Erholung	DE	0,00%	Ja	25,15%	Nein	113	44,84%	DE = IT	√	DE = IT
	IT	0,00%		22,47%		2.265	24,12%			
Erbringung von sonstigen Dienstleistungen	DE	0,00%	Ja	17,13%	Nein	242	45,66%	DE = IT	√	DE = IT
	IT	0,00%		21,66%		1.507	23,16%			

Die gesamtwirtschaftliche Betrachtung bestätigt die Hypothese der Rechnungslegung. Hinsichtlich des Anteils der Verbindlichkeiten gegenüber Kreditinstituten an der Bilanzsumme bestehen zwischen beiden Ländern keine signifikanten Unterschiede. Deutsche Unternehmen weisen hier einen Wert von 22,60%, italienische einen Wert von 23,88% aus. An dieser Stelle sollte allerdings auch die Anzahl derjenigen Unternehmen berücksichtigt werden, welche überhaupt Angaben zu diesem Posten gemacht haben. Während sich dieser Posten in 64,74% aller deutschen Jahresabschlüsse findet, sind er sich in Italien lediglich 29,97% aller Fälle.

Die branchenbezogene Betrachtung zeigt ein heterogenes Bild. Die höchsten Werte sind in beiden Ländern in der Branche „Grundstücks- und Wohnungswesen" zu finden. Deutschland zeigt hier einen Wert von 47,23%, Italien von 31,87%.

[496] Eigene Darstellung.

4.2.2.1.9.3 Verbindlichkeiten aus Lieferung und Leistung

Verbindlichkeit aus Lieferungen und Leistungen (VLL) sind aus Beziehungen mit den Kreditoren eines Unternehmens resultierende monetäre Schulden.[497] Diese Verbindlichkeiten sind grundsätzlich kurzfristig, sofern keine gegenteiligen Informationen vorliegen. Aufgrund ihres kurzfristigen Charakters sind sie aus Sicht der Insolvenzforschung eine wichtige Informationsquelle.

Aus Rechnungslegungssicht dürften auch bei diesem Posten keine nennenswerten Unterschiede zwischen Deutschland und Italien bestehen. Tabelle 53 zeigt den deutschen und den italienischen Posten „Verbindlichkeiten aus Lieferungen und Leistungen" im empirischen Vergleich:

---

[497] Vgl. Coenenberg et al. (2009), S. 405.

Tabelle 53: Empirischer Vergleich der Verbindlichkeiten aus L&L.[498]

VLL		Alle Unternehmen		Unternehmen, sofern Angaben vorhanden						
		Median	Sig	Median	Sig	Anzahl	Anzahl in %	H0 Theorie	H0 Sig	Befund Empirie
Gesamtwirtschaft	DE	6,66%	Ja	7,84%	Ja	27.834	91,63%	DE = IT	-	DE < IT
	IT	3,38%		20,99%		263.270	44,80%			
Land- und Forstwirtschaft, Fischerei	DE	5,21%	Ja	6,53%	Ja	190	89,20%	DE = IT	-	DE < IT
	IT	1,60%		13,85%		3.890	42,33%			
Bergbau und Gewinnung von Steinen und Erden	DE	3,51%	x	4,62%	x	83	88,30%	DE = IT	x	x
	IT	5,22%		13,74%		764	54,45%			
Verarbeitendes Gewerbe	DE	8,00%	Nein	8,36%	Ja	5.832	96,67%	DE = IT	-	DE < IT
	IT	**12,21%**		23,68%		58.368	54,39%			
Energieversorgung	DE	5,26%	Ja	5,86%	Ja	640	93,43%	DE = IT	-	DE < IT
	IT	6,99%		14,60%		905	61,07%			
Wasserversorgung; Abwasser- und Abfallentsorgung etc.	DE	4,64%	Nein	5,06%	Ja	451	95,15%	DE = IT	-	DE < IT
	IT	10,02%		21,40%		1.693	55,78%			
Baugewerbe	DE	11,15%	Ja	11,97%	Ja	3.103	95,21%	DE = IT	-	DE < IT
	IT	1,38%		19,62%		36.663	43,03%			
Handel, Instandhaltung und Reparatur von Kraftfahrzeugen	DE	**13,22%**	Ja	**14,40%**	Ja	6.330	95,05%	DE = IT	-	DE < IT
	IT	10,50%		**33,12%**		59.458	47,67%			
Verkehr und Lagerei	DE	10,01%	Ja	10,77%	Ja	1.380	94,46%	DE = IT	-	DE < IT
	IT	6,27%		25,17%		9.107	49,15%			
Gastgewerbe	DE	7,75%	Ja	8,56%	Ja	262	91,61%	DE = IT	-	DE < IT
	IT	0,94%		16,53%		9.996	39,74%			
Grundstücks- und Wohnungswesen	DE	0,70%	Ja	0,93%	Ja	2.071	82,44%	DE = IT	-	DE < IT
	IT	0,22%		2,50%		25.441	34,60%			
Information und Kommunikation	DE	6,58%	Ja	8,11%	Ja	980	89,91%	DE = IT	-	DE < IT
	IT	3,65%		17,30%		12.827	42,54%			
Erbringung von freiberuflichen, wissenschaftlichen Dienstleistungen etc.	DE	3,00%	Nein	5,08%	Ja	2.813	81,14%	DE = IT	-	DE < IT
	IT	3,59%		18,91%		17.398	41,76%			
Erbringung von sonstigen wirtschaftlichen Dienstleistungen	DE	5,27%	Ja	6,70%	Ja	1.286	88,81%	DE = IT	-	DE < IT
	IT	2,71%		19,62%		10.649	40,33%			
Erziehung und Unterricht	DE	2,08%	Nein	2,69%	Ja	154	85,08%	DE = IT	-	DE < IT
	IT	2,23%		16,97%		1.614	37,74%			
Gesundheits- und Sozialwesen	DE	2,92%	Ja	3,05%	Ja	1.199	96,54%	DE = IT	-	DE < IT
	IT	2,60%		13,05%		4.684	43,77%			
Kunst, Unterhaltung und Erholung	DE	3,18%	Nein	4,13%	Ja	217	86,11%	DE = IT	-	DE < IT
	IT	2,08%		15,20%		3.610	38,45%			
Erbringung von sonstigen Dienstleistungen	DE	4,53%	Ja	6,05%	Ja	464	87,55%	DE = IT	-	DE < IT
	IT	2,98%		18,37%		2.397	36,84%			

Die gesamtwirtschaftliche Betrachtung zeigt jedoch, dass italienische Unternehmen (20,99%) einen signifikant höheren Anteil der VLL an der Bilanzsumme als deutsche (7,84%) ausweisen. Die branchenbezogene Betrachtung bestätigt den Befund der gesamtwirtschaftlichen Analyse. In allen Branchen weisen italienische Unternehmen im Vergleich zu deutschen signifikant höhere Anteile der VLL am Gesamtvermögen aus. In beiden Ländern finden sich die höchsten Werte in der Branche „Handel, Instandhaltung und Reparatur von Kraftfahrzeugen". Deutsche Unternehmen zeigen hier einen durchschnittlichen Wert von 14,40%, italienische von 33,12%.

[498] Eigene Darstellung.

4.2.2.1.9.4 Verbindlichkeiten gegenüber Gesellschaftern

Unter dem Posten „Verbindlichkeiten gegenüber Gesellschaftern“ werden Darlehen zusammengefasst, welche die Gesellschafter dem Unternehmen gewähren. Diese können sowohl kurz- als auch langfristig sein. Mehrheitlich handelt es sich um eher langfristige Verbindlichkeiten. Jedoch klassifiziert ein Ratinganalyst diesen Posten im Zweifel (falls keine Angaben zur Fristigkeit vorhanden sind) als kurzfristig.

Aus Rechnungslegungssicht dürften auch hier keine wesentlichen Unterschiede zwischen deutschen und italienischen Jahresabschlüssen bestehen. Tabelle 54 zeigt den deutschen und den italienischen Posten „Verbindlichkeiten gegenüber Gesellschaftern“ im empirischen Vergleich:

Tabelle 54: Empirischer Vergleich der Verbindlichkeiten gegenüber Gesellschaftern.[499]

Verbindlichkeiten gegenüber Gesellschaftern		Alle Unternehmen		Unternehmen, sofern Angaben vorhanden						
		Median	Sig	Median	Sig	Anzahl	Anzahl in %	H0 Theorie	H0 Sig	Befund Empirie
Gesamtwirtschaft	DE	0,00%	Ja	6,44%	Ja	10.767	35,45%	DE = IT	-	DE < IT
	IT	0,00%		18,77%		40.499	6,89%			
Land- und Forstwirtschaft, Fischerei	DE	0,00%	Ja	5,63%	Ja	43	20,19%	DE = IT	-	DE < IT
	IT	0,00%		25,15%		881	9,59%			
Bergbau und Gewinnung von Steinen und Erden	DE	0,00%	x	4,45%	x	34	36,17%	DE = IT	x	x
	IT	0,00%		12,82%		119	8,48%			
Verarbeitendes Gewerbe	DE	0,00%	Ja	8,03%	Ja	2.505	41,52%	DE = IT	-	DE < IT
	IT	0,00%		11,33%		6.857	6,39%			
Energieversorgung	DE	**0,12%**	Ja	3,76%	Ja	370	54,01%	DE = IT	-	DE < IT
	IT	0,00%		9,48%		91	6,14%			
Wasserversorgung; Abwasser- und Abfallentsorgung etc.	DE	0,00%	Ja	4,76%	Ja	228	48,10%	DE = IT	-	DE < IT
	IT	0,00%		9,86%		211	6,95%			
Baugewerbe	DE	0,00%	Ja	5,60%	Ja	1.017	31,21%	DE = IT	-	DE < IT
	IT	0,00%		17,49%		6.724	7,89%			
Handel, Instandhaltung und Reparatur von Kraftfahrzeugen	DE	0,00%	Ja	8,48%	Ja	2.329	34,97%	DE = IT	-	DE < IT
	IT	0,00%		19,80%		8.835	7,08%			
Verkehr und Lagerei	DE	0,00%	Ja	5,46%	Ja	524	35,87%	DE = IT	-	DE < IT
	IT	0,00%		12,78%		1.092	5,89%			
Gastgewerbe	DE	0,00%	Ja	7,83%	Ja	103	36,01%	DE = IT	-	DE < IT
	IT	0,00%		29,45%		1.826	7,26%			
Grundstücks- und Wohnungswesen	DE	0,00%	Ja	5,80%	Ja	724	28,82%	DE = IT	-	DE < IT
	IT	0,00%		**32,90%**		5.798	7,89%			
Information und Kommunikation	DE	0,00%	Ja	7,70%	Ja	335	30,73%	DE = IT	-	DE < IT
	IT	0,00%		18,05%		1.715	5,69%			
Erbringung von freiberuflichen, wissenschaftlichen Dienstleistungen etc.	DE	0,00%	Ja	6,44%	Ja	1.027	29,62%	DE = IT	-	DE < IT
	IT	0,00%		16,77%		2.430	5,83%			
Erbringung von sonstigen wirtschaftlichen Dienstleistungen	DE	0,00%	Ja	5,57%	Ja	469	32,39%	DE = IT	-	DE < IT
	IT	0,00%		18,61%		1.535	5,81%			
Erziehung und Unterricht	DE	0,00%	Ja	1,54%	Ja	63	34,81%	DE = IT	-	DE < IT
	IT	0,00%		25,03%		204	4,77%			
Gesundheits- und Sozialwesen	DE	0,00%	Ja	1,57%	Ja	603	48,55%	DE = IT	-	DE < IT
	IT	0,00%		13,42%		578	5,40%			
Kunst, Unterhaltung und Erholung	DE	0,00%	Ja	**8,54%**	Ja	90	35,71%	DE = IT	-	DE < IT
	IT	0,00%		27,76%		702	7,48%			
Erbringung von sonstigen Dienstleistungen	DE	0,00%	Ja	5,44%	Ja	162	30,57%	DE = IT	-	DE < IT
	IT	0,00%		24,26%		367	5,64%			

Bei der gesamtwirtschaftlichen Betrachtung zeigt sich, dass dieser Posten in beiden Ländern nur von der Minderheit der Unternehmen angegeben wird. Weisen italienische Unternehmen Verbindlichkeiten gegenüber Gesellschaftern aus, sind diese wertmäßig (relativiert an der Bilanzsumme) im Median signifikant höher als deutsche (18,77% zu 6,44%).

Die branchenbezogene Betrachtung bestätigt den Befund der gesamtwirtschaftlichen Analyse. In allen Branchen, weisen italienische Unternehmen signifikant höhere Verbindlichkeiten gegenüber Gesellschaftern aus. In deutschen Jahresabschlüssen findet sich dieser Posten über alle Branchen hinweg jedoch öfter. In Italien findet sich der höchste Wert in der Branche „Grundstücks- und Wohnungswesen" (32,90%).

---

[499] Eigene Darstellung.

4.2.2.2 Gewinn- und Verlustrechnung

4.2.2.2.1 Materialaufwand

Unter dem Posten Materialaufwand werden in Deutschland einerseits sämtliche Aufwendungen für RHB-Stoffe und bezogene Waren, andererseits bezogene Fremdleistungen zusammengefasst. Allerdings werden die betreffenden Sachverhalte nur dann hier ausgewiesen, wenn ein direkter Bezug zu den Umsatzerlösen besteht. Ist dieser Bezug nicht gegeben, erfolgt ein Ausweis unter den sonstigen betrieblichen Aufwendungen. Hier besteht ein wesentlicher Unterschied zu Italien. In Italien werden Vorgänge, die in Deutschland unter den sonstigen betrieblichen Aufwendungen zu erfassen sind – wie beispielsweise Vergütung für Rechts- und Steuerberater, Versicherungen, Leasing, Telefon etc. – den „Aufwendungen für bezogene Leistungen" und damit dem Materialaufwand zugerechnet. Aus Rechnungslegungssicht dürfte deshalb hinsichtlich der Materialaufwandsquoten ein wesentlicher Unterschied zwischen Deutschland und Italien bestehen.

Der Posten Materialaufwand ist in der Bilanzanalyse ein wichtiger Bestandteil des ordentlichen Betriebserfolgs. Wichtige abgeleitete Kennzahlen in der Bilanzanalyse sind der Rohgewinn (Leistung abzüglich Materialaufwand) und diverse Aufschlagssätze (Rohgewinn dividiert durch Materialaufwand). Da der Materialaufwand ein grundsätzlich variabler Aufwandsbestandteil ist, werden daran auch einfache Deckungsbeitragsberechnungen geknüpft.

In der empirischen Insolvenzforschung hat sich die Kennzahl Materialaufwandsquote (Materialaufwand / Gesamtleistung) nicht durchgesetzt,[500] erweist sie sich doch weder isoliert noch im Zusammenhang mit anderen Kennzahlen als trennfähig. Dies mag branchenübergreifend an den zahlreichen Interdependenzen mit anderen Aufwandsarten liegen. Für diese Arbeit wurde dennoch die Arbeitshypothese (G < K) gebildet, die jedoch vorsichtig und nur unter bestimmten Voraussetzungen (z. B. beim Vergleich von Unternehmen einer identischen Branche) anzuwenden ist. Tabelle 55 zeigt den deutschen und den italienischen Posten „Materialaufwand" im empirischen Vergleich:

[500] In keinem bekannten Katalog für Ratingkennzahlen ist die Materialaufwandsquote vgl. hierzu Leker (1993), S. 93; Hüls (1995), S. 75; Krehl et al (2006), S. 27 ff; Schuhmacher (2006), S. 69.

Tabelle 55: Empirischer Vergleich des Materialaufwands.[501]

Materialaufwand		Alle Unternehmen		Unternehmen, sofern Angaben vorhanden						
		Median	Sig	Median	Sig	Anzahl	Anzahl in %	H0 Theorie	H0 Sig	Befund Empirie
Gesamtwirtschaft	DE	50,33%	Ja	54,67%	Ja	26.975	88,81%	DE < IT	√	DE < IT
	IT	71,87%		75,88%		396.480	67,47%			
Land- und Forstwirtschaft, Fischerei	DE	57,59%	Ja	58,49%	Ja	208	97,65%	DE < IT	√	DE < IT
	IT	78,54%		80,91%		6.429	69,96%			
Bergbau und Gewinnung von Steinen und Erden	DE	41,20%	x	41,57%	x	88	93,62%	DE < IT	x	x
	IT	65,07%		67,04%		1.171	83,46%			
Verarbeitendes Gewerbe	DE	53,43%	Ja	53,78%	Ja	5.944	98,52%	DE < IT	√	DE < IT
	IT	72,50%		73,09%		89.690	83,58%			
Energieversorgung	DE	72,69%	Nein	73,49%	Ja	639	93,28%	DE < IT	√	DE < IT
	IT	73,43%		79,65%		1.033	69,70%			
Wasserversorgung; Abwasser- und Abfallentsorgung etc.	DE	43,96%	Ja	45,39%	Ja	460	97,05%	DE < IT	√	DE < IT
	IT	64,61%		67,21%		2.373	78,19%			
Baugewerbe	DE	52,35%	Ja	53,07%	Ja	3.156	96,84%	DE < IT	√	DE < IT
	IT	68,17%		70,84%		60.523	71,03%			
Handel, Instandhaltung und Reparatur von Kraftfahrzeugen	DE	**74,00%**	Ja	**74,42%**	Ja	6.502	97,63%	DE < IT	√	DE < IT
	IT	**86,91%**		**87,40%**		98.563	79,02%			
Verkehr und Lagerei	DE	31,46%	Ja	41,78%	Ja	1.235	84,53%	DE < IT	√	DE < IT
	IT	64,80%		70,09%		13.349	72,05%			
Gastgewerbe	DE	27,11%	Ja	27,31%	Ja	275	96,15%	DE < IT	√	DE < IT
	IT	64,43%		65,20%		18.276	72,65%			
Grundstücks- und Wohnungswesen	DE	37,76%	Nein	47,51%	Ja	1.767	70,34%	DE < IT	√	DE < IT
	IT	20,63%		72,22%		24.855	33,80%			
Information und Kommunikation	DE	35,32%	Ja	39,60%	Ja	993	91,10%	DE < IT	√	DE < IT
	IT	56,94%		64,26%		18.161	60,23%			
Erbringung von freiberuflichen, wissenschaftlichen Dienstleistungen etc.	DE	21,57%	Ja	45,54%	Ja	2.380	68,65%	DE < IT	√	DE < IT
	IT	60,55%		71,65%		22.861	54,87%			
Erbringung von sonstigen wirtschaftlichen Dienstleistungen	DE	23,22%	Ja	39,01%	Ja	1.102	76,10%	DE < IT	√	DE < IT
	IT	56,17%		67,41%		15.550	58,89%			
Erziehung und Unterricht	DE	11,55%	Ja	17,25%	Ja	138	76,24%	DE < IT	√	DE < IT
	IT	60,89%		68,99%		2.492	58,27%			
Gesundheits- und Sozialwesen	DE	24,74%	Ja	25,41%	Ja	1.178	94,85%	DE < IT	√	DE < IT
	IT	50,32%		53,39%		7.890	73,72%			
Kunst, Unterhaltung und Erholung	DE	13,51%	Ja	26,88%	Ja	199	78,97%	DE < IT	√	DE < IT
	IT	68,33%		74,14%		5.545	59,06%			
Erbringung von sonstigen Dienstleistungen	DE	28,06%	Ja	34,75%	Ja	448	84,53%	DE < IT	√	DE < IT
	IT	61,64%		64,23%		4.043	62,14%			

Die gesamtwirtschaftliche Betrachtung (Unternehmen, sofern Angaben vorhanden) bestätigt die Hypothese der Rechnungslegung und zeigt, dass italienische Unternehmen im Median signifikant höhere Materialaufwandsquoten aufweisen als deutsche. In Italien hat der Materialaufwand durchschnittlich einen Anteil an der Gesamtleistung von 75,88%, in Deutschland sind es lediglich 54,67%. Generell sprechen höhere Materialaufwandsquoten für eine größere Fertigungstiefe.

Eine branchenbezogene Analyse bestätigt den Befund der gesamtwirtschaftlichen Betrachtung. Über alle Branchen hinweg weisen italienische Unternehmen im Median höhere Materialaufwandskosten als deutsche auf. In der Branche „Handel, Instandhaltung und Reparatur von Kraftfahrzeugen" zeigen italienische Unternehmen Materialaufwandsquoten im Median vom 87,40%. In Deutschland hingegen werden in dieser Branche nur Werte von 74,42% erreicht.

---

[501] Eigene Darstellung.

4.2.2.2.2 Sonstige betriebliche Erträge

Wie der Posten „sonstige betriebliche Aufwendungen“ stellt der Posten „sonstige betriebliche Erträge“ einen Mischposten dar. Im Rahmen einer bilanzanalytischen Erfolgsquellenspaltung und darauf aufbauend weiterer Analysetätigkeiten wird versucht, die nachhaltigen Bestandteile von den weniger oder nicht nachhaltigen Bestandteilen zu isolieren. Beispiele dafür sind Gewinne aus dem Verkauf von Anlagevermögen, Zuschreibungen zum Anlagevermögen, Auflösung von Rückstellungen, Erträge aus Steuererstattungen, Erträge aus Investitionszuschüssen, Erträge aus der Herabsetzung von Wertberichtigungen. Nachhaltige Erträge sind Kantinenerlöse, Erträge aus Magazinverkäufen oder Grundstückserträge. Verfügt der Analytiker über keine weiteren Informationen hinsichtlich der Zusammensetzung des Postens, muss vor dem Hintergrund des Analysezwecks der gesamte Posten entweder als nachhaltig und damit ordentlich oder nicht nachhaltig klassifiziert werden.

Wird ein Unternehmen aus der Perspektive eines Fremdkapitalgebers beurteilt und liegen keine weiteren Informationen über die Postenzusammensetzung vor, werden die „sonstigen betrieblichen Erträge“ regelmäßig als nicht ordentlich oder außerordentlich klassifiziert.[502] Die Vorgehensweise beim „sonstigen betrieblichen Aufwand“ ist dagegen umgekehrt. Sofern dort keine weiteren Informationen vorliegen, wird der Posten dem Betriebserfolg zugerechnet. Die Bilanzanalyse folgt also dem Leitbild des vorsichtigen Kaufmanns oder der alten Vorsichtsregel: „Eine Bilanz ist in Wirklichkeit eher schlechter als sie erscheint“ – ein interessanter Aspekt, wenn man bedenkt, dass das Handelsrecht eher stille Reserven fordert, das IFRS die absolute Richtigkeit der Bilanz anstrebt (weder stille Reserven noch stille Lasten) und die Bilanzanalyse eher den Pessimismus fördert.

Aus Sicht der Rechnungslegungen bestehen zwischen den italienischen und deutschen „sonstigen betrieblichen Erträgen“ keine Unterschiede. In beiden Ländern fungieren diese Posten als Sammelposten. Tabelle 56 zeigt den deutschen und den italienischen Posten „sonstige betriebliche Erträge“ im empirischen Vergleich:

[502] Vgl. Baetge et al. (2004), S. 113 f.

Tabelle 56: Empirischer Vergleich der sonstigen betriebl.chen Erträge.[503]

sonstige betriebliche Erträge		Alle Unternehmen		Unternehmen, sofern Angaben vorhanden						
		Median	Sig	Median	Sig	Anzahl	Anzahl in %	H0 Theorie	H0 Sig	Befund Empirie
Gesamtwirtschaft	DE	1,88%	Ja	2,08%	Ja	28.638	94,28%	DE = IT	-	DE > IT
	IT	0,33%		0,90%		331.662	56,44%			
Land- und Forstwirtschaft, Fischerei	DE	9,32%	Ja	11,28%	Ja	207	97,18%	DE = IT	-	DE > IT
	IT	**2,29%**		**4,57%**		5.561	60,52%			
Bergbau und Gewinnung von Steinen und Erden	DE	3,42%	x	3,56%	x	93	98,94%	DE = IT	x	x
	IT	1,14%		1,82%		1.061	75,62%			
Verarbeitendes Gewerbe	DE	1,71%	Ja	1,75%	Ja	5.913	98,01%	DE = IT	-	DE > IT
	IT	0,49%		0,77%		76.644	71,43%			
Energieversorgung	DE	2,66%	Ja	2,94%	Ja	652	95,18%	DE = IT	-	DE > IT
	IT	1,03%		2,19%		953	64,30%			
Wasserversorgung; Abwasser- und Abfallentsorgung etc.	DE	2,69%	Ja	2,90%	Ja	458	96,62%	DE = IT	-	DE > IT
	IT	0,74%		1,19%		2.120	69,85%			
Baugewerbe	DE	1,56%	Ja	1,65%	Ja	3.124	95,86%	DE = IT	-	DE > IT
	IT	0,10%		0,61%		43.400	50,93%			
Handel, Instandhaltung und Reparatur von Kraftfahrzeugen	DE	1,11%	Ja	1,21%	Ja	6.352	95,38%	DE = IT	-	DE > IT
	IT	0,32%		0,73%		77.389	62,04%			
Verkehr und Lagerei	DE	2,66%	Ja	2,84%	Ja	1.407	96,30%	DE = IT	-	DE > IT
	IT	0,70%		1,37%		12.186	65,77%			
Gastgewerbe	DE	1,74%	Ja	2,11%	Ja	270	94,41%	DE = IT	-	DE > IT
	IT	0,21%		0,87%		13.495	53,65%			
Grundstücks- und Wohnungswesen	DE	3,08%	Ja	3,88%	Ja	2.223	88,50%	DE = IT	-	DE > IT
	IT	0,34%		1,78%		29.078	39,55%			
Information und Kommunikation	DE	2,04%	Ja	2,20%	Ja	1.012	92,84%	DE = IT	-	DE > IT
	IT	0,32%		1,21%		15.657	51,92%			
Erbringung von freiberuflichen, wissenschaftlichen Dienstleistungen etc.	DE	2,29%	Ja	2,92%	Ja	3.049	87,94%	DE = IT	-	DE > IT
	IT	0,23%		1,18%		20.043	48,11%			
Erbringung von sonstigen wirtschaftlichen Dienstleistungen	DE	1,78%	Ja	2,04%	Ja	1.324	91,44%	DE = IT	-	DE > IT
	IT	0,21%		0,96%		13.238	50,13%			
Erziehung und Unterricht	DE	6,89%	Ja	7,76%	Ja	166	91,71%	DE = IT	-	DE > IT
	IT	0,70%		2,58%		2.199	51,41%			
Gesundheits- und Sozialwesen	DE	**13,55%**	Ja	**13,68%**	Ja	1.227	98,79%	DE = IT	-	DE > IT
	IT	0,42%		0,92%		6.631	61,96%			
Kunst, Unterhaltung und Erholung	DE	5,10%	Ja	5,43%	Ja	241	95,63%	DE = IT	-	DE > IT
	IT	0,99%		3,10%		4.770	50,80%			
Erbringung von sonstigen Dienstleistungen	DE	2,49%	Ja	2,98%	Ja	486	91,70%	DE = IT	-	DE > IT
	IT	0,13%		0,73%		2.964	45,56%			

Die gesamtwirtschaftliche Betrachtung (Unternehmen, sofern Angaben vorhanden) zeigt einen signifikanten Unterschied zwischen den Ländern; die Bedeutung des Postens ist statistisch gesehen aber gering.

Deutsche Unternehmen weisen mit einem Median von 2,08% einen signifikant höheren Anteil der „sonstigen betrieblichen Erträge" an der Gesamtleistung als italienische mit einem Wert von 0,90% aus. Zu beachten sind in diesem Zusammenhang auch die Besetzungszahlen: Während 94,28% aller deutschen Unternehmen der Stichprobe Angaben zu diesem Posten gemacht haben, finden sich vergleichbare Angaben in italienischen Jahresabschlüssen lediglich bei 56,44%.

Die branchenbezogene Betrachtung bestätigt den Befund der gesamtwirtschaftlichen Analyse.

[503] Eigene Darstellung.

Über alle Branchen hinweg weisen die deutschen Unternehmen im Median signifikant höhere Anteile der „sonstigen betrieblichen Erträge“ an der Gesamtleistung aus als die italienischen Unternehmen. Deutlich sind die Unterschiede in der Branche „Gesundheits- und Sozialwesen“. Hier zeigen die deutschen Unternehmen einen Wert von 13,68%, die italienischen lediglich einen Wert von 0,92%. Der hohe Anteil könnte über hohe Erträge aus Zuschüssen und die Wahl der bilanziellen Behandlung dieser Zuschüsse erklärt werden.

4.2.2.2.3 Personalaufwand

Unter dem Posten „Personalaufwand“ werden Löhne und Gehälter einerseits und Personalnebenkosten wie Sozialabgaben und Aufwendungen für Altersversorgung andererseits zusammengefasst. In der Bilanzanalyse ist dieser Posten wie der des Materialaufwands Teil des ordentlichen Betriebserfolgs. Entwicklung und strukturelle Höhe des Personalaufwands werden – bedingt durch die Remanenz der Aufwandsart in der Krise – in der Bilanzanalyse besonders kritisch analysiert. Ebenfalls kritisch hinterfragt werden außerordentliche Einflussfaktoren auf den Personalaufwand, der durch Rückstellungsbildungen (-> Wertanpassung BilMoG), Restrukturierungsmaßnahmen (Abfindungszahlungen) oder andere Effekte (Änderung der Struktur Personalnebenkosten / Löhne und Gehälter durch Kurzarbeit) eine zunächst wenig plausible Entwicklung annimmt. Neben der Personalaufwandsquote als Verhältnis zur Leistung werden zahlreiche weitere Kennzahlen gebildet, worin der Personalaufwand enthalten ist. Beispiele dafür sind die Wertschöpfung (Rohgewinn dividiert durch Personalaufwand) oder Personalanteile je Mitarbeiter oder je Euro Umsatz.

In der empirischen Insolvenzforschung hat sich die Kennzahl Personalquote (Personalaufwand / Gesamtleistung) nicht durchgesetzt; sie zeigt sich weder isoliert noch im Zusammenhang mit anderen Kennzahlen als trennfähig.[504] Ob die von Praktikern empfohlene Wertschöpfungskennzahl trennfähig ist, kann abschließend nicht bewertet werden, da hierzu Studienergebnisse fehlen. Hinweise auf eine Erklärung der fehlenden Trennfähigkeit der Kennzahl Personalaufwandsquote liefern die Branchenbenchmarks der DATEV eG 2009. Hier zeigt sich: Entgegen einer Praktikerhypothese, wonach in guten Unternehmen die Quote kleiner sein müsste als in schlechten weisen die zehn Prozent der besten Unternehmen einer Branche teilweise deutlich höhere Personalaufwandsquoten auf als die schlechteren.

Aus Rechnungslegungssicht dürften sich bei der Personalaufwandsquote keine Unterschiede zwischen Deutschland und Italien ergeben. Tabelle 57 zeigt den deutschen und den italienischen Posten „Personalaufwand“ im empirischen Vergleich:

---

[504] In keinem bekannten Katalog für Ratingkennzahlen ist die Personalaufwandsquote vorhanden vgl. hierzu Leker (1993), S. 93; Hüls (1995), S. 75; Krehl et al (2006), S. 27 ff; Schuhmacher (2006), S. 69.

Tabelle 57: Empirischer Vergleich des Personalaufwands.[505]

Personalaufwand		Alle Unternehmen		Unternehmen, sofern Angaben vorhanden						
		Median	Sig	Median	Sig	Anzahl	Anzahl in %	H0 Theorie	H0 Sig	Befund Empirie
Gesamtwirtschaft	DE	19,80%	Ja	22,01%	Ja	27.936	91,97%	DE = IT	-	DE > IT
	IT	12,39%		17,38%		357.559	60,84%			
Land- und Forstwirtschaft, Fischerei	DE	23,74%	Ja	24,35%	Nein	207	97,18%	DE = IT	√	DE = IT
	IT	14,31%		20,28%		5.625	61,21%			
Bergbau und Gewinnung von Steinen und Erden	DE	19,44%	x	20,82%	x	89	94,68%	DE = IT	x	x
	IT	18,93%		20,43%		1.140	81,25%			
Verarbeitendes Gewerbe	DE	23,70%	Ja	23,91%	Ja	5.958	98,76%	DE = IT	-	DE > IT
	IT	18,16%		19,30%		86.118	80,26%			
Energieversorgung	DE	6,77%	Ja	8,42%	Nein	575	83,94%	DE = IT	√	DE = IT
	IT	1,54%		6,94%		801	54,05%			
Wasserversorgung; Abwasser- und Abfallentsorgung etc.	DE	18,14%	Nein	20,07%	Nein	435	91,77%	DE = IT	√	DE = IT
	IT	18,40%		20,20%		2.368	78,02%			
Baugewerbe	DE	27,09%	Ja	27,64%	Ja	3.136	96,23%	DE = IT	-	DE > IT
	IT	14,05%		20,17%		50.243	58,97%			
Handel, Instandhaltung und Reparatur von Kraftfahrzeugen	DE	10,66%	Ja	11,04%	Ja	6.447	96,80%	DE = IT	-	DE > IT
	IT	7,36%		9,09%		86.091	69,02%			
Verkehr und Lagerei	DE	23,31%	Nein	23,90%	Nein	1.418	97,06%	DE = IT	-	DE < IT
	IT	22,88%		25,01%		14.297	77,16%			
Gastgewerbe	DE	32,18%	Ja	32,39%	Ja	279	97,55%	DE = IT	-	DE > IT
	IT	26,30%		27,50%		17.623	70,06%			
Grundstücks- und Wohnungswesen	DE	7,34%	Ja	11,25%	Ja	1.688	67,20%	DE = IT	-	DE > IT
	IT	0,00%		11,23%		14.011	19,06%			
Information und Kommunikation	DE	31,88%	Ja	34,12%	Ja	1.032	94,68%	DE = IT	-	DE > IT
	IT	22,16%		27,88%		18.290	60,66%			
Erbringung von freiberuflichen, wissenschaftlichen Dienstleistungen etc.	DE	26,08%	Ja	34,34%	Ja	2.873	82,87%	DE = IT	-	DE > IT
	IT	11,92%		21,03%		21.778	52,27%			
Erbringung von sonstigen wirtschaftlichen Dienstleistungen	DE	25,31%	Ja	30,42%	Ja	1.256	86,74%	DE = IT	-	DE > IT
	IT	17,10%		24,58%		15.652	59,27%			
Erziehung und Unterricht	DE	60,28%	Ja	60,78%	Ja	173	95,58%	DE = IT	-	DE > IT
	IT	21,73%		28,87%		2.504	58,55%			
Gesundheits- und Sozialwesen	DE	**64,58%**	Ja	**64,72%**	Ja	1.230	99,03%	DE = IT	-	DE > IT
	IT	**32,78%**		**36,55%**		7.861	73,45%			
Kunst, Unterhaltung und Erholung	DE	30,58%	Ja	33,17%	Ja	241	95,63%	DE = IT	-	DE > IT
	IT	14,84%		22,48%		4.900	52,19%			
Erbringung von sonstigen Dienstleistungen	DE	34,65%	Ja	37,40%	Ja	495	93,40%	DE = IT	-	DE > IT
	IT	25,72%		28,86%		3.849	59,16%			

Die gesamtwirtschaftliche Analyse zeigt (Unternehmen, sofern Angaben vorhanden), dass italienische Unternehmen im Median eine signifikant niedrigere Personalaufwandsquote als deutsche aufweisen. In Italien hat der Personalaufwand im Median einen Anteil an der Gesamtleistung von 17,38%, in Deutschland hingegen sind es 22,01%. Die Ursachen für diese signifikanten Unterschiede könnten in dem deutlich geringeren italienischen Lohnniveau begründet sein. Eine andere Erklärung könnten höhere bezogene Fremdleistungen (-> Materialaufwand) sein. Möglicherweise liegt es auch an niedrigeren Personalnebenkosten in Italien.

Die branchenbezogene Analyse bestätigt den Befund der gesamtwirtschaftlichen Betrachtung für nahezu alle Branchen. Lediglich die Branchen „Land- und Forstwirtschaft, Fischerei", „Energieversorgung" und „Wasserversorgung etc." weisen keine signifikanten Unterschiede auf. Die

[505] Eigene Darstellung.

höchsten Anteile des Personalaufwands an der Gesamtleistung finden sich in beiden Ländern in der Branche „Gesundheits- und Sozialwesen“ wieder. Deutsche Unternehmen zeigen hier einen durchschnittlichen Anteil von 64,72%, italienische einen Wert von 35,55%.

4.2.2.2.4 Abschreibungen

Unter dem Posten „Abschreibungen“ werden die Abschreibungen auf immaterielle Vermögensgegenstände und auf Sachanlagen zusammengefasst. In dieser Konzeption ist der Posten in der Bilanzanalyse Teil des ordentlichen Betriebserfolgs. Die außerplanmäßigen Abschreibungen werden dem nicht ordentlichen Erfolg zugerechnet. Abschreibungen auf Finanzanlagen und auf Wertpapiere des Umlaufvermögens werden dem Finanzerfolg, Abschreibungen auf Gegenstände des Umlaufvermögens – sofern diese Abschreibungen unüblich hoch sind – werden dem nicht ordentlichen Erfolg zugerechnet. Die Abschreibungsquote (Abschreibungen / Gesamtleistung) lässt vorsichtige Rückschlüsse auf den betrieblichen Leistungsprozess zu, da sie den Verbrauch der Sachkapitals quantifiziert.[506] Allerdings ist die Analyse nicht unproblematisch. Beispielweise können die Wertansätze bereits durch sehr einfache bilanzpolitische Maßnahmen (z. B. Ausnutzung von Ermessensspielräumen bei der Bemessung der Abschreibungsdauer, Leasing etc.) beeinflusst werden. Die Literatur zur Bilanzanalyse hat neben der Abschreibungsquote zahlreiche weitere Kennzahlen gebildet, bei denen die Abschreibungen als Bestandteil enthalten sind. Diese Kennzahlen dienen in der Regel der Analyse der Investitionspolitik, um etwaige Defizite im Modernisierungsgrad herausarbeiten zu können. Beispiele dafür sind die Abschreibungsquote bezogen auf die kumulierten Anschaffungswerte oder die Gegenüberstellung von Abschreibungen und Zugängen in Geschäftsjahr.

In der empirischen Insolvenzforschung hat sich die Kennzahl Abschreibungsquote (Abschreibungen / Gesamtleistung) nicht durchgesetzt.[507] Als Bestandteil des ordentlichen Betriebserfolgs vor Abschreibungen oder unter dem Begriff betrieblicher Cash Flow sind die Abschreibungen hingegen bedeutsam. Eine Hypothese aus Sicht der Rechnungslegung ist für den Posten der Abschreibungen isoliert betrachtet schwer möglich. Einerseits verfügen deutsche Unternehmen im Vergleich zu italienischen über umfangreichere Abschreibungsmöglichkeiten, andererseits führen die italienischen Aufwertungsgesetze zu höheren Wertansätzen im Sachanlagevermögen. Die Nutzung dieser Aufwertungsgesetze führt in der Folge wieder zu höheren Abschreibungen. Tabelle 58 zeigt den deutschen und den italienischen Posten „Abschreibungen“ im empirischen Vergleich:

---

[506] Vgl. Baetge et al (2004), S. 405.

[507] In keinem bekannten Katalog für Ratingkennzahlen ist die Abschreibungsquote vorhanden vgl. hierzu Leker (1993), S. 93; Hüls (1995), S. 75; Krehl et al (2006), S. 27 ff; Schuhmacher (2006), S. 69.

Tabelle 58: Empirischer Vergleich der Abschreibungen.[508]

Abschreibungen		Alle Unternehmen		Unternehmen, sofern Angaben vorhanden						
		Median	Sig	Median	Sig	Anzahl	Anzahl in %	H0 Theorie	H0 Sig	Befund Empirie
Gesamtwirtschaft	DE	1,86%	Ja	2,09%	Ja	28.663	94,36%	-	-	DE < IT
	IT	2,27%		2,47%		428.322	72,89%			
Land- und Forstwirtschaft, Fischerei	DE	6,18%	Nein	6,59%	Nein	200	93,90%	-	-	DE = IT
	IT	4,80%		5,59%		6.420	69,87%			
Bergbau und Gewinnung von Steinen und Erden	DE	7,69%	x	7,85%	x	90	95,74%	-	x	x
	IT	**6,14%**		6,25%		1.219	86,89%			
Verarbeitendes Gewerbe	DE	2,07%	Ja	2,12%	Ja	5.915	98,04%	-	-	DE < IT
	IT	2,73%		2,82%		89.865	83,75%			
Energieversorgung	DE	5,64%	Nein	5,89%	Nein	645	94,16%	-	-	DE = IT
	IT	5,97%		6,43%		1.146	77,33%			
Wasserversorgung; Abwasser- und Abfallentsorgung etc.	DE	6,77%	Ja	7,03%	Ja	451	95,15%	-	-	DE > IT
	IT	4,02%		4,19%		2.490	82,04%			
Baugewerbe	DE	1,39%	Nein	1,48%	Ja	3.138	96,29%	-	-	DE < IT
	IT	1,55%		1,74%		61.722	72,44%			
Handel, Instandhaltung und Reparatur von Kraftfahrzeugen	DE	0,81%	Ja	0,87%	Ja	6.407	96,20%	-	-	DE < IT
	IT	1,37%		1,46%		97.696	78,32%			
Verkehr und Lagerei	DE	3,70%	Ja	4,19%	Ja	1.393	95,35%	-	-	DE > IT
	IT	2,20%		2,37%		14.861	80,21%			
Gastgewerbe	DE	2,81%	Ja	2,86%	Ja	276	96,50%	-	-	DE < IT
	IT	5,74%		6,18%		17.982	71,48%			
Grundstücks- und Wohnungswesen	DE	**15,64%**	Ja	**16,48%**	Ja	2.340	93,15%	-	-	DE > IT
	IT	5,28%		**7,19%**		40.292	54,80%			
Information und Kommunikation	DE	1,84%	Ja	2,02%	Ja	1.041	95,50%	-	-	DE < IT
	IT	2,92%		3,10%		21.170	70,21%			
Erbringung von freiberuflichen, wissenschaftlichen Dienstleistungen etc.	DE	1,73%	Ja	2,53%	Nein	2.889	83,33%	-	-	DE = IT
	IT	2,49%		2,65%		28.302	67,93%			
Erbringung von sonstigen wirtschaftlichen Dienstleistungen	DE	1,89%	Nein	2,30%	Nein	1.340	92,54%	-	-	DE = IT
	IT	2,24%		2,44%		18.103	68,55%			
Erziehung und Unterricht	DE	3,85%	Nein	3,93%	Nein	171	94,48%	-	-	DE = IT
	IT	2,83%		3,07%		2.860	66,87%			
Gesundheits- und Sozialwesen	DE	5,09%	Ja	5,16%	Ja	1.220	98,23%	-	-	DE > IT
	IT	2,97%		3,07%		8.236	76,96%			
Kunst, Unterhaltung und Erholung	DE	4,64%	Nein	5,65%	Nein	239	94,84%	-	-	DE = IT
	IT	5,64%		6,28%		6.034	64,27%			
Erbringung von sonstigen Dienstleistungen	DE	2,02%	Ja	2,55%	Ja	485	91,51%	-	-	DE < IT
	IT	3,80%		4,17%		4.152	63,82%			

Die gesamtwirtschaftliche Betrachtung (Unternehmen, sofern Angaben vorhanden) zeigt geringe, jedoch signifikante Unterschiede. Deutsche Unternehmen weisen mit einem Wert von 2,09% im Median zwar statistisch signifikant niedrigere Abschreibungsquoten als italienische (2,47%) auf, aber die Unterschiede sind in der Gesamtbetrachtung relativ gering.

Die branchenbezogene Betrachtung zeigt bis auf die Branche Grundstücks- und Wohnungswesen eine nur geringe Bedeutung der Abschreibungsquote. Dies gilt für ihre Höhe, aber auch für die Unterschiede zwischen den Ländern.

[508] Eigene Darstellung.

4.2.2.2.5 Sonstige betriebliche Aufwendungen

Der Posten „sonstige betriebliche Aufwendungen“ stellt in Deutschland einen Mischposten dar, der verschiedene Aufwendungen zusammenfasst, sofern diese noch der eigentlichen betrieblichen Tätigkeit entsprechen. Typischerweise fallen darunter Raumkosten, Versicherungen, Kfz-Kosten, Energiekosten, Kosten der Warenabgabe, Reise- und Werbekosten, Fremdleistungen, Aus- und Weiterbildungskosten, Rückstellungsbildungen, aber auch Verkaufsverluste aus dem Abgang von Anlagevermögen oder Forderungsabschreibungen sowie Beratungskosten oder Kosten für Abschluss und Prüfung. In Italien werden diese Aufwendungen unter dem Posten „Aufwendungen für bezogene Leistungen“ (Materialaufwand) erfasst.

Der Heterogenität des Postens wird in der Bilanzanalyse mit einer differenzierten Einordnung der Sachverhalte begegnet. Typischerweise wird der Posten – sofern die Bestandteile ersichtlich sind – in die Teile eher laufend betrieblich (Betriebserfolg), eher neutral oder finanzbedingt (Finanz- und neutraler Erfolg) und in Höhe oder Veranlassung eher untypisch (nicht ordentlicher Erfolg) unterteilt.[509] Die Bilanzanalyse versucht also im Rahmen einer bilanzanalytischen Erfolgsquellenspaltung nachhaltige Bestandteile zu isolieren. In der empirischen Insolvenzforschung hat sich der Anteil der sonstigen betrieblichen Erträge an der Gesamtleistung einzeln oder in Kombination mit anderen Kennzahlen nicht durchgesetzt.[510]

Aus Rechnungslegungssicht bestehen hinsichtlich des Postens „sonstige betriebliche Aufwendungen“ zwischen Deutschland und Italien wesentliche Unterschiede. In Italien werden unter diesem Posten die sonstigen betrieblichen Steuern erfasst. In Deutschland sind diese in einem eigenen Posten (sonstige Steuern) auszuweisen. Allerdings wird eine Vielzahl von Aufwendungen, welche in Deutschland unter dem Posten „sonstige betriebliche Aufwendungen“ erfasst wird, in Italien dem Materialaufwand hinzugerechnet. Vor diesem Hintergrund ist zu erwarten, dass italienische Unternehmen durchschnittlich niedrigere „Sonstige betriebliche Aufwendungen“ ausweisen als die deutschen. Tabelle 59 zeigt den deutschen und den italienischen Posten „sonstige betriebliche Aufwendungen“ im empirischen Vergleich:

---

[509] Vgl. Hauschildt (2000), S. 33 ff.

[510] In keinem bekannten Katalog für Ratingkennzahlen ist der Anteil der sonstigen betrieblichen Aufwendungen an der Gesamtleistung vorhanden vgl. hierzu Leker (1993), S. 93; Hüls (1995), S. 75; Krehl et al (2006), S. 27 ff; Schuhmacher (2006), S. 69.

Tabelle 59: Empirischer Vergleich der sonstigen betriebl:chen Aufwendungen.[511]

sonstige betriebliche Aufwendungen		Alle Unternehmen		Unternehmen, sofern Angaben vorhanden						
		Median	Sig	Median	Sig	Anzahl	Anzahl in %	H0 Theorie	H0 Sig	Befund Empirie
Gesamtwirtschaft	DE	14,62%	Ja	14,64%	Ja	30.339	99,88%	DE > IT	√	DE > IT
	IT	1,67%		1,69%		446.888	76,05%			
Land- und Forstwirtschaft, Fischerei	DE	19,06%	Ja	19,06%	Ja	212	99,53%	DE > IT	√	DE > IT
	IT	2,08%		2,13%		6.789	73,88%			
Bergbau und Gewinnung von Steinen und Erden	DE	20,00%	x	20,00%	x	94	100,00%	DE > IT	x	x
	IT	2,19%		2,21%		1.243	88,60%			
Verarbeitendes Gewerbe	DE	14,81%	Ja	14,81%	Ja	6.029	99,93%	DE > IT	√	DE > IT
	IT	1,13%		1,14%		91.679	85,44%			
Energieversorgung	DE	9,64%	Ja	9,64%	Ja	683	99,71%	DE > IT	√	DE > IT
	IT	1,69%		1,71%		1.185	79,96%			
Wasserversorgung; Abwasser- und Abfallentsorgung etc.	DE	16,12%	Ja	16,12%	Ja	474	100,00%	DE > IT	√	DE > IT
	IT	1,58%		1,60%		2.540	83,69%			
Baugewerbe	DE	12,49%	Ja	12,50%	Ja	3.257	99,94%	DE > IT	√	DE > IT
	IT	1,56%		1,59%		65.904	77,34%			
Handel, Instandhaltung und Reparatur von Kraftfahrzeugen	DE	10,68%	Ja	10,69%	Ja	6.649	99,83%	DE > IT	√	DE > IT
	IT	1,06%		1,08%		100.953	80,93%			
Verkehr und Lagerei	DE	24,98%	Ja	25,26%	Ja	1.459	99,86%	DE > IT	√	DE > IT
	IT	1,60%		1,63%		15.355	82,87%			
Gastgewerbe	DE	32,69%	Ja	32,69%	Ja	286	100,00%	DE > IT	√	DE > IT
	IT	2,86%		2,89%		18.824	74,83%			
Grundstücks- und Wohnungswesen	DE	9,83%	Ja	9,91%	Ja	2.512	100,00%	DE > IT	√	DE > IT
	IT	**5,92%**		**5,95%**		44.249	60,18%			
Information und Kommunikation	DE	18,12%	Ja	18,20%	Ja	1.086	99,63%	DE > IT	√	DE > IT
	IT	2,24%		2,27%		21.860	72,49%			
Erbringung von freiberuflichen, wissenschaftlichen Dienstleistungen etc.	DE	21,02%	Ja	21,11%	Ja	3.453	99,60%	DE > IT	√	DE > IT
	IT	2,26%		2,28%		29.312	70,35%			
Erbringung von sonstigen wirtschaftlichen Dienstleistungen	DE	17,99%	Ja	18,01%	Ja	1.447	99,93%	DE > IT	√	DE > IT
	IT	1,90%		1,93%		18.840	71,34%			
Erziehung und Unterricht	DE	29,59%	Ja	29,67%	Ja	180	99,45%	DE > IT	√	DE > IT
	IT	3,38%		3,41%		2.970	69,44%			
Gesundheits- und Sozialwesen	DE	17,79%	Ja	17,79%	Ja	1.242	100,00%	DE > IT	√	DE > IT
	IT	2,66%		2,69%		8.459	79,04%			
Kunst, Unterhaltung und Erholung	DE	**46,16%**	Ja	**46,16%**	Ja	252	100,00%	DE > IT	√	DE > IT
	IT	3,87%		3,94%		6.300	67,10%			
Erbringung von sonstigen Dienstleistungen	DE	21,05%	Ja	21,06%	Ja	529	99,81%	DE > IT	√	DE > IT
	IT	2,30%		2,33%		4.323	66,45%			

Die gesamtwirtschaftliche Betrachtung (Unternehmen, sofern Angaben vorhanden) im Rahmen der empirischen Analyse bestätigt die Rechnungslegungshypothese, wonach deutsche Unternehmen signifikant höhere „sonstige betriebliche Aufwendungen" angegeben als italienisch. Bei den deutschen Unternehmen haben die „sonstigen betrieblichen Aufwendungen" im Median einen Anteil an der Gesamtleistung in Höhe von 14,64%, bei den italienischen hingegen ist der Anteil mit einem Wert von 1,69% deutlich geringer. In der italienischen Bilanzierungspraxis finden sich die entsprechenden Sachverhalte deutlich öfter im Materialaufwand.

Die branchenbezogene Betrachtung bestätigt den Befund der gesamtwirtschaftlichen Analyse. Über alle Branchen hinweg haben italienische Unternehmen signifikant niedrigere „sonstige betriebliche Aufwendungen" als die deutschen. Während beispielsweise deutsche Unternehmen in

[511] Eigene Darstellung.

der Branche „Kunst, Unterhaltung und Erholung“ einen Wert von 46,16% ausweisen, zeigen die italienischen lediglich einen Kennzahlenmedian von 3,94%.

4.2.2.2.6 Steuern vom Einkommen und Ertrag

Unter dem Posten „Steuern vom Einkommen und Ertrag“ werden bei Kapitalgesellschaften die Körperschaftssteuer und die Gewerbesteuer, bei Personengesellschaften nur die Gewerbesteuer erfasst.[512] Der Posten stellt einen Mischposten aus verschiedenen Bestandteilen dar. So können latente Steuern als Saldo von Erträgen und Aufwendungen, Steuernachzahlungen und Steuererstattungen enthalten sein. Die statistische Auswertung ist vorsichtig zu interpretieren, da unterschiedliche Rechtsformen unterschiedliche Steuerquoten ergeben.

Bilanzanalytisch sind die Steueraufwendungen grundsätzlich eine Korrekturgröße zum Jahresergebnis, um die Kennzahl Erfolg vor Zins und Steuern berechnen zu können.

Auf eine Hypothesenfestlegung wird für diesen Posten aufgrund abweichender Steuersystematiken bewusst verzichtet. Tabelle 60 zeigt den deutschen und den italienischen Posten „Steuern vom Einkommen und Ertrag“ im empirischen Vergleich:

---

[512] Für eine genaue Darstellung der unter dem Posten zu erfassenden Steuern vgl. Baetge et al. (2011a), S. 620.

Tabelle 60: Empirischer Vergleich der Steuern vom Einkommen und Ertrag.[513]

Steuern vom Einkommen und Ertrag		Alle Unternehmen		Unternehmen, sofern Angaben vorhanden						
		Median	Sig	Median	Sig	Anzahl	Anzahl in %	H0 Theorie	H0 Sig	Befund Empirie
Gesamtwirtschaft	DE	0,45%	Ja	0,84%	Ja	21.735	71,56%	-	-	DE < IT
	IT	1,36%		1,64%		111.404	18,96%			
Land- und Forstwirtschaft, Fischerei	DE	0,08%	Ja	0,69%	Nein	133	62,44%	-	-	DE = IT
	IT	0,45%		0,75%		1.991	21,67%			
Bergbau und Gewinnung von Steinen und Erden	DE	0,86%	x	1,11%	x	80	85,11%	-	x	x
	IT	1,59%		1,77%		418	29,79%			
Verarbeitendes Gewerbe	DE	0,67%	Ja	0,92%	Ja	5.027	83,33%	-	-	DE < IT
	IT	1,45%		1,60%		27.506	25,63%			
Energieversorgung	DE	1,04%	Ja	1,30%	Ja	533	77,81%	-	-	DE > IT
	IT	1,37%		0,00%		386	26,05%			
Wasserversorgung; Abwasser- und Abfallentsorgung etc.	DE	**1,08%**	Ja	1,49%	Ja	406	85,65%	-	-	DE < IT
	IT	1,70%		1,89%		950	31,30%			
Baugewerbe	DE	0,42%	Ja	0,66%	Ja	2.597	79,69%	-	-	DE < IT
	IT	0,00%		1,82%		31.245	36,67%			
Handel, Instandhaltung und Reparatur von Kraftfahrzeugen	DE	0,45%	Ja	0,64%	Ja	4.807	72,18%	-	-	DE < IT
	IT	0,90%		1,09%		31.821	25,51%			
Verkehr und Lagerei	DE	0,34%	Ja	0,60%	Ja	1.128	77,21%	-	-	DE < IT
	IT	1,18%		1,36%		5.322	28,72%			
Gastgewerbe	DE	0,63%	Ja	1,06%	Ja	208	72,73%	-	-	DE < IT
	IT	1,06%		1,40%		4.704	18,70%			
Grundstücks- und Wohnungswesen	DE	0,02%	Ja	0,89%	Ja	1.475	58,72%	-	-	DE < IT
	IT	**3,32%**		**4,40%**		10.726	14,59%			
Information und Kommunikation	DE	0,74%	Ja	1,41%	Ja	169	15,50%	-	-	DE < IT
	IT	2,42%		2,70%		6.837	22,67%			
Erbringung von freiberuflichen, wissenschaftlichen Dienstleistungen etc.	DE	0,86%	Ja	1,53%	Ja	2.725	78,60%	-	-	DE < IT
	IT	2,49%		2,81%		9.089	21,81%			
Erbringung von sonstigen wirtschaftlichen Dienstleistungen	DE	0,60%	Ja	1,03%	Ja	1.105	76,31%	-	-	DE < IT
	IT	1,58%		1,99%		5.318	20,14%			
Erziehung und Unterricht	DE	0,00%	Ja	0,47%	Ja	73	40,33%	-	-	DE < IT
	IT	1,91%		2,39%		936	21,88%			
Gesundheits- und Sozialwesen	DE	0,00%	Ja	0,12%	Ja	473	38,08%	-	-	DE < IT
	IT	1,54%		1,98%		2.622	24,50%			
Kunst, Unterhaltung und Erholung	DE	0,29%	Ja	**1,65%**	Nein	158	62,70%	-	-	DE = IT
	IT	1,06%		1,65%		1.629	17,35%			
Erbringung von sonstigen Dienstleistungen	DE	0,28%	Ja	0,92%	Ja	350	66,04%	-	-	DE < IT
	IT	1,37%		1,84%		1.149	17,66%			

Die gesamtwirtschaftliche Betrachtung (Unternehmen, sofern Angaben vorhanden) zeigt, dass der Anteil der Steuern vom Einkommen und Ertrag an der Gesamtleistung im Median in Italien mit einem Wert von 1,64% signifikant größer als in Deutschland (0,84%) ist. Dieser Befund ist einerseits vor dem Hintergrund der Besetzungszahlen (Italien: 18,96% zu Deutschland: 71,56%) vorsichtig zu interpretieren. Andererseits verbieten sich Steuerbelastungsvergleiche, da auch negative Beträge und Nullwerte mit in die Auswertung eingingen.

Die branchenspezifische Betrachtung bestätigt den Befund der gesamtwirtschaftlichen Analyse. In nahezu allen Branchen weisen italienische Unternehmen im Median einen signifikant höheren Anteil der Steuern von Einkommen und Ertrag an der Gesamtleistung als deutsche Unternehmen auf.

---

[513] Eigene Darstellung.

Der höchste durchschnittliche Wert findet sich in Italien in der Branche „Grundstücks- und Wohnungswesen“ mit einem Wert von 4,40%.

4.2.2.2.7 Jahresüberschuss / -fehlbetrag

Der Jahresüberschuss / -fehlbetrag ist der Saldo von Erträgen und Aufwendungen einer Periode. Aus bilanzanalytischer Sicht ist dieser Posten von besonderer Bedeutung, da er wesentlicher Bestandteil wichtiger Kennzahlen (z. B. bei Renditekennzahlen) ist.[514]

Der Posten eignet sich in besonderem Maße auch dazu, die Probleme der statistischen Erhebung auf Basis veröffentlichter Unternehmensdaten deutlich zu machen. Das Jahresergebnis kann theoretisch in drei Konstellationen vorhanden sein: in der Bilanz als Teil des Bilanzergebnisses (Jahresergebnis, Gewinnvortrag aus dem Vorjahr, Bilanzergebnis), als Ergebnis am Ende der Erfolgsrechnung (Erträge minus Aufwendungen) und in beiden Rechenwerken. Tabelle 61 zeigt den deutschen und den italienischen Posten „Jahresüberschuss / -fehlbetrag“ im empirischen Vergleich:

[514] Vgl. Coenenberg et al. (2009), S. 1029 ff.

Tabelle 61: Empirischer Vergleich des Jahresüberschusses / -fehlbetrags.[515]

Jahresüberschuss / -fehlbetrag		Alle Unternehmen		Unternehmen, sofern Angaben vorhanden						
		Median	Sig	Median	Sig	Anzahl	Anzahl in %	H0 Theorie	H0 Sig	Befund Empirie
Gesamtwirtschaft	DE	2,19%	Ja	3,85%	Ja	23.795	78,34%	-	-	DE > IT
	IT	0,65%		0,68%		587.662	100,00%			
Land- und Forstwirtschaft, Fischerei	DE	0,82%	Ja	5,58%	Ja	137	64,32%	-	-	DE > IT
	IT	0,00%		0,04%		9.189	100,00%			
Bergbau und Gewinnung von Steinen und Erden	DE	**4,99%**	x	6,50%	x	85	90,43%	-	x	x
	IT	0,97%		1,01%		1.403	100,00%			
Verarbeitendes Gewerbe	DE	3,17%	Ja	4,21%	Ja	5.156	85,46%	-	-	DE > IT
	IT	0,53%		0,55%		107.305	100,00%			
Energieversorgung	DE	3,03%	Nein	4,72%	Ja	545	79,56%	-	-	DE > IT
	IT	1,45%		1,59%		1.482	100,00%			
Wasserversorgung; Abwasser- und Abfallentsorgung etc.	DE	4,08%	Ja	5,80%	Ja	398	83,97%	-	-	DE > IT
	IT	0,88%		0,97%		3.035	100,00%			
Baugewerbe	DE	2,17%	Ja	3,11%	Ja	2.701	82,88%	-	-	DE > IT
	IT	1,08%		1,21%		85.208	100,00%			
Handel, Instandhaltung und Reparatur von Kraftfahrzeugen	DE	1,83%	Ja	2,54%	Ja	5.647	84,79%	-	-	DE > IT
	IT	0,48%		0,49%		124.735	100,00%			
Verkehr und Lagerei	DE	1,50%	Ja	2,81%	Ja	1.157	79,19%	-	-	DE > IT
	IT	0,26%		0,28%		18.528	100,00%			
Gastgewerbe	DE	2,03%	Ja	4,77%	Ja	213	74,48%	-	-	DE > IT
	IT	-0,59%		-0,63%		25.155	100,00%			
Grundstücks- und Wohnungswesen	DE	0,55%	Ja	**8,69%**	Ja	1.522	60,59%	-	-	DE > IT
	IT	**2,21%**		**2,26%**		73.527	100,00%			
Information und Kommunikation	DE	3,97%	Ja	6,34%	Ja	863	79,17%	-	-	DE > IT
	IT	1,22%		1,24%		30.154	100,00%			
Erbringung von freiberuflichen, wissenschaftlichen Dienstleistungen etc.	DE	3,58%	Ja	5,94%	Ja	2.787	80,39%	-	-	DE > IT
	IT	1,41%		1,50%		41.665	100,00%			
Erbringung von sonstigen wirtschaftlichen Dienstleistungen	DE	2,66%	Ja	4,76%	Ja	1.138	78,59%	-	-	DE > IT
	IT	0,43%		0,46%		26.407	100,00%			
Erziehung und Unterricht	DE	0,00%	Nein	5,27%	Ja	80	44,20%	-	-	DE > IT
	IT	0,36%		0,40%		4.277	100,00%			
Gesundheits- und Sozialwesen	DE	0,00%	Ja	2,01%	Ja	498	40,10%	-	-	DE > IT
	IT	0,69%		0,72%		10.702	100,00%			
Kunst, Unterhaltung und Erholung	DE	0,90%	Ja	6,39%	Ja	159	63,10%	-	-	DE > IT
	IT	0,01%		0,03%		9.389	100,00%			
Erbringung von sonstigen Dienstleistungen	DE	0,90%	Ja	3,93%	Ja	365	68,87%	-	-	DE > IT
	IT	0,23%		0,24%		6.506	100,00%			

Die Praxis der Veröffentlichungen zeigt ein heterogenes Bild. Es gibt Fälle, in denen eine GuV ohne Jahresergebnis angegeben wird und solche, in denen die Bilanz ohne Jahresergebnis und am Ende der GuV nur ein Bilanzergebnis ohne Überleitungsrechnung angegeben wird. Erschwerend kommt hinzu, dass es nationale Unterschiede in der Veröffentlichungspraxis gibt. Nur 27% der italienischen Unternehmen (bei 78% der deutschen) geben das Jahresergebnis am Ende der GuV an. Dagegen geben nur 22,7% der deutschen Unternehmen (und 100% der italienischen) das Jahresergebnis in der Bilanz an. Aus diesem Grunde wurde in der vorliegenden Arbeit für deutsche Unternehmen das Jahresergebnis aus der Bilanz und für italienische Unternehmen aus der GuV übernommen. Durch diese Vorgehensweise haben (-> Unternehmen, sofern Angaben vorhanden) deutsche Unternehmen einen Veröffentlichungsanteil von 78,34%, die italienischen einen von 100%.

[515] Eigene Darstellung.

Die gesamtwirtschaftliche Betrachtung (Unternehmen, sofern Angaben vorhanden) zeigt, dass deutsche Unternehmen mit einem Wert von 3,85% im Median deutlich höhere Umsatzrenditen (Jahresüberschuss / Gesamtleistung) als italienische (0,68%) aufweisen. Allerdings sind Umsatzrenditen wegen großer Branchenstreuungen gesamtwirtschaftlich nur schwierig zu interpretieren.

Die branchenbezogene Betrachtung zeigt nahezu durchgehend für deutsche Unternehmen im Median höhere Umsatzrenditen. In den Zahlen dürfte sich die Leistungsfähigkeit der deutschen Wirtschaft widerspiegeln. Auffällig ist, dass die Umsatzrenditen über alle Branchen in Deutschland stärker als in Italien streuen.

4.2.3 Konsequenzen für eine länderübergreifende Jahresabschlussanalyse

Die Hauptaufgabe jedes Ratingmodells ist es, solvente von insolventen Unternehmen ex ante möglichst optimal zu trennen. Je „breiter" die Ratingfunktion eingesetzt werden kann, desto wertvoller ist die Funktion. Im Idealfall kann eine länderübergreifende[516] Funktion ermittelt werden, die für alle Branchen und die beiden Länder Italien und Deutschland gilt. Um eine derartige Funktion theoretisch ermitteln zu können, müssen länderspezifische und branchenspezifische Einflussfaktoren bereits in der Kennzahlenbildung berücksichtigt werden. Wird dies nicht sorgfältig bedacht, misst die Funktion im Zweifel eher branchen- oder länderspezifische Unterschiede, abhängig von der Struktur der Daten.

Des Weiteren ist es für den praktischen Einsatz einer Ratingfunktion wichtig, dass die Bestandteile der Kennzahlen, auf die sich die Berechnung stützt, großzahlig vorhanden sind. Die beste Ratingfunktion ist untauglich, wenn die Kennzahlenbestandteile in der Praxis nur selten existent sind. Damit scheiden Kennzahlen aus, die sich nicht für die Mehrzahl aller verfügbaren Fälle errechnen lassen. Bei der Interpretation der Befunde zeigt sich, dass – bezogen auf Bilanzwerte – in vielen Fällen eine problematische Ausgangsbasis besteht. Die Position „Eigenkapital" wird nur von 76,6% der italienischen Unternehmen angegeben. Der Posten müsste aber immer vorhanden sein. Rückstellungen werden in Italien nur von knapp 25% der Unternehmen angegeben. Auch hier sind deutlich höhere tatsächliche Werte zu erwarten Kritisch ist die Situation bezogen auf die Fristigkeit der Finanzierung. In Deutschland geben nur 1,94% der Unternehmen Laufzeiten an. Damit kann schon aus theoretischen Gründen eine Kennzahl, die auf kurzfristigem Fremdkapital basiert, in Deutschland nicht Bestandteil der Ratingformel werden, obwohl eine derartige Kennzahl in nahezu allen gängigen Ratingmodellen enthalten ist.[517]

Weitere Probleme ergeben sich bei der Bilanzposition „Verbindlichkeiten aus Lieferungen und Leistungen". Diese werden in Italien nur in 44,8% aller Fälle angegeben, ein Wert der kaum der Realität entsprechen dürfte. Mit Blick auf diese Befunde ist eine länderübergreifende Nutzung der vorliegenden Bilanzdaten für Zwecke der Kennzahlenbildung nur eingeschränkt möglich. Nur große Zusammenfassungen wie Bilanzsumme, Anlagevermögen, immaterielles Vermögen, Sachanlagen, Umlaufvermögen und Verbindlichkeiten weisen Besetzungszahlen auf, die in beiden Ländern ausreichend vorhanden sind. Dies schränkt die Möglichkeiten ein, eine trennfähige gemeinsame Ratingformel zu entwickeln.

Ausgehend von dem Rechtsvergleich und den Ergebnissen der empirischen Analyse ist zunächst

---

516 Die Betrachtung bezieht sich im vorliegenden Fall ausschließlich auf Deutschland und Italien.

517 Beispielsweise in der DATEV KRILOG vgl. Krehl et al (2006), S. 28.

festzuhalten, dass eine Zusammenfassung von Posten auf einer hohen Gliederungsebene einer Aggregation von Posten auf einer niedrigen Ebene vorzuziehen ist. Für aussagekräftige Vergleiche müssen zudem einzelne Posten in den nationalen Schemata umgegliedert werden. Ergänzend empfehlen sich, im Interesse einer länderübergreifenden Kennzahlenbildung, einige grundsätzliche Bereinigungen.

Im Bereich des Vermögens müssen lediglich die aktivierten Ingangsetzungs- und Erweiterungsaufwendungen umgegliedert werden. In Deutschland sind sie Teil der Bilanzierungshilfen und vor dem Anlagevermögen auszuweisen. In Italien sind sie Bestandteil der immateriellen Vermögensgegenstände. Im Sinne einer Vergleichbarkeit, sollten die italienischen Ingangsetzungs- und Erweiterungsaufwendungen als Bilanzierungshilfen klassifiziert und entsprechend umgegliedert werden.

Aufgrund unterschiedlich ausgeprägter Wahlrechte, inhaltlicher Definitionen und teils starker landes- und branchenspezifischer Unterschiede sollten aus bilanzanalytischer Sicht Bilanzierungshilfen und das immaterielle Vermögen grundsätzlich gegen das Eigenkapital verrechnet werden.

Im Bereich des Kapitals sind Umgliederungen im Bereich der Rückstellungen vorzunehmen. Aufgrund ihres Charakters sind die italienischen Rückstellungen für Abfertigungen den Pensionsrückstellungen hinzuzurechnen. Der so entstehende synthetische Posten kann anschließend mit dem deutschen Posten Pensionsrückstellungen verglichen werden. Weitere Modifikationen im Bereich des Kapitals sind nicht notwendig. Lediglich die Verrechnung der Bilanzierungshilfen und immateriellen Vermögensgegenstände tangiert das Eigenkapital.

In der GuV sollten im deutschen Schema der Materialaufwand, die sonstigen betrieblichen Aufwendungen und die sonstigen Steuern addiert werden. Im italienischen Schema empfiehlt sich eine Zusammenfassung der Posten Materialaufwand und sonstiger betrieblicher Aufwand. Dies erscheint sinnvoll, da Aufwendungen, welche in Deutschland unter dem sonstigen betrieblichen Ertrag erfasst werden, in Italien als Materialaufwand verbucht werden. Des Weiteren werden sonstige Steuern in Italien als sonstiger betrieblicher Aufwand geführt. Die so geschaffenen synthetischen Posten sind nach der Umgliederung inhaltlich miteinander vergleichbar.

Aus bilanzanalytischer Sicht, sollten Kennzahlen, die im Wesentlichen durch die Posten Materialaufwand und sonstiger betrieblicher Aufwand bestimmt sind (wie z. B. Rohertrag, Materialanteil, Zielgewährung von Lieferanten, Reichweite des Materiallagers), vermieden werden, da zwischen Deutschland und Italien theoretisch und empirisch ein deutlicher Unterschied in der Bilanzierung besteht, der sich aber nur formal und nicht wirtschaftlich erklärt. Auch im Bereich der Abschreibungen und des Personalaufwands finden sich Branchen- und Länderunterschiede. Insgesamt spricht viel für die Bildung von Überschusskennzahlen in der Konzeption Betriebserfolg vor Abschreibungen. Damit lassen sich viele gegensätzliche Wirkungen wieder ausgleichen.

Grundsätzlich sollten die Steuern vom Einkommen und Ertrag von Gewinngrößen abgezogen werden, um die durch die jeweilige nationale Steuersystematik bedingten Unterschiede möglichst zu eliminieren.

Insgesamt zeigen die Befunde die Schwierigkeiten der Entwicklung einer länderübergreifenden Ratingformel. Was für das eine Land möglich erscheint (Bsp.: Laufzeiten in Italien zu 76,33% vorhanden), ist für das andere Land unmöglich zu berechnen (Bsp.: Laufzeiten in Deutschland nur zu 1,94% vorhanden).

Nachdem nun die theoretischen Rechnungslegungsunterschiede empirisch validiert und entsprechende Konsequenzen für eine länderübergreifende Jahresabschlussanalyse abgeleitet wurden, widmet sich das folgende Unterkapitel der Entwicklung der Ratingmodelle.

4.3 Entwicklung der Bilanzratingmodelle

4.3.1 Generierung der Datenbasis für die Ratingmodellentwicklung

4.3.1.1 Datenerhebung und -verarbeitung

Mit Hilfe strukturierter Interviews wurden sowohl in Deutschland als auch in Italien alle bekannten kommerziellen Anbieter von Jahresabschlussdaten befragt. Zielsetzung war es, diejenigen Anbieter zu selektieren, welche Daten für eine Ratingmodellentwicklung in ausreichender Qualität und Quantität zur Verfügung stellen können. Nach Auswertung der Interviews zeigte sich, dass „Büro van Dijk" mit seinen Datenbanken „AIDA" und „DAFNE" die für das Vorhaben notwendigen Daten zur Verfügung stellen kann.

Problematisch an diesen Datenbanken ist jedoch der hohe Anteil an Missing Values, welcher im Wesentlichen aus eingeschränkten Veröffentlichungspflichten resultiert. Alle Daten, welche in den Datenbanken AIDA und DAFNE verfügbar sind, entstammen verschiedenen öffentlichen Registern und sind damit grundsätzlich für jedermann zugänglich.

Daten kleiner Unternehmen i.S.d. § 267 HGB werden im Rahmen der Modellentwicklung nicht berücksichtigt, da bei veröffentlichten Abschlüssen dieser Unternehmen regelmäßig wesentliche Bilanzposten wie Umsatz oder Jahresüberschuss nicht gefüllt sind. Diese Posten werden jedoch für die Berechnung einer Vielzahl potentiell trennfähiger Kennzahlen benötigt. Des Weiteren fehlen bei den italienischen Daten exakte Informationen zum Ausfallzeitpunkt. Da diese Informationen jedoch relevant für die Modellentwicklung sind, werden hierzu Annahmen getroffen.

Es wurde jeweils ein Export aller verfügbaren Daten durchgeführt. Aus der italienischen Datenbank AIDA (Version 152) konnten insgesamt 3.540.653 Jahresabschlüsse von 1.020.003 Unternehmen extrahiert werden. Aus der deutschen DAFNE Datenbank (Version 165) konnten 2.416.131 Jahresabschlüsse von 890.484 Unternehmen ausgelesen werden.

Für die Verarbeitung der exportierten Daten wurde eine Datenbank auf Basis des Microsoft SQL Servers 2008 R2 entwickelt, welche im Folgenden als EDAS bezeichnet wird. Diese relationale Datenbank ist in der Lage, Jahresabschlussdaten inkl. der dazugehörigen Stammdaten unabhängig des verwendeten Rechnungslegungsstandards in großer Anzahl zu speichern, zu plausibilisieren und in Form von Kennzahlen zu aggregieren. Gegenwärtig werden in dieser Datenbank insgesamt 10.283.839 Jahresabschlüsse von 3.381.176 Unternehmen aus fünf verschiedenen Ländern gespeichert und verarbeitet.

4.3.1.2 Kennzahlendefinition und -berechnung

Im theoretischen Teil dieser Arbeit wurde dargelegt, dass die überwiegende Mehrheit bekannter Studien zum Thema Bilanzrating auf bestehende Kennzahlenkataloge zurückgreift und deshalb auf eine theoretisch fundierte Entwicklung „neuer" trennfähiger Kennzahlen weitgehend verzichtet.[518] Auch in der vorliegenden Arbeit wird auf bestehende Kennzahlenkataloge[519] zurückgegriffen, welche alle Informationsbereiche des Jahresabschlusses abdecken.

Jedoch werden diese um theoretisch trennfähige Kennzahlen ergänzt, welche unter Berücksichtigung der in dieser Arbeit dargelegten Rechnungslegungsunterschiede[520] gebildet werden. Konkret unterscheiden sich diese neuartigen Kennzahlen von bekannten trennfähigen Kennzahlen durch spezielle Bereinigungen, welche rechnungslegungsspezifische Unterschiede – so weit möglich – neutralisieren. Diese Bereinigungen wurden bereits im vorherigen Abschnitt (Abschnitt 4.2.3) dargelegt und im Kennzahlenkatalog,[521] welcher dieser Arbeit zugrunde liegt, entsprechend berücksichtigt.

Nach der Kennzahlendefinition, sind die Kennzahlen zu berechnen. Im vorliegenden Fall wurde ein Programm entwickelt, welches die notwendigen Kennzahlenbestandteile aus der Datenbank extrahiert, die Kennzahl entsprechend der Definition berechnet und das Ergebnis anschließend in die Datenbank zurückschreibt. In der praktischen Anwendung zeigte sich jedoch, dass die Rechenzeiten bei derart großen Datenbeständen trotz des Einsatzes rechenstarker IT Systeme[522] relativ hoch war.

Es zeigte sich zudem, dass die Umwandlung der Kennzahlendefinition in ein SQL Statement die schnellste Alternative darstellt. Durch dieses Vorgehen konnte die Geschwindigkeit der Kennzahlenberechnung um den Faktor 1422 gesteigert werden und die Berechnungsdauer für 200.000.000 Kennzahlenwerte von sieben Tagen auf ca. sieben Minuten reduziert werden. Die Umwandlung einer Kennzahlendefinition in ein SQL Statement ist in Anhang 5 dokumentiert.

---

[518] Vgl. Abschnitt 3.2.1.

[519] Die in der vorliegenden Arbeit verwendeten Kennzahlenkataloge basieren auf den Arbeiten von: Leker (1993), S. 93; Hüls (1995), S. 75; Baetge et al (2004), S. 641 ff; Krehl et al (2006), S. 27 ff; Schuhmacher (2006), S. 69.

[520] Vgl. Abschnitt 2.7.

[521] Vgl. Anhang 4.

[522] Zum Einsatz kam ein Dell Server mit 4 Prozessorkernen vom Typ Intel Xeon X5460 3,16 GHz und 32 GB Arbeitsspeicher.

4.3.2 Länderspezifische Bilanzratingmodelle

4.3.2.1 Deutsches Bilanzratingmodell

4.3.2.1.1 Plausibilisierung und Bereinigung der verfügbaren Daten

Für die Jahre 2006, 2007 und 2008 lagen 254.330 deutsche Jahresabschlüsse in der Datenbank EDAS vor. Dieser Datenbestand reduzierte sich erheblich, da Jahresabschlüsse ohne Werte in den Positionen Eigenkapital, Umsatz und Jahresüberschuss / -fehlbetrag ausgeschlossen wurden. Sind diese Positionen in einem Jahresabschluss nicht gefüllt, kann die Mehrzahl aller Kennzahlen aus dem Kennzahlenkatalog nicht berechnet werden. Zusätzlich wurden Jahresabschlüsse mit nicht plausiblen Werten[523] eliminiert.

Insgesamt mussten aufgrund fehlender Plausibilität und fehlender Werte in wesentlichen Posten 173.016 Jahresabschlüsse von den weiteren Untersuchungen ausgeschlossen werden. Abbildung 21 visualisiert die Ergebnisse der Plausibilisierung aller deutschen Jahresabschlüsse.

In der Abbildung ist deutlich zu erkennen, dass der deutsche Datenbestand von Missing Values gekennzeichnet ist. Da bei der vorliegenden Untersuchung nur veröffentlichte Jahresabschlüsse verwendet wurden, lassen sich die Missing Values durch die beschränkten Veröffentlichungspflichten gem. § 267 HGB i. V. m. § 326 HGB erklären. Unplausible Jahresabschlüsse konnten hingegen nur in wenigen Fällen identifiziert werden.

Der Datenbestand reduzierte sich weiterhin durch die Elimination von Unternehmen, welche der Bau- oder der Banken- und Versicherungsbranche (10.296) angehören. Unternehmen dieser Branchen weisen im Vergleich zu den übrigen Unternehmen inhaltlich und strukturell besondere Bilanzen auf.[524]

Nach Plausibilisierung und Bereinigung verblieben für die Entwicklung des deutschen Modells insgesamt 71.018 Jahresabschlüsse. Darin enthalten sind 731 Jahresabschlüsse ausgefallener Unternehmen, was einer Ausfallrate von 1,03% entspricht.

[523] Jeder Jahresabschluss wurde mit Hilfe von 158 Plausibilisierungsregeln überprüft. Zum Thema Plausibilisierung vgl. Abschnitt 3.1.3.

[524] Vgl. Leker (1993), S. 137 f.

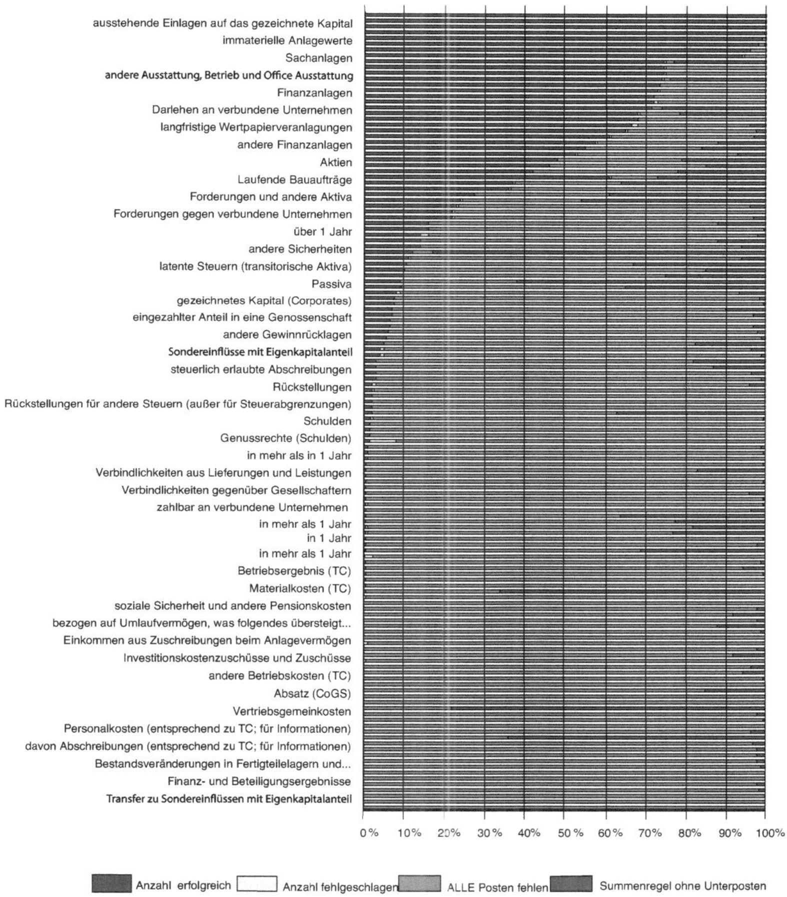

Abb. 21 Ergebnissübersicht Plausibilisierung Deutschland.[525]

[525] Eigene Darstellung.

4.3.2.1.2 Stichprobenbildung

Auf Basis dieses bereinigten Datenbestandes wird anschließend ein Portfolio[526] gebildet, in dem insgesamt 24.735 Unternehmen verbleiben.

Das Portfolio teilt sich in 24.427 solvente und 308 insolvente Unternehmen auf, was einer empirischen Ausfallquote von 1,25% entspricht. Das Portfolio wurde für die Ratingmodellentwicklung durch Zufallsauswahl (Out-of-Time-and-Universe) in eine Entwicklungs- und eine Validierungsstichprobe aufgeteilt. Die winsorisierte[527] Entwicklungsstichprobe beinhaltet 14.723 solvente und 183 insolvente Unternehmen.

Die (nicht winsorisierte) Validierungsstichprobe besteht aus 9.704 solventen und 125 insolventen Unternehmen. Folgende Abbildung fasst die Zusammensetzung der Stichproben zusammen:

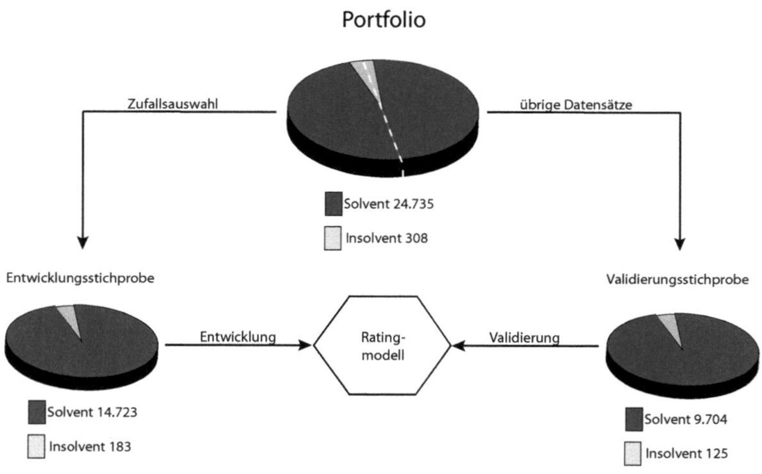

Abb. 22 Stichproben des deutschen Modells.[528]

[526] Die Bildung eines Portfolios stellt sicher, dass ein Unternehmen nicht mit mehreren Jahresabschlüssen in der Stichprobe vertreten ist.

[527] Zur Ausreißerbereinigung wurde 2% Winsoring auf die berechneten Kennzahlen angewendet. Zum Thema Winsorisierung siehe einführend Sachs, Hedderich (2009), S. 70.

[528] Eigene Darstellung.

Die Jahresabschlüsse aus dem Portfolio verteilen sich auf Kapital-, Personen- und sonstige Gesellschaften wie folgt:

Tabelle 62: Verteilung nach Rechtsformen im deutschen Portfolio.[529]

Rechtsform	**2006**	**2007**	**2008**	**Portfolio**	**Ausfaller**
Kapitalgesellschaften	14.005	1.794	7.244	23.043	302
Personengesellschaften	531	142	401	1.074	5
Sonstige	370	71	177	618	1
Summe	**14.906**	**2.007**	**7.822**	**24.735**	**308**

[529] Eigene Darstellung.

Des Weiteren verteilen sich die Unternehmen des Portfolios auf die Wirtschaftszweige wie folgt:

Tabelle 63: Branchenverteilung im deutschen Portfolio.[530]

Wirtschaftszweig	2006	2007	2008	Portfolio	Ausfaller
Land- und Forstwirtschaft, Fischerei	103	32	61	196	0
Bergbau und Gewinnung von Steinen und Erden	56	7	26	89	1
Verarbeitendes Gewerbe	4.554	462	1.982	6.998	103
Energieversorgung	358	24	113	495	3
Wasserversorgung, Abwasser- und Abfallentsorgung	316	30	107	453	6
Handel; Instandhaltung und Reparatur von Kraftfahrzeugen	4.811	498	2.210	7.519	93
Verkehr und Lagerei	789	131	540	1.460	29
Gastgewerbe	119	19	116	254	4
Information und Kommunikation	559	88	313	960	8
Grundstücks- und Wohnungswesen	540	180	545	1.265	8
Erbringung von Freiberuflichen, wissenschaftlichen und technischen Dienstleistungen	1.406	228	934	2.568	22
Erbringung von sonstigen wirtschaftlichen Dienstleistungen	675	135	442	1.252	19
Öffentliche Verwaltung, Verteidigung, Sozialversicherung	26	10	19	55	0
Erziehung und Unterricht	45	17	30	92	0
Gesundheits- und Sozialwesen	267	84	172	523	3
Kunst, Unterhaltung und Erholung	61	16	67	144	4
Erbringung von sonstigen Dienstleistungen	221	45	145	411	5
Sonstige	0	1	0	1	0
Summe	**14.906**	**2.007**	**7.822**	**24.735**	**308**

[530] Eigene Darstellung.

4.3.2.1.3 Schätzung der Modellfunktion

4.3.2.1.3.1 Kennzahlenselektion

Für die Kennzahlenselektion stand ein Kennzahlenkatalog von 145 Kennzahlen zur Verfügung.[531] Dieser Katalog reduzierte sich auf 56 Kennzahlen, da nur diejenigen Kennzahlen weiter berücksichtigt wurden, welche für mindestens 80% der Jahresabschlüsse berechenbar waren. Diese erhebliche Reduktion resultiert aus der bereits dargelegten Missing-Value-Problematik.[532]

Aus den verbleibenden Kennzahlen wurden mit Hilfe der „Floating-Search-Methode"[533] sechs Kennzahlen ausgewählt.

Als Kriterium für die Auswahl trennfähiger Kennzahlen wurden verschiedene Methoden getestet, z. B. auf Basis der Log-Likelihood, Distanzmaße wie etwa die Bhattacharyya Distance, Korrelationsmaße wie die Pearson-Korrelation, der VIF oder die AUC.[534]

Überlegen war schließlich die Auswahl auf Basis der AUC bei gleichzeitiger Bestrafung für Variance-Inflation. Kennzahlen, bei denen die logistische Regression nicht zu signifikanten Koeffizienten[535] führte, wurden im Modell nicht berücksichtigt.

Im Rahmen der Kennzahlenauswahl wurden folgende sechs Kennzahlen selektiert:

- Cashflow-Gesamtkapitalrendite
- Fremdkapitalzinslast
- Modifizierte Eigenkapitalquote
- Rückstellungsquote
- Lieferantenziel
- Ratingorientierte Cash-Intensität

Die vorliegende Kennzahlenkombination orientiert sich am Sachverhalt der Zahlungsunfähigkeit unter geringerer aber noch messbarer Berücksichtigung der Gefahr einer strukturellen Überschul-

---

[531] Vgl. Anhang 4.

[532] Vgl. hierzu die Ausführungen in Abschnitt 4.3.2.1.1.

[533] Vgl. hierzu die Ausführungen in Abschnitt 3.2.2.

[534] Eine Diskussion der Maße findet sich bei Papaioannou et al (2007).

[535] Signifikanzniveau alpha = 0,05.

dung. Zunächst gilt formal, dass sich insolvenzgefährdete Unternehmen gegenüber unauffälligen Unternehmen wie folgt unterscheiden:

Sie sind durch eine geringe oder gar negative Finanzkraft gekennzeichnet (Cash-flow-Gesamtkapitalrendite). Diese mangelhafte Finanzkraft führt im Standardfall der Krisenanpassung zu einer Liquiditätskrise. In der Liquiditätskrise werden vorhandene Finanzmittel aufgebraucht (Rating-orientierte Cash-Intensität), die Möglichkeiten eines (teuren) Kontokorrents werden bis zuletzt ausgenutzt (Fremdkapitalzinslast) und Auszahlungen verschoben (Lieferantenziel).

Die Liquiditätskrise basiert strukturell auf einer Erfolgskrise, welche regelmäßig zu einer Reduktion des Eigenkapitals führt (modifizierte Eigenkapitalquote). Zusätzlich vernachlässigen Krisenunternehmen im Vorfeld der Liquiditätskrise vielfach die Risikovorsorge oder lösen gar bestehende Rückstellungen auf (Rückstellungsquote).[536]

4.3.2.1.3.2 Definition der trennfähigen Kennzahlen

Die mathematisch-statistisch selektierten Kennzahlen[537] bilden die Vermögens-, Finanz- und Ertragslage von Unternehmen ganzheitlich ab. Die Cashflow–Gesamtkapitalrendite ist Bestandteil der Cashflow-Renditen. Grundsätzlich eignen sich Cashflow-Renditen besser zur Trennung insolventer von solventen Unternehmen als Renditen auf Basis des Jahresüberschusses.[538] Hohe Cashflow-Renditen deuten auf eine hohe Finanzkraft hin und zeugen von einem hohen Selbstfinanzierungsgrad. In ihrer Grundvariante[539] quantifiziert die Cashflow-Gesamtkapitalrendite den Anteil an Finanzierungsmitteln am Gesamtkapital, der in einer Periode dem Unternehmen zugeflossen ist.

---

[536] Zum Krisenverlauf sowie der Theorie der abnehmenden Handlungsspielräume in der Krise vgl. Leker (1993), S. 215.

[537] Die Zusammensetzung der selektierten Kennzahlen wird in Tabellenform dargelegt. Zu jedem Bilanzposten wird eine eindeutige ID angegeben. Mit deren Hilfe und dem deutschen Gliederungsschema (vgl. Anhang 6), kann die Kennzahlenbildung exakt nachvollzogen werden.

[538] Vgl. Baetge et al. (2004), S. 378.

[539] In ihrer Grundvariante ist die Cashflow-Gesamtkapitalrendite wie folgt definiert: (Cashflow + Fremdkapitalzinsen) / Durchschnittliches Gesamtkapital.

Tabelle 64: Definition der Cashflow–Gesamtkapitalrendite-Modell Deutschland.[540]

	Posten	ID
	Jahresüberschuss / -fehlbetrag	300385
+	soziale Abgaben und Aufwendungen für Altersversorgung und für Unterstützung	300466
+	Abschreibungen auf das Sachanlagevermögen	300475
–	außerordentlicher Erfolg	300387
+	Steuern vom Einkommen und Ertrag	300388
/		
	Bilanzsumme	300001
–	Erhaltene Anzahlungen	300293
=	**Cashflow-Gesamtkapitalrendite**	

Im Zähler steht eine um den außerordentlichen Erfolg korrigierte Cashflow-Größe (indirekte Ermittlung). Diese Modifikation des Zählers stabilisiert den ohnehin schon gegen bilanzpolitische Maßnahmen robusten Cashflow zusätzlich. Weiterhin werden Steuern vom Einkommen und Ertrag im Zähler abgezogen, was insgesamt zu einer besseren Vergleichbarkeit von Unternehmen führt, welche sich hinsichtlich ihrer Rechtsform (Kapital- oder Personengesellschaft) oder ihrer Herkunft (Land) unterscheiden.

Im Nenner der Kennzahl findet sich die Bilanzsumme wieder, welche um erhaltene Anzahlungen korrigiert wird. Theoretisch ist diese isolierte Korrektur nicht eindeutig zu begründen, jedoch zeigt die Empirie, dass es Unternehmen in der Krise offensichtlich nicht mehr gelingt, das Anzahlungsmanagement aufrecht zu erhalten,[541] so dass bei relativ gleichem Vorratsanteil deutlich geringere Anzahlungen eingehen, was wiederum zu Liquiditätseinbußen führt.

Insolvenzgefährdete Unternehmen sind regelmäßig von einer geringen Finanzkraft gekennzeichnet. Diese Problematik bildet der Cashflow ab. Die Bilanzsummen ändern sich in der Krise nicht zwangsweise, jedoch führt die Korrektur der Bilanzsumme um die erhaltenen Anzahlungen offensichtlich dazu, dass Unternehmen in der Krise tendenziell höhere Werte im Nenner als solvente Unternehmen aufweisen. Durch diesen gegenläufigen Verlauf von Zähler und Nenner in der Krise (Hebeleffekt) eignet sich diese Kennzahl gut zur Krisenprognose. Es gilt die Arbeitshypothese G > K.

Mit der Fremdkapitalzinslast wurde eine Kennzahl in die Funktion aufgenommen, welche sich in der Praxis des Bilanzratings bereits vielfach bewährt hat.[542]

---

[540] Eigene Darstellung.

[541] Möglicherweise ist hierfür der Vertrauensverlust der Kunden ein Grund.

[542] Sie ist beispielsweise Bestandteil der KRILOG Formel, welche heute noch von der DATEV eG in unterschiedlichen Produkten verwendet wird vgl. Krehl et al (2006), S. 28.

Tabelle 65: Definition der Fremdkapitalzinslast im Modell Deutschland.[543]

	Posten	ID
	Zinsen und ähnliche Aufwendungen	300663
/		
	Rückstellungen	300251
+	Verbindlichkeiten	300274
+	Sonderposten mit Rücklagenanteil * 0,5	300234
=	**Fremdkapitalzinslast**	

Im Zähler finden sich Zinsen und ähnliche Aufwendungen, welche isoliert betrachtet bereits eine hohe univariate Trennfähigkeit aufweisen.[544] Der Nenner beinhaltet die Schulden, welche im vorliegenden Fall als Summe aller Verbindlichkeiten, Rückstellungen und die Hälfte des Sonderpostens mit Rücklagenanteil definiert sind.

Im Krisenfall wird regelmäßig versucht, potentielle Liquiditätsengpässe durch die Aufnahme von zusätzlichem (meist kurzfristigem) Fremdkapital zu kompensieren. Dies führt einerseits zu einer Erhöhung der Verbindlichkeiten, andererseits zu einer Steigerung der Zinsen und ähnlichen Aufwendungen und damit zu einer Reaktion der Kennzahl im Krisenfall. Zwar greift bei dieser Kennzahl nicht der Hebeleffekt (gegenläufige Reaktion von Zähler und Nenner in der Krise), trotzdem leistet diese Kennzahl einen hohen Erklärungsbeitrag im Rahmen der Insolvenzprognose.

Die Eigenkapitalquote ist eine klassische Kennzahl der Bilanzanalyse, welche erste Hinweise auf die Bestandsfestigkeit eines Unternehmens gibt. Sie ist Bestandteil der Kapitalstrukturanalyse.

Tabelle 66: Definition der modifizierten Eigenkapitalquote im Modell Deutschland.[545]

	Posten	ID
	Eigenkapital	300184
+	Sonderposten mit Rücklagenanteil * 0,5	300234
–	Immaterielle Vermögensgegenstände	300010
/		
	Bilanzsumme	300001
–	Immaterielle Vermögensgegenstände	300010
–	Grundstücke, grundstücksgleiche Rechte und Bauten einschließlich der Bauten auf fremden Grundstücken	300023
=	**Modifizierte Eigenkapitalquote**	

543 Eigene Darstellung.

544 Die univariate Trennfähigkeit einzelner Positionen wurde im Rahmen der Modellentwicklung für diese Arbeit überprüft.

545 Eigene Darstellung.

Im Zähler werden 50% des Sonderpostens mit Rücklagenanteil dem Eigenkapital hinzugerechnet. Des Weiteren werden im Zähler immaterielle Vermögensgegenstände zum Abzug gebracht, um die Wirkung potentiell ausgenutzter Wahlrechte, wie beispielsweise die Aktivierung eines derivativen GoF zu kompensieren. Das so modifizierte Eigenkapital wird anschließend an der Bilanzsumme relativiert, von welcher ebenfalls die immateriellen Vermögensgegenstände abgezogen werden. Zusätzlich werden noch Grundstücke, grundstücksgleiche Rechte und Bauten, einschließlich der Bauten auf fremden Grundstücken im Nenner subtrahiert, um potentielle Auswirkung von Sale-and-lease-back-Maßnahmen (Window-Dressing) zu kompensieren.

Die Kennzahl reagiert aufgrund ihrer Verlustausgleichsfunktion (potentielle Jahresfehlbeträge sind durch das Eigenkapital auszugleichen) bei insolventen oder krisenbehafteten Unternehmen in der Regel deutlich stärker als bei „gesunden" Unternehmen. Grundsätzlich gilt für diese Kennzahl die Arbeitshypothese G > K.[546]

Die Rückstellungsquote ist ebenfalls der Kapitalstrukturanalyse zuzuordnen.

Tabelle 67: Definition der Rückstellungsquote im Modell Deutschland.[547]

	Posten	**ID**
	Rückstellungen	300251
/		
	Bilanzsumme	300001
–	Erhaltene Anzahlungen	300293
=	**Rückstellungsquote**	

Im Zähler findet sich die Summe aller Rückstellungen. Diese werden an der Bilanzsumme relativiert, welche um die erhaltenen Anzahlungen korrigiert werden. Theoretisch ist diese isolierte Korrektur nicht eindeutig zu begründen, jedoch zeigt die Empirie, dass es Unternehmen in der Krise offensichtlich nicht mehr gelingt, das Anzahlungsmanagement aufrecht zu erhalten,[548] so dass bei relativ gleichem Vorratsanteil deutlich geringere Anzahlungen eingehen, was wiederum zu Liquiditätseinbußen führt.

[546] In der klassischen Bilanzanalyse sollte die Kennzahl „Eigenkapitalquote" nicht isoliert betrachtet werden. Vor dem Hintergrund des Leverage-Effekts ist vor einer Kennzahleninterpretation zumindest die Eigenkapitalrentabilität zusätzlich zu betrachten. Des Weiteren sollte die Kennzahl branchenspezifisch interpretiert werden. Zwischen den unterschiedlichen Branchen bestehen bei der Höhe der durchschnittlichen Eigenkapitalquoten erhebliche Unterschiede vgl. Krehl et al. (2006).

[547] Eigene Darstellung.

[548] Möglicherweise ist hierfür der Vertrauensverlust der Kunden ein Grund.

Offensichtlich vernachlässigen Unternehmen im Vorfeld einer Krise die Risikovorsorge zunehmend. In der Krise werden – im Rahmen des Möglichen – sogar Rückstellungen aufgelöst, um dadurch die Erfolgsbeiträge in der betreffenden Periode zu steigern. Insbesondere im Falle vorhandener Aufwandsrückstellungen ist eine Auflösung relativ einfach darstellbar. Es gilt die Arbeitshypothese G > K. Die Tabelle 68 zeigt die Definition der Rückstellungsquote des deutschen Modells.

Das Lieferantenziel setzt die VLL's ins Verhältnis zu den Umsatzerlösen. Die zusätzliche Multiplikation mit 360 erlaubt den Ausdruck des Lieferantenziels in Tagen.

Tabelle 68: Definition des Lieferantenziels im Modell Deutschland.[549]

	Posten	**ID**
	Verbindlichkeiten aus Lieferungen und Leistungen *360	300299
/		
	Umsatzerlöse	300671
=	**Lieferantenziel**	

Solvente Unternehmen versuchen Lieferantenverbindlichkeiten fristgerecht zu begleichen, um potentielle Skonti auszunutzen. Unternehmen in der Krise hingegen versuchen Auszahlungen stark zu verzögern, um so potentielle Liquiditätsengpässe im eigenen Unternehmen zu überbrücken. In der Krise steigen also die VLL's regelmäßig. Dieser Effekt geht nicht selten mit einer Umsatzreduktion einher, was insgesamt zu einer starken Kennzahlreaktion bei insolvenzgefährdeten Unternehmen führt. Es gilt die Arbeitshypothese G < K.

Die Cash-Intensität quantifiziert in ihrer Grundvariante den Anteil der liquiden Mittel an der Bilanzsumme.

[549] Eigene Darstellung.

Tabelle 69: Definition der ratingorientierte Cash-Intensität-Modell Deutschland.[550]

	Posten	**ID**
	Kassenbestand, Bundesbankguthaben, Guthaben bei Kreditinstituten und Schecks	300167
–	Verbindlichkeiten gegenüber Kreditinstituten	300287
+	Verbindlichkeiten gegenüber Kreditinstituten, davon mit einer Restlaufzeit über 1 Jahr	300290
/		
	Bilanzsumme	300001
–	Erhaltene Anzahlungen	300293
=	**Ratingorientierte Cash-Intensität**	

Im Zähler sind liquide Mittel abzüglich der kurzfristigen Bankverbindlichkeiten enthalten. Diese Verbindlichkeiten werden subtrahiert, da mit einem unmittelbaren Abfluss von Liquidität in Höhe dieser Verbindlichkeiten zu rechnen ist. Im Nenner findet sich die Bilanzsumme, welche wiederum um die erhaltenen Anzahlungen korrigiert wird.

Krisenunternehmen brauchen im Gegensatz zu solventen Unternehmen ihre liquiden Mittel in vielen Fällen vollständig auf. Genau diesen Effekt bildet diese Kennzahl ab. Zu berücksichtigen ist allerdings, dass diese Kennzahl relativ einfach durch bilanzpolitische Maßnahmen zu beeinflussen ist. Es gilt die Arbeitshypothese G > K.

4.3.2.1.3.3 Korrelation und Multikollinearität

Bei der Entwicklung eines Ratingmodells mit Hilfe der logistischen Regression ist insbesondere auf Korrelationen und Multikollinearitäten zu achten,[551] da diese die Ergebnisse verfälschen können und in der Folge Koeffizienten irrtümlich falsche Vorzeichen aufweisen. Die Korrelation gibt dabei an, inwieweit sich der Erklärungsbeitrag von zwei betrachteten Variablen direkt überschneidet. Als unkritischer Bereich für Korrelationen gilt der Wertebereich zwischen $0 \leq$ Korrelation $\leq 0{,}45$.[552] Alle Korrelationen im geschätzten Modell liegen innerhalb dieses Bereiches.

---

[550] Eigene Darstellung.

[551] Vgl. Österreichische Nationalbank (2004), S. 84.

[552] Vgl. hierzu die Ausführungen in Abschnitt 3.2.3.2.

Tabelle 70: Korrelation deutscher Kennzahlen.[553]

	Lieferanten-ziel	Cashflow-Gesamtkapi-talrendite	Fremdkapital-zinslast	Rückstel-lungsquote	modifizierte Eigenkapital-quote
Cashflow-Gesamtkapital-rendite	-0,01				
Fremdkapital-zinslast	0,00	0,05			
Rückstellungs-quote	-0,02	0,14	-0,01		
modifizierte Eigenkapital-quote	-0,02	0,01	0,02	-0,09	
ratingorien-tierte Cash-Intensität	0,00	0,18	-0,02	0,29	0,02

Der VIF wird ermittelt, indem die betrachtete Variable linear auf alle anderen im Modell befindlichen Variablen regressiert wird. Der VIF ist somit ein Indikator linearer Multikollinearitäten.[554] Als kritische obere Schranke werden üblicherweise Werte zwischen 4 und 9 angegeben.[555] Die VIF-Werte der Variablen im Modell unterschreiten die kritischen Werte ohne Ausnahme deutlich.

Tabelle 71: Variance-Inflation-Factor deutscher Kennzahlen.[556]

	VIF
Lieferantenziel	1,0002
Cashflow-Gestamtkapitalrendite	1,0480
Fremdkapitalzinslast	1,0039
Rückstellungsquote	1,1139
modifizierte Eigenkapitalquote	1,0111
ratingorientierte Cash-Intensität	1,1202

Sowohl die Wert der Korrelationskoeffizienten als auch die Höhe des VIF der jeweiligen Kennzahlen sind für das deutsche Modell unbedenklich.

[553] Eigene Darstellung.

[554] Vgl. hierzu die Ausführungen in Abschnitt 3.2.3.2.

[555] Vgl. ebenda.

[556] Eigene Darstellung.

4.3.2.1.4 Modellvalidierung

Die Funktion wurde auf einem Portfolio mit einer mittleren beobachteten Ausfallwahrscheinlichkeit von 1,25% ermittelt. Da es sich bei der Funktion um eine logistische Regression handelt und unterstellt wird, das Portfolio sei repräsentativ, ist vorerst keine zusätzlich Kalibrierung notwendig. Abbildung 23 zeigt die auf Basis der Daten der Validierungsstichprobe berechnete ROC des deutschen Modells.

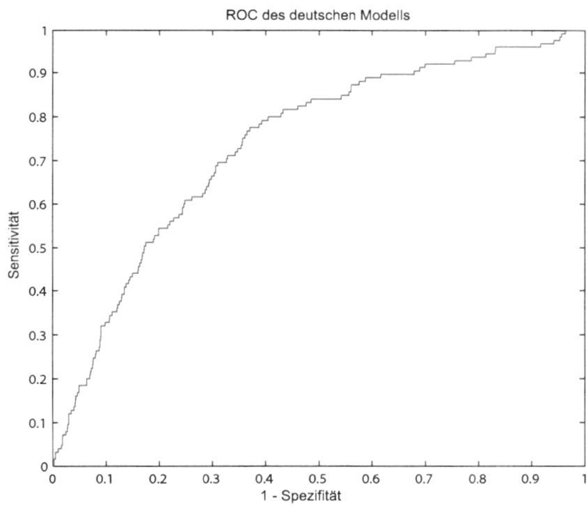

Abb. 23 ROC auf Basis der Validierungsstichprobe deutsches Modell.[557]

Für das deutsche Modell konnte auf der Entwicklungsstichprobe eine AUC von 0,8206 erzeugt werden. Auf der Validierungsstichprobe konnte ein Wert von 0,7357 erreicht werden. Die relativ hohen Abstände zwischen den beiden AUCs resultieren aus der Out-of-Time-and-Universe-Validierung, welche als komplexester Validierungsansatz gilt.[558]

[557] Eigene Darstellung.

[558] Vgl. hierzu die Ausführungen in Abschnitt 3.1.5.

Ein weiteres gängiges Maß für Trennschärfe ist die Accuracy-Ratio (AR) – auch als GK bezeichnet.[559] Dieses Maß lässt sich direkt aus der AUC ableiten und beträgt für das deutsche Modell:

GK (Entwicklungsstichprobe) = 0,6412

GK (Validierungsstichprobe) = 0,4714

4.3.2.2 Italienisches Bilanzratingmodell

4.3.2.2.1 Plausibilisierung und Bereinigung der verfügbaren Daten

Für die Jahre 2006, 2007 und 2008 lagen 1.633.047 Jahresabschlüsse in EDAS vor. Dieser Datenbestand reduzierte sich erheblich, da Jahresabschlüsse, welche keine Werte in den Positionen Eigenkapital, Umsatz und Jahresüberschuss / -fehlbetrag von den Untersuchungen ausgeschlossen wurden. Außerdem wurden Jahresabschlüsse aufgrund von Unplausibilität[560] ausgeschlossen. Insgesamt mussten aufgrund von Missing Values in wichtigen Posten oder Unplausibilität 451.559 Jahresabschlüsse ausgeschlossen werden. Abbildung 24 visualisiert die Ergebnisse der Plausibilisierung aller italienischen Jahresabschlüsse.

Der Datenbestand reduzierte sich weiterhin durch die Elimination von Unternehmen, welche der Bau- oder der Banken- und Versicherungsbranche (196.186) angehören, da Unternehmen dieser Branchen im Vergleich zu anderen inhaltlich und strukturell besondere Bilanzen aufweisen.

[559] Vgl. hierzu die Ausführungen in Abschnitt 3.3.1.

[560] Insgesamt wurden 38 Plausibilisierungsregeln auf alle italienischen Jahresabschlüsse angewendet.

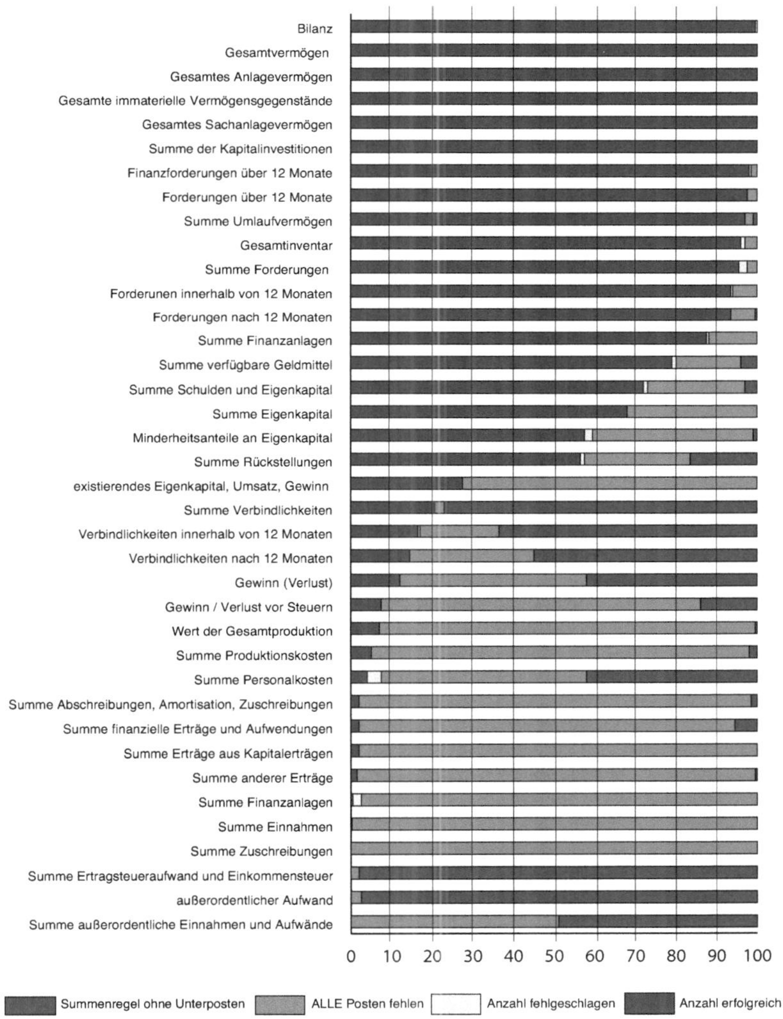

Abb. 24 Ergebnisübersicht Plausibilisierung Italien.[561]

[561] Eigene Darstellung.

4.3.2.2.2 Stichprobenbildung und Beschreibung des Datenbestandes

Auf Basis des verbleibenden Datenbestandes wurde anschließend ein Portfolio gebildet, welches insgesamt 225.068 Jahresabschlüsse enthält. Das Portfolio besteht aus 220.942 solventen und 4.126 insolventen Unternehmen, was einer empirischen Ausfallquote von 1,83% entspricht.

Das Portfolio wurde für die Ratingmodellentwicklung durch Zufallsauswahl (Out-of-Universe) in eine Entwicklungs- und eine Validierungsstichprobe aufgeteilt. Die winsorisierte[562] Entwicklungsstichprobe beinhaltet 166.572 solvente und 2.168 insolvente Unternehmen.

Die (nicht winsorisierte) Validierungsstichprobe besteht aus 54.370 solventen und 1.958 insolventen Unternehmen. Abbildung 25 fasst die Zusammensetzung der Stichproben zusammen:

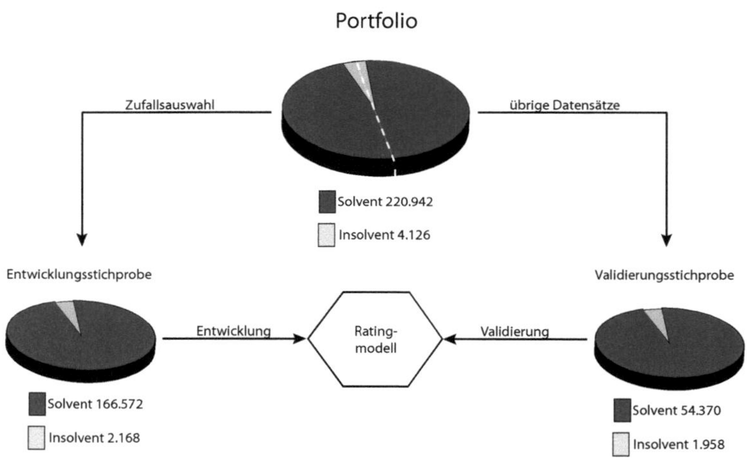

Abb. 25 Stichproben des italienischen Modells.[563]

[562] Zur Ausreißerbereinigung wurde ein 0,05 Winsoring auf die berechneten Kennzahlen angewendet.

[563] Eigene Darstellung.

Die Jahresabschlüsse aus dem Portfolio verteilen sich auf Kapital-, Personen- und sonstige Gesellschaften wie folgt:

Tabelle 72: Verteilung nach Rechtsformen im italienischen Portfolio.[564]

Rechtsform	2006	2007	2008	Portfolio	Ausfaller
Kapitalgesellschaften	167.983	22.997	32.718	223.698	4.091
Personengesellschaften	699	162	423	1.284	32
Sonstige	58	12	16	86	3
Summe	**168.740**	**23.171**	**33.157**	**225.068**	**4.126**

Des Weiteren verteilen sich die Unternehmen des Portfolios auf die Wirtschaftszweige wie folgt:

Tabelle 73: Branchenverteilung im italienischen Portfolio.[565]

Wirtschaftszweig	2006	2007	2008	Portfolio	Ausfaller
Land- und Forstwirtschaft, Fischerei	2.379	594	916	3.889	72
Bergbau und Gewinnung von Steinen und Erden	673	45	53	771	7
Verarbeitendes Gewerbe	51.734	4.398	5.226	61.358	998
Energieversorgung	263	55	119	437	3
Wasserversorgung, Abwasser- und Abfallentsorgung	1.214	129	206	1.549	21
Handel; Instandhaltung und Reparatur von Kraftfahrzeugen	53.000	5.632	7.492	66.124	1.260
Verkehr und Lagerei	7.182	942	1.302	9.426	175
Gastgewerbe	7.190	1.764	1.991	10.945	216
Information und Kommunikation	9.586	1.413	2.198	13.197	258
Grundstücks- und Wohnungswesen	8.306	3.193	5.526	17.025	284
Erbringung von Freiberuflichen, wissenschaftlichen und technischen Dienstleistungen	11.362	1.888	3.175	16.425	332
Erbringung von sonstigen wirtschaftlichen Dienstleistungen	7.430	1.404	2.084	10.918	233

[564] Eigene Darstellung.

[565] Eigene Darstellung.

Öffentliche Verwaltung, Verteidigung, Sozialversicherung	1.094	218	457	1.769	37
Erziehung und Unterricht	3.635	522	919	5.076	70
Gesundheits- und Sozialwesen	564	179	251	994	19
Kunst, Unterhaltung und Erholung	1.444	414	642	2.500	68
Erbringung von sonstigen Dienstleistungen	1.683	381	600	2.664	73
Sonstige	1	0	0	1	0
Summe	**168.740**	**23.171**	**33.157**	**225.068**	**4.126**

Aufgrund nicht vorhandener Ausfallzeitpunkte im italienischen Datensatz wurde unterstellt, dass der Ausfallzeitpunkt exakt ein Jahr nach dem Stichtag der zuletzt veröffentlichten Bilanz liegt.

4.3.2.2.3 Schätzung der Modellfunktion

4.3.2.2.3.1 Kennzahlenselektion

Für die Kennzahlenselektion stand ein Kennzahlenkatalog mit einem Umfang von 145 Kennzahlen zur Verfügung.[566] Aufgrund von Missing-Values reduzierte sich der Kennzahlenkatalog auf 71 berechenbare Kennzahlen. Eine Kennzahl wurde in der vorliegenden Untersuchung als berechenbar bezeichnet, wenn sie für mindestens 80% aller Jahresabschlüsse aus dem Portfolio berechnet werden kann. Mit Hilfe der Floating-Search-Methode wurden sieben trennfähige Kennzahlen aus dem Katalog ausgewählt.

Als Kriterium für die Auswahl trennfähiger Kennzahlen wurden die AUC bei gleichzeitiger Bestrafung für Variance-Inflation gewählt. Kennzahlen, bei denen die logistische Regression nicht zu signifikanten Koeffizienten führte, wurden im Modell nicht berücksichtigt.

[566] Vgl. Anhang 4.

Im Rahmen der Kennzahlenauswahl wurden folgende trennfähigen Kennzahlen selektiert:

- Cashflow-Gesamtkapitalrendite
- Kurzfristige Verbindlichkeitenquote
- Modifizierte Eigenkapitalquote
- Eigenkapitalrendite
- Liquiditätsgrad
- Anlagendeckung
- Anteil nicht ordentlicher Erträge

Die hier vorliegende Kennzahlenkombination orientiert sich wie die deutsche Kennzahlenkombination am Sachverhalt der Zahlungsunfähigkeit: auch hier unter geringerer aber noch messbarer Berücksichtigung einer strukturellen Überschuldung. Wegen der im Vergleich zu den deutschen Daten günstigeren Datenlage zeigt sich indes ein abweichendes Bild:

Krisenunternehmen sind von einer geringen oder gar negativen Finanzkraft gekennzeichnet (Cashflow-Gesamtkapitalrendite). Die Unternehmen antworten auf die Finanzkrise durch Mobilisierung außerordentlicher Erträge (-> Anteil nicht ordentlicher Erträge), hinter denen zuletzt wohl Liquidationserträge (-> Anlagenverkäufe etc.) stehen. Die mangelhafte Liquidität (-> Liquiditätsgrad) führt zu einem erhöhten Kontokorrentbedarf und zur Ausweitung der Lieferantenkredite. Insgesamt wird damit die kurzfristige Verschuldung deutlich ausgeweitet. Die Kennzahlen Modifizierte Eigenkapitalquote und Anlagendeckung zeigen, dass die Krise auf einer Erfolgskrise beruht, die auf eine in der Höhe und Struktur unzureichende Risikovorsorge trifft. Die Kennzahl Eigenkapitalrendite weist ebenfalls auf eine Erfolgskrise hin.

4.3.2.2.3.2 Definition der trennfähigen Kennzahlen

Die mathematisch-statistisch selektierten Kennzahlen[567] bilden die Vermögens-, Finanz- und Ertragslage von Unternehmen ganzheitlich ab.

Die Cashflow-Gesamtkapitalrendite ist Bestandteil der Cashflow-Renditen. Grundsätzlich eignen sich Cashflow-Renditen besser zur Trennung insolventer von solventen Unternehmen als

[567] Die Zusammensetzung der selektierten Kennzahlen wird in Tabellenform dargelegt. Zu jedem Bilanzposten wird eine eindeutige ID angegeben. Mit deren Hilfe und dem italienischen Gliederungsschema (es findet sich im Anhang dieser Arbeit), kann die Kennzahlenbildung exakt nachvollzogen werden.

Renditen auf Basis des Jahresüberschusses.[568] Hohe Cashflow-Renditen deuten auf eine hohe Finanzkraft hin und zeugen von einem hohen Selbstfinanzierungsgrad. In ihrer Grundvariante[569] quantifiziert die Cashflow-Gesamtkapitalrendite den Anteil an Finanzierungsmitteln am Gesamtkapital, der in einer Periode dem Unternehmen zugeflossen ist.

Tabelle 74: Definition der Cashflow–Gesamtkapitalrendite Modell Italien.[570]

	Posten	**ID**
	Jahresüberschuss / -fehlbetrag	1179
+	soziale Abgaben und Aufwendungen für Altersversorgung und für Unterstützung	1137
+	Abschreibungen auf das Sachanlagevermögen	1141
–	außerordentlicher Erfolg	1176
/		
	Bilanzsumme	1121
–	Erhaltene Anzahlungen mit einer Laufzeit < ein Jahr	3098
–	Erhaltene Anzahlungen mit einer Laufzeit > ein Jahr	3099
=	**Cashflow-Gesamtkapitalrendite**	

Im Zähler der vorliegenden Kennzahl steht eine um den außerordentlichen Erfolg korrigierte Cashflow-Größe (indirekte Ermittlung). Diese Modifikation des Zählers stabilisiert den ohnehin schon gegen bilanzpolitische Maßnahmen robusten Cashflow zusätzlich. Im Nenner der Kennzahl findet sich die nur um erhaltene Anzahlungen korrigierte Bilanzsumme wieder. Theoretisch ist diese isolierte Korrektur nicht eindeutig zu begründen, jedoch zeigt die Empirie, dass es Unternehmen in der Krise offensichtlich nicht mehr gelingt, das Anzahlungsmanagement aufrecht zu erhalten,[571] sodass bei relativ gleichem Vorratsanteil deutlich geringere Anzahlungen eingehen, was wiederum zu Liquiditätseinbußen führt.

Bei insolvenzgefährdeten Unternehmen reduziert sich in der Regel der Cashflow. Die Bilanzsumme ändert sich nicht zwangsweise, jedoch führt die Korrektur um die erhaltenen Anzahlungen offensichtlich dazu, dass Unternehmen in der Krise tendenziell höhere Werte im Nenner als solvente Unternehmen aufweisen. Durch diesen gegenläufigen Verlauf von Zähler und Nenner in der Krise (Hebeleffekt) eignet sich diese Kennzahl gut zur Krisenprognose. Es gilt die Arbeitshypothese G > K.

---

[568] Vgl. Baetge et al. (2004), S. 378.

[569] In ihrer Grundvariante ist die Cashflow-Gesamtkapitalrendite wie folgt definiert: (Cashflow + Fremdkapitalzinsen) / Durchschnittliches Gesamtkapital.

[570] Eigene Darstellung.

[571] Möglicherweise ist hierfür der Vertrauensverlust der Kunden ein Grund.

Auch der Umsatzanteil kurzfristiger Verbindlichkeiten ist eine sich in bestehenden Bilanzratingmodellen vielfach bewährte trennfähige Kennzahl.[572]

Tabelle 75: Definition des Umsatzanteils kurzfristiger Verbindlichkeiten im Modell Italien.[573]

	Posten	ID
	Verbindlichkeiten mit einer Laufzeit < 12 Monate	1116
/		
	Umsatzerlöse	1124
=	**Umsatzanteil kurzfristiger Verbindlichkeiten**	

Im Zähler der Kennzahl finden sich die kurzfristigen Verbindlichkeiten wieder, welche in der Regel hauptsächlich aus Bank- und Lieferantenverbindlichkeiten bestehen. Im Nenner der Kennzahl stehen die Umsatzerlöse.

Bei einer krisenhaften Entwicklung eines Unternehmens steigen regelmäßig die kurzfristigen Verbindlichkeiten, da versucht wird, Liquiditätsengpässe durch die Ausnutzung von Kreditlinien zu kompensieren. Damit einher geht vielfach eine Reduktion des Umsatzes, was im Krisenfall zu einer starken Reaktion der Kennzahl führt. Gesunde Unternehmen sollten daher in der Regel kleinere Werte aufweisen als kranke Unternehmen. Es gilt die Arbeitshypothese G < K.

Die Eigenkapitalquote ist eine klassische Kennzahl der Jahresabschlussanalyse, welche erste Hinweise auf die Stabilität eines Unternehmens gibt. Sie ist Bestandteil der Kapitalstrukturanalyse.

Tabelle 76: Definition der modifizierten Eigenkapitalquote im Modell Italien.[574]

	Posten	ID
	Eigenkapital	1084
–	Immaterielle Vermögensgegenstände	1011
/		
	Bilanzsumme	1121
–	Immaterielle Vermögensgegenstände	1011
=	**Modifizierte Eigenkapitalquote**	

[572] Vgl. beispielsweise die KRILOG-Formel der DATEV eG. Diese wurde im Jahre 2005 von Prof. Dr. Jens Leker und seinem Ratingteam an der Universität Münster entwickelt und ist noch im Einsatz (vgl. Krehl et al. (2006), S. 17 ff.).

[573] Eigene Darstellung.

[574] Eigene Darstellung.

Bei der vorliegenden Variante der Eigenkapitalquote werden die immateriellen Vermögensgegenstände abgezogen, um die Wirkung potentiell ausgenutzter Wahlrechte zu kompensieren. Das so modifizierte Eigenkapital wird anschließend an der Bilanzsumme relativiert, welche genau wie das Eigenkapital korrigiert wird.

Die Kennzahl reagiert aufgrund ihrer Verlustausgleichsfunktion (potentielle Jahresfehlbeträge sind durch das Eigenkapital auszugleichen) bei insolventen oder krisenbehafteten Unternehmen in der Regel deutlich stärker als bei „gesunden" Unternehmen. Grundsätzlich gilt für diese Kennzahl die Arbeitshypothese G > K.[575]

Die Eigenkapitalrendite ist den Renditekennzahlen zuzuordnen und zeigt an, wie sich das investierte Kapital eines Eigenkapitalgebers innerhalb einer Rechnungslegungsperiode verzinst hat. Ein hoher Kennzahlenwert gibt Hinweise auf eine hohe Wirtschaftlichkeit des Unternehmens.

Tabelle 77: Definition der Eigenkapitalrendite im Modell Italien.[576]

	Posten	**ID**
	Ergebnis vor Steuern	1177
/		
	Eigenkapital	1084
–	immaterielle Vermögensgegenstände	1011
=	**Eigenkapitalrendite**	

Im Zähler steht das Ergebnis vor Steuern. Diese Größe eignet sich vor allem für einen überbetrieblichen Vergleich, da Steuereffekte, welche aus unterschiedlichen Rechtsformen der Unternehmen resultieren können, eliminiert werden. Im Nenner findet sich das Eigenkapital wieder, das um „immaterielle Vermögensgegenstände" korrigiert wird. Diese Korrektur ist gerade bei italienischen Unternehmen notwendig, da nach italienischem Handelsrecht im Bereich der immateriellen Vermögensgegenstände breite bilanzpolitische Spielräume bestehen.

Im Vorfeld oder während einer Krise sinkt regelmäßig das Ergebnis vor Steuern, was im Falle eines Jahresfehlbetrages sogar zu einer Reduktion des Eigenkapitals führen kann. Dieser Umstand unterscheidet insolvenzgefährdete Unternehmen vielfach von solventen Unternehmen. Wie bei

[575] In der klassischen Bilanzanalyse sollte die Kennzahl „Eigenkapitalquote" nicht isoliert betrachtet werden. Vor dem Hintergrund des Leverage-Effekts ist vor einer Kennzahleninterpretation zumindest die Eigenkapitalrentabilität zusätzlich zu betrachten. Des Weiteren sollte die Kennzahl branchenspezifisch interpretiert werden. Zwischen den unterschiedlichen Branchen bestehen bei der Höhe der durchschnittlichen Eigenkapitalquoten erhebliche Unterschiede vgl. Krehl et al. (2006).

[576] Eigene Darstellung.

allen Renditekennzahlen gilt auch hier die Arbeitshypothese G > K.[577]

Bei der Berechnung dieser Kennzahl ist zu beachten, dass sowohl Zähler als auch Nenner negativ werden können, was zu einer theoretischen Umkehrung der Arbeitshypothese führen könnte. Um dies zu vermeiden, ist die Kennzahl bei einer negativen Zähler-/ Nennerkombination mit „-1" zu multiplizieren.

Der Liquiditätsgrad ist eine Art Deckungsgrad und quantifiziert die Fähigkeit eines Unternehmens, kurzfristigen finanziellen Verpflichtungen (kurzfristige Verbindlichkeiten) fristgerecht nachkommen zu können.

Tabelle 78: Definition des Liquiditätsgrades im Modell Italien.[578]

	Posten	**ID**
	Liquide Mittel	1070
+	Forderungen mit einer Laufzeit < 1 Jahr	1056
/		
	Verbindlichkeiten mit einer Laufzeit < 1 Jahr	1116
=	**Liquiditätsgrad**	

Bei der vorliegenden Kennzahl werden im Zähler den liquiden Mitteln die kurzfristigen Forderungen hinzuaddiert, da diese als schnell liquidbar angesehen werden. Im Nenner der Kennzahl finden sich die kurzfristigen Verbindlichkeiten wieder.

Unternehmen in der Krise verfügen vielfach nur über eingeschränkte liquide Mittel, welche oftmals nicht ausreichen, um kurzfristige Forderungen fristgerecht zu bedienen. Es gilt die Arbeitshypothese G > K. Bei dieser Kennzahl ist jedoch zu beachten, dass sich diese im praktischen Einsatz nur bedingt zur Krisenprognose eignen wird, da sie durch bilanzpolitische Maßnahmen sehr einfach zu beeinflussen ist.

Der Anteil nicht ordentlicher Erträge stellt diejenigen Erträge zur Bilanzsumme ins Verhältnis, welche im Sinne einer Erfolgsquellenspaltung nicht nachhaltig sind.

---

[577] Auch bei dieser Kennzahl muss von einer isolierten Interpretation dringend abgeraten werden. Im Sinne einer ganzheitlichen Analyse müssen Kennzahlen der verbleiben Informationsbereiche bei der Interpretation berücksichtigt werden. Im Hinblick auf den Leverage Effekt ist besonders auf die Eigenkapitalquote, die Gesamtkapitalrentabilität und die Fremdkapitalzinslast zu achten.

[578] Eigene Darstellung.

Tabelle 79: Anteil nicht ordentlicher Erträge im Modell Italien.[579]

	Posten	**ID**
	Sonstige betriebliche Erträge	1128
+	Außerordentlicher Erträge	1171
/		
	Bilanzsumme	1121
–	Anzahlungen mit einer Laufzeit < ein Jahr	3098
–	Anzahlungen mit einer Laufzeit > ein Jahr	3099
=	**Anteil nicht ordentlicher Erträge**	

Im Zähler finden sich die sonstigen betrieblichen Erträge wieder. Da dieser Posten in der vorliegenden Untersuchung nicht weiter untergliedert war, d.h. keine weiteren Angaben hinsichtlich seiner Zusammensetzung verfügbar waren und die Analyse aus Sicht eines potentiellen Gläubigers eingenommen wurde, wird dieser Posten in seiner Gesamtheit als nicht nachhaltig und damit außerordentlich klassifiziert. Ergänzt wird dieser Posten im Nenner um die außerordentlichen Erträge. Diese beiden Posten werden an der Bilanzsumme, welche um erhaltenen Anzahlungen bereinigt wird, relativiert.

Die Kennzahl folgt in ihrer Reaktion der klassischen Theorie der Erfolgsquellenspaltung, wonach Unternehmen mit mangelhaften nachhaltigen Erträgen und hohen außerordentlichen Erträge nur in wenigen Fällen zukunftsfähig sind.[580] Es gilt die Arbeitshypothese G < K.

Die hier als Anlagendeckungsgrad bezeichnete Kennzahl wird gemeinhin auch als „Goldene Bilanzregel“ bezeichnet.[581] Ziel dieser Kennzahl bzw. dieser Regel ist die Überprüfung der Fristenkongruenz. Diese fordert, dass Anlagevermögen (langfristiges Vermögen) durch langfristiges Kapital gedeckt sein soll.

---

[579] Eigene Darstellung.

[580] Vgl. hierzu Hauschildt (2000), S. 33 ff.

[581] Vgl. hierzu Baetge et al. (2004), S. 258 f.

Tabelle 80: Definition der Anlagendeckung im Modell Italien.[582]

	Posten	**ID**
	Eigenkapital	1084
–	Derivativer GoF	1007
+	Verbindlichkeiten mit einer Laufzeit > 1 Jahr	1117
+	Pensionsrückstellungen	1085
+	Rückstellungen für Abfertigungen	1089
/		
	Sachanlagevermögen	1018
	Finanzanlagevermögen	1038
=	**Anlagendeckung (Goldene Bilanzregel)**	

Im Zähler der Kennzahl findet sich das Eigenkapital wieder, welches um den derivativen GoF korrigiert wird. Außerdem werden alle langfristigen Verbindlichkeiten sowie Pensionsrückstellungen und Rückstellungen für Abfertigungen hinzuaddiert. Die Rückstellungen für Abfertigungen werden hier ebenfalls als langfristig angesehen, da sie vom Charakter den deutschen Pensionsrückstellungen stark ähneln. Die Summe des langfristigen Kapitals wird an dem Sachanlagevermögen und dem Finanzanlagevermögen relativiert.

Sollte das langfristige Vermögen nicht durch langfristiges Kapital gedeckt sein und das Anlagevermögen auch durch kurzfristiges Fremdkapital finanziert sein, könnte es im Krisenfall notwendig werden, Anlagevermögen zu liquidieren, um den kurzfristigen Zahlungsverpflichtungen nachkommen zu können. In diesem Fall könnte sich der Verkauf der langfristigen Vermögensgegenstände negativ auf die Produktionsleistung des Unternehmens und damit auch negativ auf den Umsatz auswirken. Konsequent wäre eine Verschärfung der Krise. Es gilt die Arbeitshypothese G > K.

4.3.2.2.3.3 Korrelation und Multikollinearität

Bei der Entwicklung eines Ratingmodells mit Hilfe der logistischen Regression ist insbesondere auf Korrelationen und Multikollinearitäten zu achten, da diese die Ergebnisse verfälschen können und in der Folge Koeffizienten irrtümlich falsche Vorzeichen aufweisen.

---

[582] Eigene Darstellung.

Tabelle 81: Korrelation italienischer Kennzahlen.[583]

	Cashflow-Gesamtkapitalrendite	kurzfristige Verbindlichkeitenquote	Liquiditätsgrad	Eigenkapitalquote	Anlagendeckung	Eigenkapitalrendite
kurzfristige Verbindlichkeitenquote	-0,04					
Liquiditätsgrad	0,00	-0,07				
Eigenkapitalquote	-0,01	-0,25	0,00			
Anlagendeckung	0,00	-0,02	0,00	0,00		
Eigenkapitalrendite	0,00	0,00	0,00	0,00	0,00	
Anteil nicht ordentliche Erträge	0,00	0,16	0,00	-0,24	0,00	0,01

Der VIF wird ermittelt, indem die betrachtete Variable linear auf alle anderen im Modell befindlichen Variablen regressiert wird. Der VIF ist somit ein Indikator linearer Multikollinearitäten.

Tabelle 82: Variance-Inflation-Factor italienischer Kennzahlen.[584]

	VIF
Cashflow-Gestamtkapitalrendite	1,0019
kurzfristige Verbindlichkeitenquote	1,0839
Liquiditätsgrad	1,0047
Eigenkapitalquote	1,1154
Anlagendeckung	1,0002
Eigenkapitalrendite	1,0000
Rentabilität nicht ordentliche Erträge	1,0756

Sowohl die Wert der Korrelationskoeffizienten als auch die Höhe des VIF der jeweiligen Kennzahlen sind für das italienische Modell unbedenklich.

[583] Eigene Darstellung.

[584] Eigene Darstellung.

4.3.2.2.4 Modellvalidierung

Die Funktion wurde auf einem Portfolio mit einer mittleren beobachteten Ausfallwahrscheinlichkeit von 1,83% ermittelt. Da es sich bei der Funktion um eine logistische Regression handelt und unterstellt wird das Portfolio sei repräsentativ, ist vorerst keine zusätzliche Kalibrierung notwendig. Die folgende Abbildung zeigt die auf Basis der Daten der Validierungsstichprobe berechnete ROC des italienischen Modells:

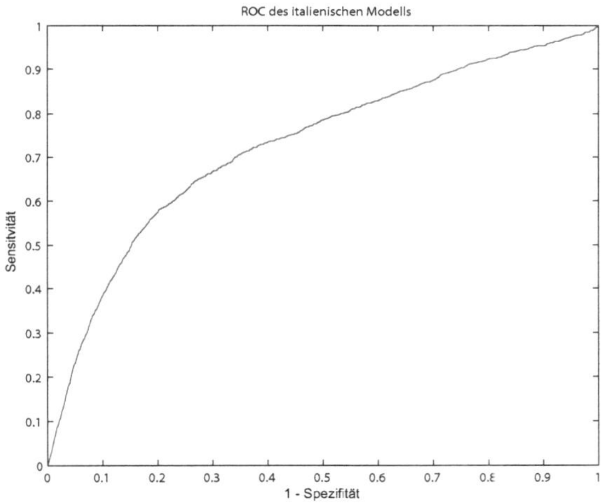

Abb. 26 ROC auf Basis der Validierungsstichprobe des italienischen Modells.[585]

Für das italienische Modell konnte auf der Entwicklungsstichprobe eine AUC von 0,8112 erzeugt werden. Auf der Validierungsstichprobe konnte ein Wert von 0,7262 erzeugt werden. Ein weiteres gängiges Maß für Trennschärfe ist die Accuracy-Ratio (AR) – auch als GK bezeichnet. Für das italienische Modell lassen sich aus den AUCs folgenden ARs ableiten:

GK (Entwicklungsstichprobe) = 0,6224

GK (Validierungsstichprobe) = 0,4524

[585] Eigene Darstellung.

4.3.3 Länderübergreifendens Bilanzratingmodell

4.3.3.1 Plausibilisierung und Bereinigung der verfügbaren Daten

Für die Jahre 2006, 2007 und 2008 lagen 1.887.377 internationale Jahresabschlüsse in EDAS vor. Dieser Datenbestand reduzierte sich erheblich, da Jahresabschlüsse, welche keine Werte in den Positionen Eigenkapital, Umsatz und Jahresüberschuss / -fehlbetrag von den Untersuchungen ausgeschlossen wurden. Des Weiteren wurden unplausible Jahresabschlüsse eliminiert.[586]

Insgesamt mussten aufgrund von Unplausibilität und Missing Values in wesentlichen Posten 624.575 Jahresabschlüsse von den weiteren Untersuchungen ausgeschlossen werden.

Der Datenbestand reduzierte sich weiterhin durch die Elimination von Unternehmen, welche der Bau- oder der Banken- und Versicherungsbranche (206.482) angehören, da Unternehmen dieser Branchen im Vergleich zu anderen inhaltlich und strukturell besondere Bilanzen aufweisen.[587]

Nach Plausibilisierung und Bereinigung verblieben für die Entwicklung des internationalen Modells insgesamt 1.056.320 Jahresabschlüsse. Darin enthalten sind 32.417 Jahresabschlüsse von ausgefallen Unternehmen.

4.3.3.2 Stichprobenbildung

Auf Basis dieses bereinigten Datenbestandes wurde anschließend ein Portfolio gebildet, in dem insgesamt 249.126 Unternehmen verblieben. Die landesspezifische Verteilung innerhalb des Portfolios betrug ca. 1:10 (DE:IT).[588]

Das Portfolio teilte sich in 244.745 solvente und 4.381 insolvente Unternehmen auf, was einer empirischen Ausfallquote von 1,76% entspricht. Das Portfolio wurde für die Ratingmodellentwicklung durch Zufallsauswahl (Out-of-Time-and-Universe) in eine Entwicklungs- und eine Validierungsstichprobe aufgeteilt.

---

[586] Hierbei wurde auf die Ergebnisse der nationalen Überprüfung zurückgegriffen.

[587] Vgl. Hauschildt et al. (1995), S. 287 ff.

[588] Auf ein 50:50 Matching der deutschen und der italienischen Daten wurde bewusst verzichtet, da dies zu erheblichen Datenverlusten geführt hätte und Untersuchungen des Verfassers dieser Arbeit im Rahmen der Modellentwicklung gezeigt haben, das sich ein „Länder-Matching" sogar negativ auf die Klassifikationsleistung auswirken kann. Diese Untersuchungsergebnisse wurden bisher noch nicht veröffentlicht.

Die winsorisierte[589] Entwicklungsstichprobe beinhaltet 179.796 solvente und 2.291 insolvente Unternehmen.

Die (nicht winsorisierte) Validierungsstichprobe besteht aus 64.949 solventen und 2.090 insolventen Unternehmen. Abbildung 27 fasst die Zusammensetzung der Stichproben zusammen:

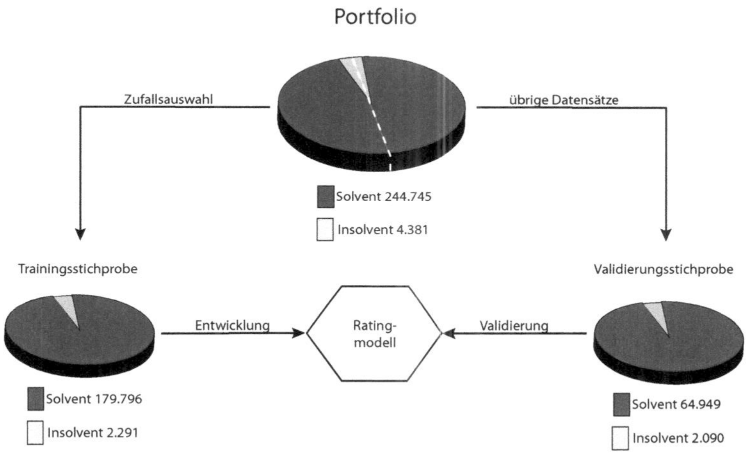

Abb. 27 Stichproben des internationalen Modells.[590]

Die Verteilung der Unternehmen in dem Portfolio nach Rechtsformen und Branchen wird hier bewusst nicht gesondert dargestellt, da sich diese im Wesentlichen aus den dargelegten Verteilungen der nationalen Modelle ableiten lassen.

Als Ausfalldefinition wurde die Eröffnung des Insolvenzverfahrens festgelegt. Der Ausfallzeitpunkt entspricht für die deutschen Daten dem Tag der Insolvenzbekanntmachung. Für die ausgefallenen italienischen Unternehmen wird unterstellt, dass der Tag des Ausfalls exakt ein Jahr nach dem Stichtag der zuletzt veröffentlichten Bilanz liegt.

[589] Zur Ausreißerbereinigung wurde ein 2% Winsoring auf die berechneten Kennzahlen angewendet. Dies führt zu einer weiteren Reduktion des Portfolios.

[590] Eigene Darstellung.

4.3.3.3 Schätzung der Modellfunktion

4.3.3.3.1 Kennzahlenselektion

Für die Kennzahlenselektion steht ein Kennzahlenkatalog von 145 Kennzahlen zur Verfügung.[591] Dieser Katalog reduziert sich jedoch auf 39 Kennzahlen, da nur diejenigen Kennzahlen weiter berücksichtigt werden, welche für mindestens 80% der Jahresabschlüsse berechenbar sind. Im Vergleich zum deutschen (56) und italienischen Modell (71) ist die Kennzahlenreduktion erheblich. Sie resultiert aus dem Umstand, dass in dem einen Land Posten gefüllt sind, welche in dem anderen Land nicht oder nur sehr bedingt gefüllt sind.[592]

Aus den verbleibenden 39 Kennzahlen wurden mit Hilfe der „Floating Search Methode" die trennfähigen ausgewählt. Die Auswahl erfolgte auf Basis der AUC bei gleichzeitiger Bestrafung für Variance Inflation. Kennzahlen, deren logistische Regression nicht zu signifikanten Koeffizienten[593] führte, wurden im Modell nicht berücksichtigt.

Folgende Kennzahlen wurden ausgewählt:

- Cashflow-Gesamtkapitalrendite
- Modifizierte Eigenkapitalquote
- Anteil nicht ordentliche Erträge
- Kapitalumschlagsrate
- Ratingorientierte Cash-Intensität
- Anlagendeckung

Des Weiteren wurde ein Länderdummy mit in die Funktion aufgenommen, um länderspezifische Unterschiede – soweit möglich – zu relativieren.

Die länderübergreifende Kennzahlenkombination folgt in der Grundstruktur den länderspezifischen Ergebnissen. Krisen werden auch hier als Zahlungsfähigkeitskrisen erkannt, beginnend mit der fehlenden Finanzkraft (-> Cashflow-Gesamtkapitalrendite), die letztlich zu einer fehlenden Liquidität (-> Ratingorientierte Cash-Intensität) führt. Die Kennzahlenkombination betont dann Ausgleichmaßnahmen durch außerordentliche Faktoren (-> Anteil der nicht ordentlichen Erträ-

[591] Vgl. Anhang 4.

[592] Vgl. hierzu die Ausführungen in Abschnitt 4.2.3.

[593] Signifikanzniveau alpha = 0,05.

ge). Die Wirkung fehlender Risikoreserven der Höhe (-> Modifizierte Eigenkapitalquote) und Struktur (-> Anlagedeckung) nach betont den längerfristigen Verlauf einer Ertragskrise. Die Kapitalumschlagsrate zeigt die Ertragskrise, da bei noch hohem Kapitalumschlag negative Erfolge bei gegebener Risikovorsorge noch schneller in die Finanzkrise führen.

4.3.3.3.2 Definition der trennfähigen Kennzahlen

Die Cashflow–Gesamtkapitalrendite ist Bestandteil der Cashflow-Renditen. Grundsätzlich eignen sich Cashflow-Renditen besser zur Trennung insolventer von solventen Unternehmen als Renditen auf Basis des Jahresüberschusses.[594] Hohe Cashflow-Renditen deuten auf eine hohe Finanzkraft hin und zeugen von einem hohen Selbstfinanzierungsgrad. In ihrer Grundvariante[595] quantifiziert die Cashflow-Gesamtkapitalrendite den Anteil an Finanzierungsmitteln am Gesamtkapital, der in einer Periode dem Unternehmen zugeflossen ist.

Tabelle 83: Definition der Cashflow–Gesamtkapitalrendite im Modell International.[596]

	Posten	**ID**
	Jahresüberschuss / -fehlbetrag	992220000000002
+	soziale Abgaben und Aufwendungen für Altersversorgung und für Unterstützung	992070300000000
+	Abschreibungen auf das Sachanlagevermögen	992080300000000
–	Außerordentlicher Erträge	992190000000000
+	Außerordentlicher Aufwendungen	992200000000000
+	Steuern vom Einkommen und Ertrag	992210000000000
/		
	Bilanzsumme	991020000000000
–	Erhaltene Anzahlungen	991020203030000
=	**Cashflow – Gesamtkapitalrendite**	

Im Zähler steht eine um den außerordentlichen Erfolg korrigierte Cashflow-Größe (indirekte Ermittlung). Diese Modifikation des Zählers stabilisiert den ohnehin schon gegen bilanzpolitische Maßnahmen robusten Cashflow zusätzlich. Des Weiteren werden Steuern vom Einkommen und Ertrag zum Abzug gebracht. Diese Korrektur ist insbesondere bei länderübergreifenden Vergleichen sinnvoll, da somit potentielle Auswirkungen von unterschiedlichen Steuersystematiken eliminiert werden können.

[594] Vgl. Baetge et al. (2004), S. 378.

[595] In ihrer Grundvariante ist die Cashflow-Gesamtkapitalrendite wie folgt definiert: (Cashflow + Fremdkapitalzinsen) / Durchschnittliches Gesamtkapital.

[596] Eigene Darstellung.

Im Nenner der Kennzahl findet sich die nur um erhaltene Anzahlungen korrigierte Bilanzsumme wieder. Theoretisch ist diese isolierte Korrektur nicht eindeutig zu begründen, jedoch zeigt die Empirie, dass es Unternehmen in der Krise offensichtlich nicht mehr gelingt, das Anzahlungsmanagement aufrecht zu erhalten,[597] sodass bei relativ gleichem Vorratsanteil deutlich geringere Anzahlungen eingehen, was wiederum zu Liquiditätseinbußen führt.

Bei insolvenzgefährdeten Unternehmen reduziert sich in der Regel der Cashflow. Die Bilanzsumme ändert sich nicht zwangsweise, jedoch führt die Korrektur um die erhaltenen Anzahlungen offensichtlich dazu, dass Unternehmen in der Krise tendenziell höhere Werte im Nenner als solvente Unternehmen aufweisen. Durch diesen gegenläufigen Verlauf von Zähler und Nenner in der Krise (Hebeleffekt) eignet sich diese Kennzahl gut zur Krisenprognose. Es gilt die Arbeitshypothese G > K.

Die Eigenkapitalquote ist eine klassische Kennzahl der Jahresabschlussanalyse, welche erste Hinweise auf die Bestandsfestigkeit eines Unternehmens gibt. Sie ist der Kapitalstrukturanalyse zuzuordnen.

Tabelle 84: Definition der modifizierten Eigenkapitalquote im Modell International.[598]

	Posten	**ID**
	Eigenkapital	991020100000000
–	Immaterielle Vermögensgegenstände	991010101000000
/		
	Bilanzsumme	991020000000000
–	Immaterielle Vermögensgegenstände	991010101000000
=	**Modifizierte Eigenkapitalquote**	

Im Zähler werden die immateriellen Vermögensgegenstände abgezogen, um die Wirkung potentiell ausgenutzter Wahlrechte zu kompensieren. Das so modifizierte Eigenkapital wird anschließend an der Bilanzsumme relativiert, welche analog zum Eigenkapital korrigiert wird. Die Kennzahl reagiert aufgrund ihrer Verlustausgleichsfunktion bei insolventen oder krisenbehafteten Unternehmen in der Regel deutlich stärker als bei „gesunden" Unternehmen.

[597] Möglicherweise ist hierfür der Vertrauensverlust der Kunden ein Grund.

[598] Eigene Darstellung.

Grundsätzlich gilt für diese Kennzahl die Arbeitshypothese G > K.[599] Tabelle 85 zeigt die Definition der modifizierten Eigenkapitalquote des internationalen Modells.

Der Anteil nicht ordentlicher Erträge stellt diejenigen Erträge zur Bilanzsumme ins Verhältnis, welche im Sinne einer Erfolgsquellenspaltung nicht nachhaltig sind.

Tabelle 85: Definition der Anteile nicht ordentlicher Erträge im Modell International.[600]

	Posten	ID
	Sonstige betriebliche Erträge	992050000000000
+	außerordentliche Erträge	992190000000000
/		
	Bilanzsumme	991020000000000
–	Erhaltene Anzahlungen	991020203030000
=	**Anteil nicht ordentlicher Erträge**	

Im Zähler finden sich die sonstigen betrieblichen Erträge wieder. Da dieser Posten in der vorliegenden Untersuchung nicht weiter untergliedert war, d.h. keine weiteren Angaben hinsichtlich seiner Zusammensetzung verfügbar waren und die Analyse aus Sicht eines potentiellen Gläubigers eingenommen wurde, wird dieser Posten in seiner Gesamtheit als nicht nachhaltig und damit außerordentlich klassifiziert. Ergänzt wird dieser Posten im Nenner um die außerordentlichen Erträge. Diese beiden Posten werden anhand der Bilanzsumme, welche um erhaltene Anzahlungen bereinigt wird, relativiert.

Die Kennzahl folgt in ihrer Reaktion der klassischen Theorie der Erfolgsquellenspaltung, wonach Unternehmen mit mangelhaften nachhaltigen Erträgen und hohen außerordentlichen Erträge nur in wenigen Fällen zukunftsfähig sind.[601] Es gilt die Arbeitshypothese G < K.

Die Kapitalumschlagsrate quantifiziert den Rückfluss des eingesetzten Kapitals durch den Umsatzprozess. Je höher die Kennzahl ist, desto niedriger ist der notwendige Kapitaleinsatz, da Kapital durch den Umsatzprozess dem Unternehmen zufließt.

---

[599] In der klassischen Bilanzanalyse sollte die Kennzahl „Eigenkapitalquote“ nicht isoliert betrachtet werden. Vor dem Hintergrund des Leverage-Effekts ist vor einer Kennzahleninterpretation zumindest die Eigenkapitalrentabilität zusätzlich zu betrachten. Des Weiteren sollte die Kennzahl branchenspezifisch interpretiert werden. Zwischen den unterschiedlichen Branchen bestehen bei der Höhe der durchschnittlichen Eigenkapitalquoten erhebliche Unterschiede vgl. Krehl et al. (2006).

[600] Eigene Darstellung.

[601] Vgl. hierzu Hauschildt (2000), S. 33 ff.

Tabelle 86: Definition der Kapitalumschlagsrate im Modell International.[602]

	Posten	ID
	Umsatzerlöse	992010000000000
/		
	Bilanzsumme	991020000000000
–	Erhaltene Anzahlungen	991020203030000
=	**Kapitalumschlagsrate**	

Im Zähler finden sich die Umsatzerlöse wieder. Diese werden anhand der Bilanzsumme relativiert, welche um erhaltene Anzahlungen korrigiert wird.

Offensichtlich weisen erfolgreiche Unternehmen einen höheren Kapitalumschlag auf als Unternehmen in der Krise. Dieser Befund ist allerdings vorsichtig zu interpretieren, da diese Kennzahl in Abhängigkeit der Branche erheblich schwanken kann. Kapitalintensive Branchen wie beispielsweise Bauunternehmen weisen naturgemäß geringere Kapitalumschlagsraten als der Einzelhandel aus. Trotzdem gilt für die Kennzahl in der vorliegende Untersuchung die Arbeitshypothese G > K.

Die ratingorientierte Cash-Intensität quantifiziert den Anteil der liquiden Mittel eines Unternehmens anhand der Bilanzsumme.

Tabelle 87: Definition der ratingorientierten Cash-Intensität im Modell International.[603]

	Posten	ID
	Kassenbestand und Guthaben bei Kreditinstituten	991010204000000
/		
	Bilanzsumme	991020000000000
–	Erhaltene Anzahlungen	991020203030000
=	**Ratingorientierte Cash-Intensität**	

Der Zähler beinhaltet die liquiden Mittel. Im Nenner findet sich die Bilanzsumme, welche wiederum um die erhaltenen Anzahlungen korrigiert wird.

Krisenunternehmen brauchen im Gegensatz zu solventen Unternehmen ihre liquiden Mittel in vielen Fällen vollständig auf. Genau diesen Mechanismus bildet diese Kennzahl ab. Zu berücksichtigen ist allerdings, dass diese Kennzahl durch bilanzpolitische Maßnahmen sehr einfach zu beeinflussen ist. Vor diesem Hintergrund ist sie für den praktischen Einsatz nur bedingt geeignet. Es gilt die Arbeitshypothese G>K.

---

[602] Eigene Darstellung.

[603] Eigene Darstellung.

Die hier als Anlagendeckungsgrad bezeichnete Kennzahl wird gemeinhin auch als „Goldene Bilanzregel“ bezeichnet.[604] Ziel dieser Kennzahl bzw. dieser Regel ist die Überprüfung der Fristenkongruenz. Sie fordert, dass Anlagevermögen (langfristiges Vermögen) durch langfristiges Kapital gedeckt sein soll.

Tabelle 88: Definition der Anlagendeckung im Modell International.[605]

	Posten	**ID**
	Eigenkapital	991020100000000
–	Derivativer GoF	991010101030000
+	Verbindlichkeiten mit einer Laufzeit > 1 Jahr	991020203000001
+	Pensionsrückstellungen	991020202010000
/		
	Sachanlagevermögen	991010102000000
	Finanzanlagen und sonstige langfristige Vermögensgegenstände	991010103000000
=	**Anlagendeckung**	

Im Zähler der Kennzahl findet sich das Eigenkapital wieder, welches um den derivativen GoF korrigiert wird. Außerdem werden dem Zähler alle langfristigen Verbindlichkeiten sowie Pensionsrückstellungen hinzuaddiert. Die Summe des langfristigen Kapitals wird am Sach- und Finanzanlagevermögen relativiert.

Sollte das langfristige Vermögen nicht durch langfristiges Kapital gedeckt sein und das Anlagevermögen auch durch kurzfristiges Fremdkapital finanziert sein, könnte es im Krisenfall notwendig werden, Anlagevermögen zu liquidieren, um den kurzfristigen Zahlungsverpflichtungen nachkommen zu können. In diesem Fall könnte sich der Verkauf der langfristigen Vermögensgegenstände negativ auf die Produktionsleistung des Unternehmens und damit auch negativ auf den Umsatz auswirken. Konsequenz wäre eine Verschärfung der Krise. Es gilt die Arbeitshypothese G > K.

Dem internationalen Modell wurde außerdem ein Länderdummy hinzugefügt. Dieser Schritt erhöht die Klassifikationsleistung des Modells moderat. In der Untersuchung wurden italienische Jahresabschlüsse mit Null und deutsche mit der Zahl Eins gekennzeichnet. Im Rahmen der Modellentwicklung erhielt der Länderdummy einen Koeffizienten mit negativen Vorzeichen (-0,7292). Da sich ein Koeffizient mit negativen Vorzeichen positiv auf die Ausfallwahrscheinlichkeit auswirkt und deutsche Jahresabschlüsse mit der Zahl Eins kodiert wurden, werden in dem vorliegenden Modell deutsche Unternehmen grundsätzlich etwas besser als italienische Unternehmen bewertet.

[604] Vgl. hierzu Baetge et al. (2004), S. 258 f.

[605] Eigene Darstellung.

4.3.3.3.3 Korrelation und Multikollinearität

Bei der Entwicklung eines Ratingmodells mit Hilfe der logistischen Regression ist insbesondere auf Korrelationen und Multikollinearitäten zu achten, da diese die Ergebnisse verfälschen können und in der Folge Koeffizienten irrtümlich falsche Vorzeichen aufweisen. Die Korrelation gibt dabei an, inwieweit sich der Erklärungsbeitrag von zwei betrachteten Variablen direkt überschneidet.

Tabelle 89: Korrelation internationaler Kennzahlen.[606]

	Cashflow-Gesamtkapitalrendite	Eigenkapitalquote	Anlagendeckung	Anteil nicht ordentliche Erträge	Kapitalumschlagrate
Eigenkapitalquote	-0,01				
Anlagendeckung	0,00	0,00			
Anteil nicht ordentliche Erträge	0,01	-0,22	0,00		
Kapitalumschlagrate	-0,03	-0,01	0,00	0,05	
Cash-Intensität	0,00	0,00	0,00	0,06	0,29

Der VIF ist ein Maß für Multikollinearität.

Tabelle 90: Variance-Inflation-Factor internationaler Kennzahlen.[607]

	VIF
Cashflow-Gesamtkapitalrendite	1,0010
Eigenkapitalquote	1,0491
Anlagendeckung	0,9999
Anteil nicht ordentliche Erträge	1,0540
Kapitalumschlagsrate	1,0954
Cash-Intensität	1,0969

Sowohl die Wert der Korrelationskoeffizienten als auch die Höhe des VIF der jeweiligen Kennzahlen sind für das internationale Modell unbedenklich.

[606] Eigene Darstellung.

[607] Eigene Darstellung.

4.3.3.4 Modellvalidierung

Die Funktion wurde auf einem Portfolio mit einer mittleren beobachteten Ausfallwahrscheinlichkeit von 1,76% ermittelt. Da es sich bei der Funktion um eine logistische Regression handelt, wird angenommen, das Portfolio sei repräsentativ und eine zusätzlich Kalibrierung sei nicht notwendig. Die folgende Abbildung zeigt die auf Basis der Daten der Validierungsstichprobe berechnete ROC des internationalen Modells:

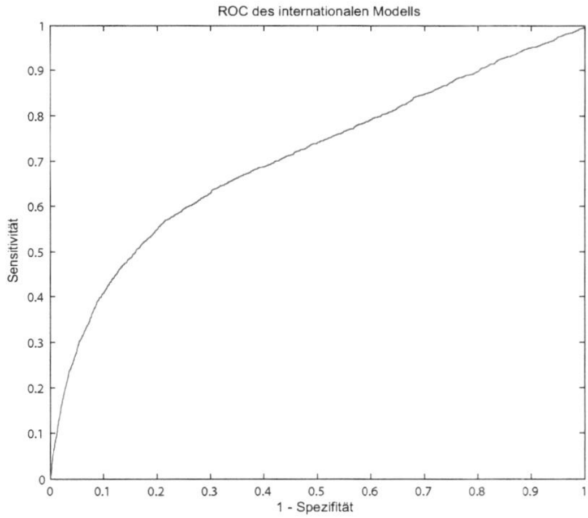

Abb. 28 ROC auf Basis der Validierungsstichprobe für das internationale Modell.[608]

Für das internationale Modell konnte auf der Entwicklungsstichprobe eine AUC von 0,7910 und auf der Validierungsstichprobe ein Wert von 0,7068 erzeugt werden. Ein weiteres gängiges Maß für die Trennschärfe ist die Accuracy-Ratio (AR) – auch als GK bezeichnet. Für das italienische Modell lassen sich aus den AUCs folgende ARs ableiten:

GK (Entwicklungsstichprobe) = 0,5820

GK (Validierungsstichprobe) = 0,4136

[608] Eigene Darstellung.

4.4 Vergleich der Bilanzratingmodelle

Um die Validität eines Vergleichs von Ratingfunktionen zu gewährleisten, muss der Vergleich der Modelle auf identischen Datensätzen erfolgen.[609]

Bei dem Vergleich der Performance zweier Ratingmodelle stellt sich die Frage, anhand welcher Kenngrößen das Benchmarking erfolgen soll. Sobehart et al. bezeichnen in diesem Zusammenhang die AUC[610] als die populärste Kenngröße.[611] Diese Einschätzung teilen Engelmann et al. und ergänzen, dass der Vergleich zweier einzelner AUCs aus statistischer Sicht unbefriedigend ist.[612] Sie schlagen deshalb vor, mit Hilfe von Bootstrapping zusätzlich Konfidenzintervalle für die einzelnen AUCs zu bestimmen.[613]

In einem ersten Schritt wird der Gesamtdatenbestand n mal in zufällige Entwicklungs- und Validierungsstichproben aufgeteilt. Anschließend werden die beiden zu vergleichenden Ratingmodelle auf den n Entwicklungsstichproben geschätzt und die entsprechenden AUCs auf den n Validierungsstichproben bestimmt.

So kann für die n Validierungsportfolii die Differenz der beiden AUCs gebildet werden. Aus der Subtraktion der AUCs ergeben sich somit n Differenzen und damit deren Verteilung. Anhand dieser Verteilung kann abschließend bestimmt werden, ob signifikante Unterschiede zwischen beiden Modellen bestehen.

---

[609] Vgl. Deutsche Bundesbank (2003), S. 63.

[610] Weiterführend siehe Abschnitt 3.3.1 sowie Sobehart et al. (2000), S. 33 ff.

[611] Vgl. Sobehart et al. (2000), S. 31 ff.

[612] Vgl. Engelmann (2003), S. 1.

[613] Vgl. ebenda.

4.4.1 Deutsches und internationales Modell

Im Rahmen des Benchmarking sollen die entwickelten Bilanzratingmodelle anhand ihrer Klassifikationsleistung miteinander verglichen werden. Abbildung 29 zeigt den Verlauf der deutschen ROC (durchgehende Linie) im Vergleich zur ROC der internationalen Funktion (gestrichelte Linie).

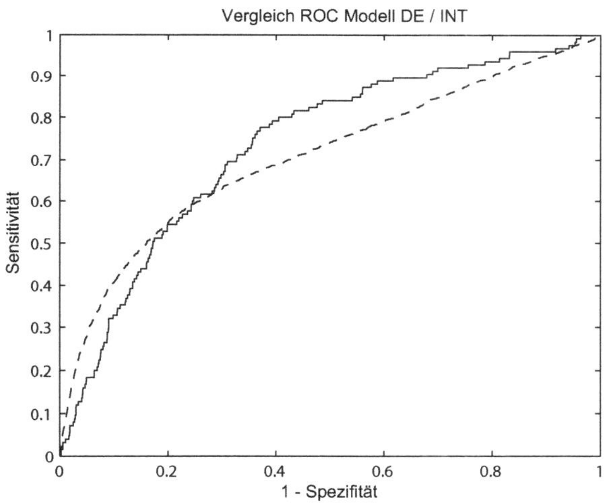

Abb. 29 Vergleich der AUC des deutschen und des internationalen Modells.[614]

Es ist deutlich zu erkennen, dass die Fläche unterhalb der deutschen ROC größer ist als die der internationalen. Um diesen Unterschied möglichst exakt quantifizieren zu können, wurden mit Hilfe eines 10.000-fachen Bootstrap internationale Validierungssample gebildet. Auf diesen Stichproben wurden anschließend jeweils das deutsche und das internationale Modell angewendet und die entsprechenden AUCs berechnet. Danach wurden die AUCs des deutschen Modells von denen des internationalen Modells subtrahiert. Durch dieses Vorgehen konnte eine Dichtefunktion erzeugt werden, welche eine Quantifizierung der Unterschiede ermöglicht. Diese Funktion gibt die nachfolgende Abbildung wieder.

[614] Eigene Darstellung.

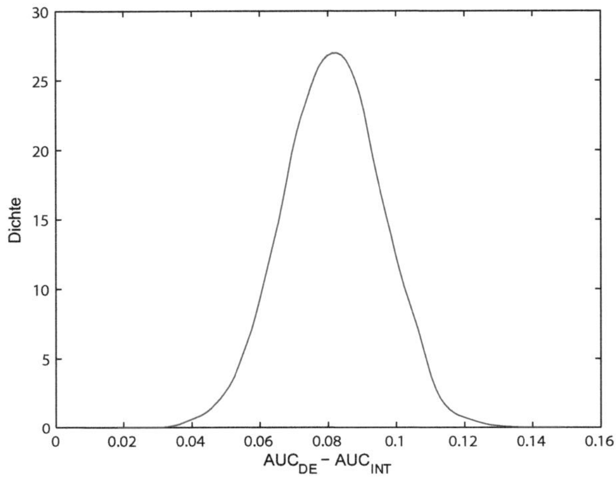

Abb. 30 Dichteschätzung – Unterschied AUC Deutschland und AUC International.[615]

Die Dichtefunktion zeigt, dass in allen beobachteten Fällen signifikante Unterschiede zwischen den beiden Modellen bestehen (p-Wert = 0). Im Median weist das deutsche Modell eine um 8,15% höhere Klassifikationsleistung als das internationale Modell auf. Trotzdem kann die Klassifikationsleistung beider Modelle als akzeptabel bezeichnet werden.[616]

---

[615] Eigene Darstellung.

[616] Hosmer und Lemeshow bezeichnen die AUC eines Ratingsmodells zwischen 0,7 und 0,8 als akzeptabel. Vgl. Hosmer, Lemeshow (2000), S. 162.

4.4.2 Italienisches und internationales Modell

Abbildung 31 zeigt den Vergleich der ROCs des italienischen (gepunktete Linie) und des internationalen (gestrichelte Linie) Modells.

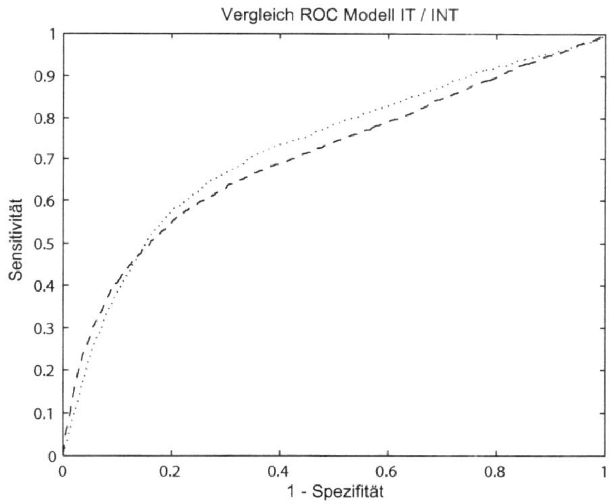

Abb. 31 Vergleich der AUC des italienischen und des internationalen Modells.[617]

In Abbildung 31 ist ein weitgehend ähnlicher Verlauf beider ROCs zu erkennen. Trotzdem bestehen auch hier Unterschiede, welche zu quantifizieren sind. Genau wie bei dem Vergleich der deutschen und der internationalen Funktion, wurden ein 10.000-facher Bootstrap auf das internationale Portfolio angewendet und entsprechende AUC-Differenzen berechnet. Die daraus resultierende Dichtefunktion gibt die nachfolgende Abbildung wieder.

[617] Eigene Darstellung.

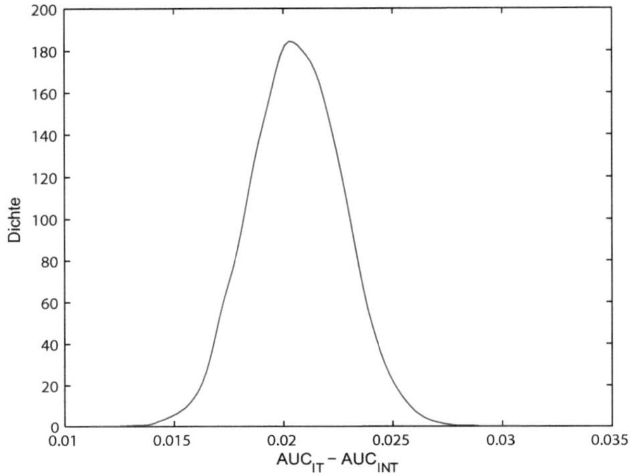

Abb. 32 Dichteschätzung – Unterschied AUC Italien und AUC International.[618]

Auch in diesem Fall weist das italienische Modell hinsichtlich seiner Klassifikationsleistung in allen beobachteten Fällen einen höheren Wert als das internationale Modell auf (p-Wert=0). Im Median klassifiziert das italienische Modell allerdings nur geringfügig (2,06%) besser als das internationale Modell. Beide Modelle sind dazu in der Lage, die Populationen (solvente- und insolvente Unternehmen) relativ zuverlässig zu trennen.[619]

---

[618] Eigene Darstellung.

[619] Hosmer und Lemeshow bezeichnen die AUC eines Ratingsmodells zwischen 0,7 und 0,8 als akzeptabel. Vgl. Hosmer, Lemeshow (2000), S. 162.

4.4.3 Deutsches, italienisches und internationales Modell im Vergleich

Abbildung 33 visualisiert den Verlauf der ROCs aller entwickelten Modelle. Die internationale ROC wird durch eine gestrichelte, die deutsche durch eine durchgezogene und die italienische durch eine gepunktete Linie dargestellt.

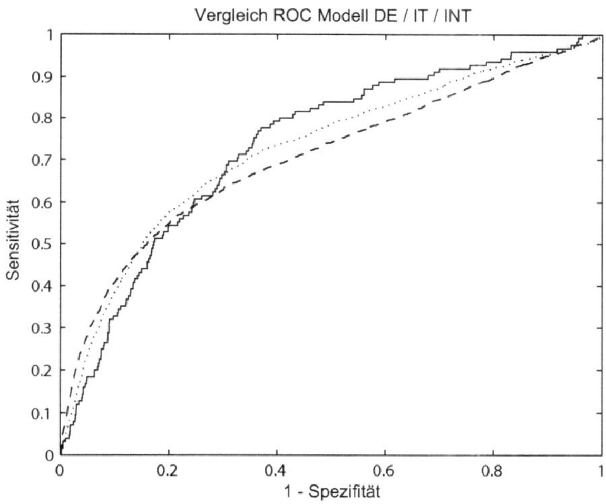

Abb. 33 Vergleich der AUCs des deutschen, des italienischen und des internationalen Modells.[620]

Alle entwickelten Modellen weisen eine akzeptable Klassifikationsleistung auf. Das internationale Modell weist zwar gegenüber den nationalen Modellen eine signifikant niedrigere Performance auf, jedoch sind die Unterschiede relativ gering.

Nach Einschätzung des Verfassers dieser Arbeit ist der Unterschied im Wesentlichen auf die hohe Anzahl von Missing-Values im Datensatz zurückzuführen. Kennzahlen, welche für das eine Land berechnet werden konnten, waren für das andere Land nicht berechenbar.[621] Demensprechend stand für die Entwicklung des internationalen Modells ein deutlich kleinerer Kennzahlenkatalog als für die nationalen Modelle zur Verfügung. Viele Kennzahlen,[622] welche in bestehenden Bilanzratingsystemen hohe Erklärungsbeiträge liefern, konnten für das internationale Modell nicht berechnet werden.

[620] Eigene Darstellung.

[621] Vgl. hierzu die Ausführungen in Abschnitt 4.2.3.

[622] Beispielsweise EBITDA-Zinslast.

4.5 Interpretation der Kennzahlenkombinationen

Unabhängig von der Klassifikationsleistung der Modelle erscheint es unter dem Aspekt der Krisendiagnose[623] sinnvoll, die Kennzahlen der Funktionen näher zu betrachten. Potentielle Krisenmechanismen, welche durch diese Kennzahlen abgebildet werden, können dadurch identifiziert werden. Vor diesem Hintergrund sollen nunmehr Gemeinsamkeiten und Unterschiede in den Kennzahlenkombinationen der drei Modelle näher betrachtet und interpretiert werden. Abbildung 34 visualisiert die Schnittmengen aller entwickelten Modelle:

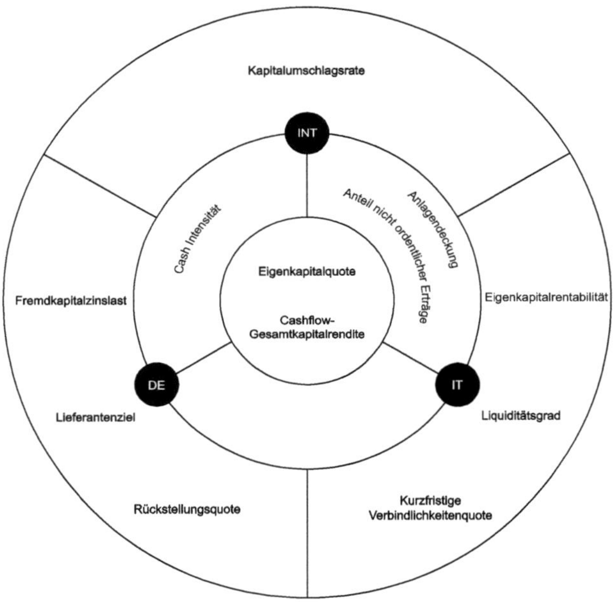

Abb. 34 Übersicht trennfähiger Kennzahlen aus allen entwickelten Modellen.[624]

[623] Zur Krisendiagnose durch Bilanzkennzahlen siehe im Einzelnen Hauschildt (2000).

[624] Eigene Darstellung.

Deutlich zu erkennen ist, dass es einen gemeinsamen Kern von zwei Kennzahlen in allen drei Modellen gibt: die Cashflow-Gesamtkapitalrendite und die Eigenkapitalquote. Für alle Modelle lässt sich zeigen, dass die Cashflow-Gesamtkapitalrendite die weitaus bedeutsamere der beiden Kennziffern ist.[625]

Eine Gemeinsamkeit zwischen der internationalen (INT) und der deutschen Kennzahlenkombination (DE) besteht in der Auswahl der Cash-Intensität. Berücksichtigt man, dass diese Kennziffer vom Typus her eine Liquiditätskennzahl ist, die in ihrer Definition nur geringfügig vom Liquiditätsgrad des italienischen Modells (IT) abweicht, dann gibt es letztlich drei gemeinsame Kennzahlen, welche in die verschiedenen Funktionen einfließen.

Dabei reagiert die Cashflow-Gesamtkapitalrendite auf eine fehlende oder mangelhafte Finanzkraft. Die Eigenkapitalquote gibt Hinweise auf eine strukturell mangelhafte Risikovorsorge. Die Cash-Intensität sowie der Liquiditätsgrad reagieren auf Liquiditätsengpässe, welche bei Krisenunternehmen besonders häufig auftreten. Offensichtlich orientieren sich alle Funktionen am Sachverhalt der Zahlungsunfähigkeit unter geringer, aber noch messbarer Berücksichtigung einer Überschuldung.

Zwischen der italienischen und der internationalen Kennzahlenkombination bestehen Gemeinsamkeiten beim Anteil der nicht ordentlichen Erträge und der Anlagendeckung. Die Kennzahl „Anteil der nicht ordentlichen Erträge“ lässt sich vom Typus her als Krisenreaktion erklären. In der Krise wird zunächst der Misserfolg ausgeglichen oder verringert und – sofern eine Finanzkrise droht – Vermögen veräußert (Liquidationserträge).

Wenn sich in dem italienischen Modell die kurzfristige Verbindlichkeitsquote und in der deutschen Kennzahlenkombination das Lieferantenziel sowie die Fremdkapitalzinslast (Aufbau von kurzfristigen Kreditverbindlichkeiten insbesondere Kontokorrentverbindlichkeiten) finden, dann zeigt sich hier vom Typus eine weitere Gemeinsamkeit aller Kennzahlenkombinationen: Sie enthalten Merkmale der Krisenreaktion.

Die Anlagendeckung, die sowohl in dem internationalen als auch in dem italienischen Ratingmodell enthalten ist, gehört zum Typus der strukturell mangelhaften Risikovorsorge. Nicht nur eine „zu geringe“, sondern auch eine „falsch“ finanzierte Risikovorsorge ist offensichtlich problematisch.

[625] Die Bedeutung der Cashflow-Gesamtkapitalrendite im Vergleich zur Eigenkapitalquote leitet sich aus den Koeffizienten der Kennzahlen in den jeweiligen Modellen ab.

Somit verbleiben letztlich drei Kennzahlen, die nur jeweils in einem Modell vorhanden sind und sich nicht eindeutig einem Typus zuordnen lassen. Die Rückstellungsquote (DE) könnte vom Typus her sowohl der Risikovorsorge als auch der Krisenreaktion zugerechnet werden. In der vorliegenden Arbeit wird diese Kennzahl der strukturell mangelhaften Risikovorsorge zugeordnet. Eigenkapitalrentabilität (IT) und Kapitalumschlagsrate (INT) werden als Krisenverstärker interpretiert, welcher in der Eigenkapitalrentabilität nur mittelbar zum Ausdruck kommt.

Zusammenfassend ergeben sich danach die folgenden Erklärungen für die Kennzahlenkombinationen:

Tabelle 91: Kennzahlentypen.[626]

Typ	Kennzahl	DE	IT	INT
Fehlende oder mangelhafte Finanzkraft	Cash Flow-Gesamtkapitalrendite	x	x	x
Strukturell mangelhafte Risikovorsorge	Eigenkapitalquote	x	x	x
	Anlagendeckung	x		x
	Rückstellungsquote	x		
Liquiditätsengpass	Cash Intensität	x		x
	Liquiditätsgrad		x	
Krisenreaktion	nicht ordentlicher Erfolg		x	x
	kurzfristige Verbindlichkeitsquote		x	
	Lieferantenziel	x		
	Fremdkapitalzinslast	x		
Krisenverstärker (Ergänzung)	Kapitalumschlagsrate			x
	Eigenkapitalrendite		x	

[626] Eigene Darstellung.

Offensichtlich bilden die selektierten Kennzahlen der Modelle den gleichen Krisenmechanismus ab. Unternehmen von geringer Finanzkraft (fehlende oder mangelhafte Finanzkraft) geraten aufgrund einer ungenügenden Krisenreaktion in eine Erfolgkrise, welche zu einer Reduktion des Eigenkapitals (strukturell mangelhafte Risikovorsorge) führt. Dem schließt sich die Liquiditätskrise (Liquiditätsengpass) an. Vorhandene Finanzmittel werden aufgebraucht, Bankkredite maximal ausgeschöpft und Auszahlungen verschoben. Damit zeigt sich, dass sich in den Kennzahlenkombinationen aller drei Modelle, trotz teilweiser abweichender Kennzahlendefinitionen,[627] im Wesentlichen die gleiche Art der Krisenerkennung widerspiegelt.

[627] Die unterschiedlichen Kennzahlendefinitionen sind – wie bereits erläutert – zum einen auf Rechnungslegungsunterschiede und zum anderen auf den Datenbestand zurückzuführen.

5 Resultate und Konsequenzen

Im Hinblick auf die eingangs formulierten Fragestellungen, welche es im Rahmen der Entwicklung eines länderübergreifenden Bilanzratingmodells für Deutschland und Italien im Einzelnen zu lösen gilt, erbrachte die vorliegende Untersuchung mehrere Resultate. Die wesentlichen Ergebnisse sollen hier nochmals kurz zusammengefasst und in ihrer Bedeutung für die künftige Ratingforschung und Ratingpraxis gewürdigt werden.

1. Der Aufbau und die Entwicklung einer internationalen Ratingfunktion erfordern zunächst die intensive Auseinandersetzung mit den jeweiligen nationalen Rechnungslegungsstandards. Der Vergleich der beiden Länder ergibt dabei, dass trotz der identischen historischen Wurzeln und des Einflusses europäischer Harmonisierungsbestrebungen sowohl strukturelle als auch inhaltliche Unterschiede zwischen deutschen und italienischen Jahresabschlüssen bestehen. Insgesamt wird deutlich, dass dem deutschen Bilanzierenden vor Einführung des BilMoG mehr explizite Wahlrechte[628] eingeräumt wurden als dem italienischen. Jedoch führten vom Gesetzgeber bewusst geschaffene Ermessenspielräume sowie regelmäßig erscheinende Sondergesetze zur Aufwertung von Vermögensgegenständen in Italien ebenfalls zu einem breiten bilanzpolitischen Spielraum.

   Wesentliche Unterschiede bestehen im Bereich der immateriellen Vermögensgegenstände. Aufgrund einer in Italien deutlich weiter gefassten Definition eines Vermögensgegenstandes können hier wesentlich mehr Aufwendungen aktiviert werden als in Deutschland.[629] Weitere strukturelle Unterschiede sind im Bereich der Rückstellungen zu beobachten. Der markanteste Unterschied ergibt sich bei den italienischen „Rückstellungen für Abfertigungen“. Diese sind grundsätzlich für jeden festen Arbeitnehmer zu bilden und unabhängig vom Zeitpunkt und Grund seines Ausscheidens an ihn auszuzahlen. Im Bereich der GuV unterscheiden sich im Wesentlichen der „Materialaufwand“, die „sonstigen betrieblichen Aufwendungen“, die „sonstigen Steuern“ sowie die „Steuern vom Einkommen und Ertrag“. In Italien werden nahezu alle Aufwendungen, welche in Deutschland unter dem Posten „sonstige betriebliche Aufwendungen“ erfasst werden, als „Materialaufwand“ gebucht. Hingegen finden sich „sonstige Steuern“ in italienischen Jahresabschlüssen unter dem „sonstigen betrieblichen Aufwand“ wieder. Inhaltliche Unterschiede bestehen auch hinsichtlich der „Steuern vom Einkommen und Ertrag“, was allerdings auf eine abweichende Steuersystematik zurückzuführen ist.

[628] Beispielsweise das Wahlrecht zur Bildung von Aufwandsrückstellungen gem. § 249 Abs. 2 HGB.

[629] Beispielsweise Aufwendungen für selbst geschaffene Vermögensgegenstände oder Aufwendungen für Werbung.

2. Für eine länderübergreifende Jahresabschlussanalyse sind die Effekte der dargelegten Unterschiede durch entsprechende Umgliederungen und Bereinigungen soweit wie möglich zu eliminieren, um eine entsprechende Datenbasis für die Bestimmung trennscharfer Kennzahlen und die Entwicklung einer internationalen Ratingfunktion zu generieren. Im vorliegenden Fall gilt es, folgende vorbereitende Schritte durchzuführen bzw. Empfehlungen zu beachten:

   Im Bereich des Vermögens müssen die aktivierten Ingangsetzungs- und Erweiterungsaufwendungen umgruppiert werden. In Deutschland sind sie Teil der Bilanzierungshilfen und vor dem Anlagevermögen auszuweisen. In Italien sind sie Bestandteil der immateriellen Vermögensgegenstände. Zur besseren Vergleichbarkeit sollten die italienischen Ingangsetzungs- und Erweiterungsaufwendungen als Bilanzierungshilfen klassifiziert und entsprechend eingestuft werden. Aufgrund unterschiedlich ausgeprägter Wahlrechte, inhaltlicher Definitionen und teils starker landes- und branchenspezifischer Unterschiede sollten aus bilanzanalytischer Sicht Bilanzierungshilfen und das immaterielle Vermögen grundsätzlich gegen das Eigenkapital verrechnet werden.

   Auf der Kapitalseite sind Umgliederungen im Bereich der Rückstellungen vorzunehmen. Aufgrund ihres Charakters sind die italienischen Rückstellungen für Abfertigungen den Pensionsrückstellungen hinzuzurechnen. Der so entstehende synthetische Posten kann anschließend mit dem deutschen Posten Pensionsrückstellungen verglichen werden. Weitere Modifikationen im Bereich des Kapitals sind nicht notwendig. Lediglich die Verrechnung der Bilanzierungshilfen und die immateriellen Vermögensgegenstände tangieren das Eigenkapital.

   In der GuV sollten im deutschen Schema der Materialaufwand, die sonstigen betrieblichen Aufwendungen und die sonstigen Steuern addiert werden. Im italienischen Schema empfiehlt es sich, die Posten Materialaufwand und sonstiger betrieblicher Aufwand zusammenzufassen. Die so geschaffenen synthetischen Posten sind danach inhaltlich miteinander vergleichbar.

   Aus bilanzanalytischer Sicht sollten Kennzahlen, die im Wesentlichen durch die Posten Materialaufwand und sonstiger betrieblicher Aufwand bestimmt sind, vermieden werden, da zwischen Deutschland und Italien theoretisch und empirisch wesentliche Unterschiede bestehen, welche die Vergleichbarkeit einschränken. Auch im Bereich der Abschreibungen und des Personalaufwands finden sich Branchen- und Länderunterschiede. Insgesamt sprechen die Ergebnisse für die Bildung von Überschusskennzahlen in der Konzeption Betriebserfolg vor Abschreibungen. Damit lassen sich gegensätzliche Wirkungen ausgleichen. Grundsätzlich sollten die Steuern vom Einkommen und Ertrag abgezogen werden, um die durch die jeweilige nationale Steuersystematik bedingten Unterschiede möglichst zu eliminieren.

3. Unter Berücksichtigung der dargelegten Umgruppierungen und Bereinigungen ist es möglich, auf Basis von über 1.000.000 Jahresabschlüssen ein gemeinsames Bilanzratingmodell für die Länder Deutschland und Italien zu schätzen. Durch die gleichzeitige Entwicklung sowohl eines eigenen deutschen und italienischen Modells als auch eines länderübergreifenden Bilanzratings kann nachgewiesen werden, dass das internationale Modell eine den nationalen Systemen weitgehend vergleichbare Klassifikationsleistung erbringt. In der vorliegenden Untersuchung weist das deutsche Bilanzratingmodell auf dem Validierungssample eine AUC von 0,7357, das italienische eine AUC von 0,7262 und das internationale Modell eine AUC von 0,7068 auf. Die Abweichungen sind insbesondere auf die hohe Anzahl von Missing-Values in den vorliegenden Daten zurückzuführen, die eine starke Reduktion des ursprünglichen Datenbestandes bewirken. Dadurch können diverse, potentiell trennfähige Kennzahlen nicht ermittelt werden. Zusätzlich müssen aufgrund fehlender Angaben zum Ausfallzeitpunkt italienischer Unternehmen Annahmen hinsichtlich des Ausfalldatums getroffen werden, die nicht in vollem Umfang der Ausfalldefinition nach Basel II entsprechen.

   Trotz der festgestellten Unterschiede in der Diskriminierungsfähigkeit bleibt festzuhalten, dass alle Modelle eine akzeptable Trennung der Populationen gewährleisten.[630] Zudem ergab die Analyse der Kennzahlenkombinationen, dass allen drei Modellen weitgehend der gleiche Krisenmechanismus zugrunde liegt. Unternehmen von geringer Finanzkraft geraten aufgrund einer ungenügenden Krisenreaktion in eine Liquiditätskrise. Vorhandene Finanzmittel werden aufgebraucht, Bankkredite maximal ausgeschöpft und Auszahlungen verschoben. Dem schließt sich eine Erfolgskrise an, welche zu einer Reduktion des Eigenkapitals und schließlich in die Insolvenz führt.

Für die zukünftige Ratingforschung und -praxis lassen sich aus den in dieser Arbeit gewonnenen Erkenntnissen folgende Konsequenzen ableiten:

Die Entwicklung länderübergreifender Bilanzratingmodelle auf einer gemeinsamen Datenbasis bringt aus Sicht international agierende Banken und Investoren erhebliche Vorteile mit sich. Diese liegen gegenüber „nationalen Insellösungen" u. a. im Bereich einer adäquaten Konditionenbestimmung sowie einer verbesserten risikoorientierten Portfoliosteuerung. Durch die einheitliche, vergleichbare Bonitätsbeurteilung seitens der potentiellen Kapitalgeber dürften die Finanzierungsentscheidungen auch für die Unternehmen transparenter und nachvollziehbarer werden. Die vorliegende Untersuchung hat beispielhaft für Deutschland und Italien gezeigt, dass es grundsätzlich möglich ist, ein länderübergreifendes Beurteilungssystem zu entwickeln, das eine den

[630] Hosmer und Lemeshow bezeichnen die AUC eines Ratingsmodells zwischen 0,7 und 0,8 als akzeptabel. Vgl. Hosmer, Lemeshow (2000), S. 162.

nationale Einzellösungen annähernd gleichwertige Klassifikationsleistung bietet. Aus Sicht des Verfassers bietet es sich an, die nachfolgend skizzierten Überlegungen in zukünftige Arbeiten auf dem Weg zu einer mehrere Länder umfassenden, multinationalen Ratingfunktion einzubeziehen.

Es erscheint im Hinblick auf die empirischen Resultate dieser Arbeit sinnvoll, die durchgeführten Untersuchungen nochmals auf einem Datenbestand durchzuführen, welcher in deutlich geringerem Maße von fehlenden Werten gekennzeichnet ist als der vorliegende. Dies bezieht sich zum einen auf die Posten des Jahresabschlusses an sich und zum anderen auf die Ausfalldefinition und den Ausfallzeitpunkt insolventer Unternehmen im Datensatz. Eine Lösungsmöglichkeit könnte hierbei der Rückgriff auf Bankdaten bieten. In der Regel sind Jahresabschlussdaten, welche von Banken erhoben wurden, in deutlich geringerem Maße von der Missing-Value-Problematik betroffen als veröffentlichte Jahresabschlüsse. Vor diesem Hintergrund ist zu erwarten, dass auf der Basis bankinterner Daten ein breiteres Spektrum an trennfähigen Kennzahlen berechnet werden könnte, welches dann wiederum im Rahmen der Kennzahlenselektion zur Verfügung stünde. Auch hinsichtlich der Ausfalldefinition und des Ausfalldatums dürften Daten von Banken erfahrungsgemäß von höherer Qualität sein. Auf einer derartigen, höheren Datengrundlage ist zu erwarten, dass sich die Klassifikationsleistungen nochmals verbessern und die Abweichungen zwischen nationalen und internationalen Modellen weiter reduzieren lassen.

In diesem Zusammenhang bietet es sich weiterhin an, deutsche Jahresabschlüsse, welche unter Berücksichtigung des BilMoG erstellt wurden, in die künftigen Analysen einzubeziehen. Dies setzt allerdings voraus, dass genügend Daten über ausgefallene Unternehmen auf Basis der neuen Rechnungslegung vorliegen. Des Weiteren sollten die nationalen Rechnungslegungsstandards weiterer Länder einbezogen werden, um die Generalisierungsfähigkeit eines potentiellen neuen, internationalen Modells zu erhöhen.

Ein zusätzlicher Ansatz zur Performancesteigerung des internationalen Modells könnte die Einbindung von Branchendummys in die Ratingfunktion sein. Ähnlich den Länderdummys könnte dadurch branchenspezifischen Aspekten Rechnung getragen werden. Eine interessante Alternative zur Berücksichtigung von Dummys ist auch die variable Anpassung der Koeffizienten in Abhängigkeit von Branche und Land. Nach Einschätzung des Autors könnte auch mit diesem Ansatz die Leistung des internationalen Modells deutlich gesteigert werden. Für eine solche Modellentwicklung ist jedoch eine sehr große Anzahl qualitativ hochwertiger Daten erforderlich.

Eine weitere Möglichkeit, zur Verbesserung der Performance von Ratingmodellen, könnte die Einteilung der Unternehmen nach Geschäftsmodellen und die Integration dieser Informationen in die Modellfunktion bieten. Vielfach sind zukünftige Unternehmensrisiken in entsprechenden

Geschäftsmodellen begründet. Dies setzt allerdings voraus, dass sich Geschäftsmodelle von Unternehmen klassifizieren und zuverlässig anhand der Jahresabschlüsse identifizieren lassen.

Im praktischen Einsatz sollten Banken und Investoren internationale Modelle auf ihren Portfolii entwickeln. Es ist zu erwarten, dass sich diese hinsichtlich ihrer Klassifikationsleistung nicht wesentlich von den nationalen Ratingmodellen unterscheiden. Es gilt anschließend die potentiellen finanziellen Auswirkungen dieser Unterschiede zu quantifizieren und den Kosten für die Entwicklung und Pflege der nationalen Modelle gegenüberzustellen. Anhand einer solchen Gegenüberstellung kann dann eine Entscheidung über den praktischen Einsatz eines internationalen Ratingmodells gefällt werden.

Anhang

Anhang 1 Rechnungslegungsunterschiede in Hypothesenform

Hypothese	Interpretation
DE > IT	Im Median ist der deutsche Wert signifikant größer als der italienische.
DE < IT	Im Median ist der deutsche Wert signifikant kleiner als der italienische.
DE = IT	Zwischen den Medianen des deutschen und des italienischen Wertes bestehen keine signifikanten Unterschiede.

Posten	Hypothese
Bilanzierungshilfen	DE < IT
- Ingangsetzungsaufwendungen	DE < IT

Aktiva	Hypothese
Anlagevermögen	DE < IT
Immaterielle Vermögensgegenstände	DE < IT
- Konzessionen, gewerbliche Schutzrichte und ähnliche Rechte	DE = IT
- Geschäfts- oder Firmenwert	DE = IT
- Geleistete Anzahlungen	DE = IT
Sachanlagevermögen	DE < IT
- Grundstücke und Gebäude	DE < IT
- Technische Anlagen und Maschinen	DE < IT
- Andere Anlagen, Betriebs- und Geschäftsausstattung	DE < IT
- Geleistete Anzahlungen auf Anlagen im Bau	DE = IT
Finanzanlagen	DE = IT
- Anteile an verbundenen Unternehmen	DE = IT
- Beteiligungen	DE = IT

- Ausleihungen an verbundene Unternehmen	DE = IT
- Wertpapiere des Anlagevermögens	DE = IT
Umlaufvermögen	DE < IT
- Vorräte	DE < IT
- Forderungen und sonstiges Vermögensgegenstände	DE > IT
- Wertpapiere	DE = IT

Passiva	**Hypothese**
Eigenkapital	DE < IT
- Gezeichnetes Kapital	DE = IT
- Kapitalrücklage	DE < IT
- Gewinnrücklage	DE = IT
- Gewinn - / Verlustvortrag	DE = IT
- Jahresüberschuss / -fehlbetrag	DE = IT
Rückstellungen	DE > IT
- Pensionsrückstellungen	DE < IT
- Steuerrückstellungen	-
- Sonstige Rückstellungen	DE > IT
Verbindlichkeiten	DE = IT
- Anleihen	DE = IT
- Verbindlichkeiten gegenüber Kreditinstituten	DE = IT
- Erhaltene Anzahlungen	DE = IT
- Verbindlichkeiten aus Lieferungen und Leistungen	DE = IT
- Verbindlichkeiten gegenüber verbunden Unternehmen	DE = IT

- Verbindlichkeiten beteiligte Unternehmen	DE = IT
- Verbindlichkeiten gegenüber Gesellschaftern	DE = IT

GuV	**Hypothese**
Materialaufwand	DE < IT
Personalaufwand	DE = IT
Sonstige betriebliche Erträge	DE = IT
Abschreibungen	-
Sonstige betriebliche Aufwendungen	DE > IT
Finanzergebnis	DE = IT
Außerordentliches Ergebnis	DE = IT
Steuern vom Einkommen und Ertrag	-
Jahresüberschuss/-fehlbetrag	-

Anhang 2 Fragenkatalog für Datenerhebung

1. Allgemeine Fragen zum Datenbestand (Jahresabschlussdaten)

- Wie viele Jahresabschlüsse stehen zur Verfügung?
- Von wie vielen Unternehmen stammen diese Jahresabschlüsse?
- Wie viele Konzern- und wie viele Einzelabschlüsse stehen zur Verfügung?
- Aus welchem Zeitraum stammen diese Jahresabschlüsse?
- Wie viele durchgängige Zeitreihen von Jahresabschlüssen (mind. 3 Jahre) für einzelne Unternehmen stehen zur Verfügung
- Wie ist die Zusammensetzung des Datenbestands bezüglich:
  - Branche (Branchencode WZ 2003?)
  - Rechtsformen
  - Rechnungslegungsstandards
  - Größenklassen Umsatz (< 10 Mio. € / 10 Mio. € - 250 Mio. € / 250 Mio. € – 1000 Mio. € / > 1000 Mio. €)?

2. Fragen zur Informationstiefe

- Sind für die einzelnen Datensätzen folgende Informationen verfügbar?
  - Branche
  - Rechtsform
  - Rechnungslegungsstandard
  - Konzern- oder Einzelabschluss
- Welche weitergehenden Jahresabschlussinformationen sind für die einzelnen Datensätze verfügbar?
- Wie tief sind Bilanz- und GuV-Daten gegliedert, bzw. können Sie vorab ein Gliederungsschema zur Verfügung stellen?

3. Fragen bezüglich ausgefallener Unternehmen

- Sind für die einzelnen Datensätze Ausfallinformationen verfügbar?
  - Ausfallstatus (ausgefallen / nicht ausgefallen)
  - Ausfallzeitpunkt
- Soweit Ausfallinformationen verfügbar sind:
  Welche Ausfalldefinition wurde zu Grunde gelegt?
- Wie viele Jahresabschlüsse ausgefallener Unternehmen stehen zur Verfügung?
- Von wie vielen ausgefallenen Unternehmen stammen diese Jahresab-schlüsse?
- Wie viele Konzern- und wie viele Einzelabschlüsse ausgefallener Unter-nehmen stehen zur Verfügung?
- Aus welchem Zeitraum stammen diese Jahresabschlüsse?

- Wie viele durchgängige Zeitreihen von Jahresabschlüssen (mind. 3 Jah-re) der ausgefallenen Unternehmen stehen zur Verfügung

4. Fragen zur Qualitätssicherung

- Wie wurden die Daten erhoben?
- Welche Qualitätssicherungsverfahren werden bei der Datenerfassung eingesetzt?
- Wurden Datensatzbereinigungen (bspw. Korrekturen oder Zusammenfassung von Jahresabschlusspositionen) vorgenommen? Wenn ja, welche?

5. Fragen bezüglich des Datenzugriffs

- In welchen Formaten können die Daten zur Verfügung gestellt werden?
- Werden die Daten offline zur Verfügung gestellt oder erfolgt der Zugriff online?

Anhang 3 Übersicht Studien zur Herleitung trennfähiger Kennzahlen

Autor	Jahr	Herleitung
Fitzpatrick	1931	theoretisch
Beaver, W.	1966	theoretisch
Altman	1968	statistisch
Edmister	1972	statistisch
Deakin	1972	statistisch
Pinches et al.	1973	statistisch
Blum	1974	theoretisch
Beerman	1975	theoretisch
Libby	1975	statistisch
Elam	1975	statistisch
Wilcox	1976	theoretisch
Altman et al.	1977	statistisch
Ohlson	1980	statistisch
Dambolena, Khoury	1980	statistisch
Dietrich, Kaplan	1982	statistisch
Zavgren	1983	theoretisch
Zmijewski	1984	statistisch
Von Stein, Ziegler	1984	statistisch
Frydman, Altman	1985	statistisch
Casey	1986	theoretisch
Niehaus	1987	statistisch
Suominen	1988	statistisch
Platt, Platt	1990	statistisch
Keasey, McGuiness, Short	1990	statistisch
Flagg et al.	1991	statistisch
Laitinen	1991	theoretisch
Feidicker	1992	statistisch
Erxleben et al.	1992	statistisch
Coats, Fant	1993	statistisch
Leker	1994	theoretisch
Altman et al.	1995	statistisch
Hüls	1995	statistisch
Cybinski	1995	statistisch
Hauschildt, Leker, Claussen	1995	statistisch
Begley,	1996	statistisch
Ward, Foster	1996	statistisch
Back et al.	1996	statistisch
Jerschensky	1998	theoretisch
Leker, Schewe	1998	statistisch
Zurada et al.	1998	statistisch
Piramuthu	1999	statistisch

Gorzalczany, Piasta	1999	statistisch
Baetge, Heitmann	2000	statistisch
Blochwitz, Eigermann	2000	statistisch
Zapranis, Ginoglou	2000	statistisch
Shumway	2001	statistisch
Grover, Lavin	2001	statistisch
Grice, Ingram	2001	statistisch
Atiya	2001	statistisch
Barniv	2002	statistisch
Jacobs, Weinrich	2002	statistisch
Doumpus et al.	2002	statistisch
Frerichs, Wahrenburg	2003	statistisch
Kaiser, Szczesny	2003	statistisch
Letza et al.	2003	statistisch
Kuruppu, Laswad, Oyelere	2003	statistisch
Foreman	2003	theoretisch
Charitou	2004	statistisch
Cielen et al.	2004	statistisch
Hensher, Jones	2004	statistisch
Brabazon, Keenan	2004	statistisch
Sen	2004	statistisch
Chava, Jarrow	2004	statistisch
Pindado, Rodrigues	2004	statistisch
Huang et al.	2004	statistisch
Min, Lee	2005	statistisch
Shin, Lee, Kim	2005	statistisch
Beaver	2005	statistisch
Bilderbeek, Pompe	2005	statistisch
Sueyoshi	2005	statistisch
Schuhmacher	2006	statistisch
Sun	2007	statistisch
Hensher, Jones	2007	statistisch
Berg	2007	statistisch
Yim, Mitchell	2007	statistisch
Bandyopadhyay	2007	statistisch
Hwang, Cheng, Lee	2007	statistisch
Altam, Sabato	2007	statistisch
Hwang, Cheng, Lee	2008	statistisch
Pindado et al.	2008	theoretisch
Härdle et al.	2008	statistisch
Leonardis, Rocci	2008	statistisch
Männasoo	2008	statistisch
Gepp, Kumar	2008	statistisch
Abdullah et al.	2008	statistisch

Premachandra et al.	2009	statistisch
Muller, Steyn-Brewer, Hamman	2009	statistisch
Sueyoshi, Goto	2009	statistisch
Ivicic, Cerovac	2009	statistisch
Etemadi, Rostamy, Dekordi	2009	statistisch
Lifschutz, Jacobi	2010	statistisch
Cho, Hong, Ha	2010	statistisch
Kim, Kang	2010	statistisch
Ravisanker, Ravi, Bose	2010	statistisch
Jardin	2010	statistisch

Anhang 4 Kennzahlenkatalog

Nr.	Kennzahl	Defintion
1000	Anlagenintensität	+!Anlagevermögen/+!Gesamtvermögen
1001	Anlagenintensität 1	+!Anlagevermögen/+!Gesamtvermögen-Forderungen aus Lieferung und Leistung
1002	Anlagenintensität 2	+!Anlagevermögen-Wertpapiere des Anlagevermögens/+!Gesamtvermögen-Wertpapiere des Anlagevermögens
1003	Anlagenintensität 3	+!Anlagevermögen-"kurzfristige" Anlagegegenstände/+! Gesamtvermögen
1004	Sachanlagenintensität	+!Sachanlagevermögen/+!Gesamtvermögen
1005	Sachanlagenintensität 1	+!Sachanlagevermögen-Grundstücke und Gebäude/+!Gesamtvermögen-Grundstücke und Gebäude
1006	Sachanlagenintensität 2	+!Sachanlagevermögen/+!Gesamtvermögen-Erhaltene Anzahlungen
1007	Sachanlagenintensität 3	+!Sachanlagevermögen/+!Gesamtvermögen-Forderungen aus Lieferung und Leistung
1008	Anteil der Grundstücke und Gebäude am AV	+!Grundstücke und Gebäude/+!Immaterielle Vermögensgegenstände IVG+Sachanlagevermögen+Finanzanlagen FAV
1009	Umlaufintensität	+!Umlaufvermögen/+!Gesamtvermögen
1010	Umlaufintensität 1	+!Umlaufvermögen-Forderungen aus Lieferung und Leistung/+!Gesamtvermögen-Forderungen aus Lieferung und Leistung
1011	Umlaufintensität 2	+!Umlaufvermögen/+!Gesamtvermögen-Anleihen
1012	Umlaufintensität 3	+!Umlaufvermögen-Anleihen/+!Gesamtvermögen-Anleihen
1013	Vorratsintensität	+!Vorräte/+!Gesamtvermögen
1014	Vorratsintensität 1	+!Vorräte-Erhaltene Anzahlungen/+!Gesamtvermögen-Erhaltene Anzahlungen
1015	Erzeugnisquote 1	+!fertige Erzeugnisse fEZ/+!Gesamtvermögen-Erhaltene Anzahlungen
1016	Erzeugnisquote 2	+unfertige Erzeugnisse unfEZ+!fertige Erzeugnisse fEZ/+!Gesamtvermögen-Erhaltene Anzahlungen
1017	Konzernverflechtung Forderungen	+!Forderungen gegen verbundene Unternehmen/+!Forderungen
1018	Cash-Intensität 1	+!Kasse/+!Gesamtvermögen-Erhaltene Anzahlungen
1019	Cash-Intensität 2	+!Kasse-kurzfristige Verbindlichkeiten ggü. Kreditinstituten/+!Gesamtvermögen-Erhaltene Anzahlungen

1020	Anteil langfristiges Kapital	+!Eigenkapital-Korrekturposten-Firmenwert-0,5*Sonderposten mit Rücklagenanteil +!langfristige Verbindlichkeiten gegenüber Unternehmen+!langfristige Rückstellungen/+!Gesamtkapital-Erhaltene Anzahlungen-Korrekturposten-Firmenwert
1021	Eigenkapitalquote	+!Eigenkapital/+!Gesamtkapital
1022	Eigenkapitalquote 1	+!Eigenkapital+0,5*Sonderposten mit Rücklagenanteil /+!Gesamtkapital
1023	Eigenkapitalquote 2	+!Eigenkapital+0,5*Sonderposten mit Rücklagenanteil -Immaterielle Vermögensgegenstände IVG/+!Gesamtkapital-Immaterielle Vermögensgegenstände IVG
1024	Eigenkapitalquote 3	+!Eigenkapital+0,5*Sonderposten mit Rücklagenanteil -Immaterielle Vermögensgegenstände IVG/+!Gesamtkapital-Immaterielle Vermögensgegenstände IVG-GuB
1025	Eigenkapitalquote 4	+!Eigenkapital-Ingangsetzungs- und Erweiterungsaufwendungen IEA-GoF-Disagio D-Aktivische Latente Steuern ALS/+!Gesamtkapital-Ingangsetzungs- und Erweiterungsaufwendungen IEA-GoF-Disagio D-Aktivische Latente Steuern ALS
1026	Eigenkapitalquote 5	+!Eigenkapital-Ingangsetzungs- und Erweiterungsaufwendungen IEA-GoF-Disagio D-Aktivische Latente Steuern ALS-Eigene Anteile EA/+!Gesamtkapital-Ingangsetzungs- und Erweiterungsaufwendungen IEA-GoF-Disagio D-Aktivische Latente Steuern ALS-Eigene Anteile EA
1027	Eigenkapitalquote 6	+!Eigenkapital+0,5*Sonderposten mit Rücklagenanteil /+!langfristiges Kapital-Grundstücke und Gebäude
1028	Eigenkapitalquote 7	+!Wirtschaftliches Eigenkapital/+!Nettogesamtvermögen
1029	Eigenkapitalquote 8	+!Wirtschaftliches Eigenkapital-Immaterielle Vermögensgegenstände IVG/+!langfristiges Kapital-Erhaltene Anzahlungen-Liquide Mittel-Immaterielle Vermögensgegenstände IVG-Grundstücke und Gebäude
1030	Rücklagenquote	+!Gesamte Rücklagen/+!Eigenkapital
1031	Selbstfinanzierungsgrad	+!Gewinnrücklagen/+!Eigenkapital
1032	statischer Verschuldungsgrad	+!Fremdkapital/+!Eigenkapital
1033	Fremdkapitalquote	+!Fremdkapital/+!Gesamtkapital
1034	kurzfristige Fremdkapitalquote	+!kurzfristiges Fremdkapital/+!Gesamtkapital

1035	kurzfristige Verschuldungs-quote	+!kurzfristige Rückstellungen+!kurzfristige Verbindlichkeiten+0,5*Sonderposten mit Rücklagenanteil /+!Gesamt-kapital-Erhaltene Anzahlungen
1036	Fremdkapitalstruktur	+!Verbindlichkeiten aus Lieferung und Leistung+!Verbindlichkeiten ggü. Kreditinstituten+Akzeptverbindlichkeiten AVB/+!Rückstellungen+!Verbindlichkeiten-Erhaltene Anzahlungen+0,5*Sonderposten mit Rücklagenanteil
1037	Fremdkapitalstruktur kurz-fristig	+!kurzfristiges Fremdkapital/+!Fremdkapital
1038	Fremdkapitalstruktur lang-fristig	+!langfristiges Fremdkapital/+!Fremdkapital
1039	Verschuldungsgrad	+!Netto-Finanzschulden/+!Nettogesamtvermögen
1040	Verschuldungsstruktur Bank-kredite	+!Verbindlichkeiten ggü. Kreditinstituten/+!Gesamtkapital
1041	Verschuldungsstruktur Liefe-rantenkredite	+!Verbindlichkeiten aus Lieferung und Leistung/+!Gesamtkapital
1042	Rückstellungsquote	+!Rückstellungen/+!Gesamtkapital-Erhaltene Anzahlun-gen
1043	Rückstellungsquote kurzfr.	+!kurzfristige Rückstellungen/+!Gesamtkapital-Erhalte-ne Anzahlungen
1044	Rückstellungsstruktur kurz-fristig	+!kurzfristige Rückstellungen/+!Rückstellungen
1045	Rückstellungsstruktur lang-fristig	+!langfristige Rückstellungen/+!Rückstellungen
1046	Konzernverflechtung Verbind-lichkeiten ggü. Beteiligungs-unternehmen	+!Verbindlichkeiten ggü. Unternehmen, mit denen ein Beteiligungsverhältnis besteht/+!Verbindlichkeiten
1047	Konzernverflechtung Verbind-lichkeiten ggü. Kreditinsti-tuten	+!Verbindlichkeiten ggü. Kreditinstituten/+!Gesamtkapital
1048	Kurzfristige Verbindlichkei-tenquote	+!kurzfristige Verbindlichkeiten/+!Gesamtkapital
1049	modifizierte Verbindlichkei-tenstruktur kurzfristig	+!kurzfristige Verbindlichkeiten-!Forderungen aus Liefe-rung und Leistung/+!Verbindlichkeiten-!Forderungen aus Lieferung und Leistung
1050	Verbindlichkeitenquote 1	+!Verbindlichkeiten-Erhaltene Anzahlungen-!Anleihen/+!Gesamtkapital-Erhaltene Anzahlungen
1051	Verbindlichkeitenquote 2	+!Verbindlichkeiten aus Lieferung und Leistung+!Verbindlichkeiten ggü. Kreditinstituten+Akzeptverbindlichkeiten AVB/+!Gesamtkapital-Erhaltene Anzahlungen

1052	Verbindlichkeitenstruktur kurzfristig	+!kurzfristige Verbindlichkeiten/+!Verbindlichkeiten
1053	Verbindlichkeitenstruktur langfristig	+!langfristige Verbindlichkeiten/+!Verbindlichkeiten
1054	Anlagendeckung	+!Eigenkapital/+!Anlagevermögen
1055	Anlagendeckung 1	+!Wirtschaftliches Eigenkapital/+!Anlagevermögen
1056	Anlagendeckung 2	+!Wirtschaftliches Eigenkapital/+!Anlagevermögen-Grundstücke und Gebäude
1057	Anlagendeckung 3	+!Eigenkapital-Korrekturposten-Firmenwert-0,5*Sonderposten mit Rücklagenanteil +langfristige Verbindlichkeiten+langfristige Rückstellungen/+!Sachanl agevermögen+Finanzanlagen FAV
1058	goldene Bilanzregel	+!Wirtschaftliches Eigenkapital+!langfristiges Fremdkapital/+!Anlagevermögen
1059	goldene Bilanzregel modifiziert	+!Wirtschaftliches Eigenkapital+!langfristiges Fremdkap ital/+!Anlagevermögen+langfristig gebundenes Umlaufvermögen
1060	goldene Finanzierungsregel	+!langfristiges Vermögen/+!langfristiges Kapital
1061	goldene Finanzierungsregel kurzfristig	+!kurzfristiges Vermögen/+!kurzfristiges Kapital
1062	Liquiditätsgrad 1	+!Liquide Mittel/+!kurzfristige Verbindlichkeiten
1063	Liquiditätsgrad 1a	+!Kasse+sonstige Wertpapiere soWP/+!kurzfristige Verbindlichkeiten ggü. Kreditinstituten+!kurzfristige Verbindlichkeiten aus Lieferung und Leistungen+kurzfristige Akzeptverbindlichkeiten
1064	Liquiditätsgrad 2	+!Liquide Mittel+!kurzfristige Forderungen/+!kurzfristige Verbindlichkeiten
1065	Liquiditätsgrad 2a	+!Kasse+sonstige Wertpapiere soWP+Forderungen aus Lieferung und Leistung/+!kurzfristige Verbindlichkeiten ggü. Kreditinstituten+!kurzfristige Verbindlichkeiten aus Lieferung und Leistungen+kurzfristige Akzeptverbindlichkeiten
1066	Liquiditätsgrad 3	+!Liquide Mittel+!kurzfristige Forderungen+!Vorräte/+!kurzfristige Verbindlichkeiten
1067	Liquiditätsgrad 3a	+!Kasse+Forderungen-mittel- und langfristige Forderungen+sonstige Wertpapiere soWP+Vorräte-Erhaltene Anzahlungen/+!kurzfristige Verbindlichkeiten-Erhaltene Anzahlungen+Steuerrückstellungen StRST+kurzfristige Rückstellungen+0,5*Sonderposten mit Rücklagenanteil
1068	Aufwandsstruktur - AfA	+!Abschreibungen gesamt/+!Summe der Aufwendungen
1069	Aufwandsstruktur Materialaufwand	+!Materialaufwand/+!Summe der Aufwendungen

1070	Aufwandsstruktur Personalaufwand	+!Personalaufwand/+!Summe der Aufwendungen
1071	AfA-Quote	+!Abschreibungen auf Sachanlagen und auf immat. VG/+!Umsatzerlöse
1072	Materialaufwandsquote	+!Materialaufwand/+!Umsatzerlöse
1073	Personalaufwandsquote	+!Personalaufwand/+!Umsatzerlöse
1074	Steueraufwandsquote	+!Steuern auf Einkommen und Ertrag/+!Umsatzerlöse
1075	Gesamtleistungsanteil SAV/IVG AfA	+!Abschreibungen auf Sachanlagen und auf immat. VG/+!Gesamtleistung
1076	Gesamtleistungsanteil SAV AfA	+!Abschreibungen auf Sachanlagen/+!Gesamtleistung
1077	Gesamtleistungsanteil AfA	+!Abschreibungen gesamt/+!Gesamtleistung
1078	Gesamtleistungsanteil Materialaufwand	+!Materialaufwand/+!Gesamtleistung
1079	Gesamtleistungsanteil Personalaufwand	+!Personalaufwand/+!Gesamtleistung
1080	Gesamtleistungsanteil sonst. Aufwand	+!sontiger betrieblicher Aufwand+Sonstige Steuern/+!Gesamtleistung
1081	Gesamtleistungsanteil ordentl. Erfolg	+!ordentlicher Betriebserfolg/+!Gesamtleistung
1082	Ergebnisbeitrag a.o. Ergebnis	+!Außerordentlicher Erfolg/+!Jahresergebnis vor Ertragssteuern
1083	Ergebnisbeitrag Finanz- und Verbunderfolgs	+!Finanz- und Verbunderfolg/+!Jahresergebnis vor Ertragssteuern
1084	Ergebnisbeitrag ordentl. Betriebserfolgs	+!ordentlicher Betriebserfolg/+!Jahresergebnis vor Ertragssteuern
1085	Rentabilität - nicht ordentliche Erträge	+!sonstige betriebliche Erträge sbET+sonstige und außerordentliche Erträge/+!Gesamtkapital-Erhaltene Anzahlungen
1086	Rentabilität - nicht ordentlicher Aufwendungen	+!außerordentliche Aufwendungen+Abschreibungen auf Finanzanlagen+Abschreibungen auf Umlaufvermögen/+!Gesamtkapital-Erhaltene Anzahlungen
1087	Rentabilität - nicht ordentlich	+!sonstige betriebliche Erträge sbET+außerordentliches Ergebnis/+!Gesamtkapital-Erhaltene Anzahlungen
1088	Betriebsrentabilität	+!ordentlicher Betriebserfolg/+!Gesamtkapital-Erhaltene Anzahlungen
1089	Betriebsrentabilität 1	+!ordentlicher Betriebserfolg/+!Nettogesamtvermögen
1090	Betriebsrentabilität 2	+!ordentlicher Betriebserfolg/+!langfristiges Kapital
1091	Eigenkapitalrendite	+!Jahresergebnis vor Ertragssteuern/+!Eigenkapital
1092	Eigenkapitalrendite 1	+!Jahresergebnis vor Ertragssteuern/+!Eigenkapital+0,5* Sonderposten mit Rücklagenanteil -Immaterielle Vermögensgegenstände IVG

1093	Eigenkapitalrendite 2	+!Jahresergebnis vor Ertragssteuern/+!Eigenkapital-Ingangsetzungs- und Erweiterungsaufwendungen IEA-GoF-Disagio D-Aktivische Latente Steuern ALS-Eigene Anteile EA
1094	Eigenkapitalrendite 3	+!Jahresergebnis vor Ertragssteuern/+!Wirtschaftliches Eigenkapital
1095	Eigenkapitalrendite 4	+!Jahresergebnis vor Ertragssteuern/+!Wirtschaftliches Eigenkapital-Immaterielle Vermögensgegenstände IVG
1096	Finanzrentabilität	+!Finanzergebnis/+!Gesamtkapital-Erhaltene Anzahlungen
1097	Gesamtkapitalrendite	+!Jahresüberschuss+Fremdkapitalzinsen/+!Gesamtkapi tal
1098	Gesamtkapitalrendite 1	+!Jahresüberschuss+Zinsen und ähnliche Aufwendungen/+!Gesamtkapital
1099	Gesamtkapitalrendite 2	+!Jahresüberschuss+Steuern auf Einkommen und Ertrag+Zinsen und ähnliche Aufwendungen/+!Gesamtkapital-Erhaltene Anzahlungen
1100	Gesamtkapitalrendite 2a	+!Jahresüberschuss+Steuern auf Einkommen und Ertrag/+!Gesamtkapital-Erhaltene Anzahlungen
1101	GesLeist-Rendite	+!EBIT/+!Gesamtleistung
1102	ROCE	+!EBIT/+!Nettogesamtvermögen
1103	ROI	+!Jahresüberschuss/+!Gesamtkapital
1104	Umsatzrendite	+!Jahresergebnis vor Ertragssteuern/+!Umsatz
1105	Umsatzrendite ordentl.	+!ordentlicher Betriebserfolg/+!Umsatzerlöse
1106	Cash-Flow-Eigenkapitalrentabilität	+!Cash Flow/+!Eigenkapital
1107	CFROI 1	+!Cash Flow/+!Gesamtkapital
1108	CFROI	+!EBITDA/+!Gesamtkapital
1109	Cashflow-Gesamtkapitalrendite	+!Cash Flow+Fremdkapitalzinsen/+!Gesamtkapital

1110	Cashflow-Gesamtkapitalrendite 1	+!Jahresüberschuss+Zuführung zu den Pensionsrückstellungen+Abschreibungen auf Sachanlagen-außerordentliches Ergebnis+Steuern auf Einkommen und Ertrag/+!Gesamtkapital-Erhaltene Anzahlungen
1111	Cashflow-Gesamtkapitalrendite 2	+!Jahresüberschuss+Zuführung zu den Pensionsrückstellungen+Abschreibungen auf Sachanlagen-außerordentliches Ergebnis+Steuern auf Einkommen und Ertrag/+!Gesamtleistung
1112	CF-Gesamtleistungsquote	+!EBITDA/+!Gesamtleistung
1113	EBITDA-Marge	+!EBITDA/+!Umsatz
1114	dynamischer Liquiditätsgrad	+!operativer CF/+!kurzfristige Verbindlichkeiten-!Liquide Mittel
1115	dynamischer Verschuldungsgrad 1	+!Effektivverschuldung/+!Cash Flow
1116	dynamischer Verschuldungsgrad	+!Netto-Verbindlichkeiten/+!EBITDA
1117	EBIT Zinsdeckung	+!EBIT/+!Zinsen und ähnliche Aufwendungen
1118	EBITDA Zinsdeckung	+!EBITDA/+!Zinsen und ähnliche Aufwendungen
1119	Entschuldungsdauer	+!Fremdkapital/+!EBITDA
1120	Entschuldungsdauer 1	+!Netto-Finanzschulden/+!EBITDA
1121	Fremdkapitalzinslast	+!Zinsen und ähnliche Aufwendungen/+!Rückstellungen+!Verbindlichkeiten-Erhaltene Anzahlungen+0,5*Sonderposten mit Rücklagenanteil
1122	Fremdkapitalzinslast GesLeist	+!Zinsen und ähnliche Aufwendungen/+!Gesamtleistung
1123	Fremdkapitalzinslast Umsatz	+!Zinsen und ähnliche Aufwendungen/+!Umsatzerlöse
1124	Kapitalbindung	+!kurzfristige Verbindlichkeiten/+!Umsatzerlöse
1125	Kapitalbindung 2	+!kurzfristige Verbindlichkeiten ggü. Kreditinstituten+!Verbindlichkeiten aus Lieferung und Leistung/+!Umsatzerlöse

1126	Umschlaghäufigkeit der Vorräte	+!Umsatzerlöse/+!Vorräte
1127	Umschlaghäufigkeit der Forderungen	+!Umsatzerlöse/+!Forderungen aus Lieferung und Leistung
1128	Kapitalumschlagrate	+!Umsatz/+!Gesamtkapital-Erhaltene Anzahlungen
1129	Zielinanspruchnahme	+!Verbindlichkeiten aus Lieferung und Leistung*360/+!Materialaufwand
1130	Zielinanspruchnahme 1	+!Verbindlichkeiten aus Lieferung und Leistung+Wechse lverbindlichkeiten/+!Materialaufwand
1131	Reichweite Material- und Warenlager	+!Bestand an RHB-Stoffen und Waren*360/+!Materialaufwand
1132	Reichweite Erzeugnislager	+!Bestand an Erzeugnissen und Leistungen*360/+!Umsatzerlöse
1133	Umschlagdauer der Vorräte	+!Vorräte*360/+!Umsatzerlöse
1134	Umschlagrate des Umlaufvermögens	+!Vorräte-Erhaltene Anzahlungen+Forderungen+Wertpa piere des Anlagevermögens+Kasse/+!Umsatz
1135	Kundenziel	+!Forderungen aus Lieferung und Leistung*360/+!Umsatzerlöse
1136	Lieferantenziel	+!Verbindlichkeiten aus Lieferung und Leistung*360/+!Umsatz
1137	Lieferantenziel 1	+!Verbindlichkeiten aus Lieferung und Leistung+Wechse lverbindlichkeiten/+!Umsatz
1138	Lieferantenziel kurzfr.	+!kurzfristige Verbindlichkeiten ggü. Kreditinstituten+!kurzfristige Verbindlichkeiten aus Lieferung und Leistungen+kurzfristige Akzeptverbindlich keiten+!kurzfristige sonstige Verbindlichkeiten/+!Umsatz
1139	Personalergebnisquote	+!Rohergebnis/+!Personalaufwand
1140	Cash Burn Rate	+!Finanzmittelbestand am Ende der Periode/+!operativer CF
1141	Cash Flow 1	+!Cash Flow
1142	Cash Flow 2	+!Jahresergebnis vor Ertragssteuern+!Abschreibungen auf Sachanlagen

1143	Ertragswirtschaftlicher Cash Flow I	+!Ordentliches Betriebsergebnis+!Planmäßige Abschreibungen auf Sachanlagen und auf immat. VG
1144	Ertragswirtschaftlicher Cash Flow II	+!Ordentliches Betriebsergebnis+!Planmäßige Abschreibungen auf Sachanlagen und auf immat. VG+!Zuführung zu den Pensionsrückstellungen
1145	Netto-Cash-Flow	+!Ordentliches Betriebsergebnis+!Planmäßige Abschreibungen auf Sachanlagen und auf immat. VG+!Zuführung zu den Pensionsrückstellungen-!Steuern auf Einkommen und Ertrag

Jede Kennzahl wird in dem vorliegenden Katalog mit einer eindeutigen Nummer bezeichnet. In der Kennzahlendefintion sind einzelne Posten mit Ausrufezeichen gekennzeichnet. Diese Rufzeichen markieren diejenigen Posten, welche für eine Berechnung der Kennzahl unbedingt vorhanden sein müssen. Ist ein markierter Posten nicht vorhanden, wird die Kennzahl nicht berechnet. Eine solche Markierung ist notwendig, da sonst unplausible Kennzahlenwerte zu falschen Analyseergebnissen führen könnten.

Anhang 5 Übersetzung einer Kennzahlendefinition in ein SQL Statement

Gesamtkapitalrendite = Bilanzsumme + Zinsen und ähnliche Aufwendungen / Jahreüber-schuss

Bilanzsumme	= ID 385
Zinsen und ähnliche Aufwendungen	= ID 663
Jahresüberschuss	= ID 183

Gesamtkapitalrendite = (+(+!385)+(+663))/(+(+!183))

SQLBehind =

```
UPDATE EDAS.jahresabschluss
SET    kommentar = Replace(kommentar, ‚{:12}', ‚')
WHERE  kommentar LIKE ‚%{:12}%';


UPDATE EDAS.Jahresabschluss
SET    Plausible = 0,
       kommentar = ‚{:12}'
WHERE  Jahresabschluss_ID IN (SELECT a.Jahresabschluss_ID
                    FROM   (SELECT ( +( +CASE
                                   WHEN Max([183]) IS NULL THEN 0
                                   ELSE Max([183])
                                  END ) ) AS wert,
                              p.Jahresabschluss_ID
                         FROM   EDAS.Position p PIVOT (Max(wert) FOR positionbeschrei-
       bung_id IN ([183])) AS p
                         GROUP  BY Jahresabschluss_ID) a
                    WHERE  a.wert = 0)
       AND kommentar IS NULL;
```

update EDAS.Jahresabschluss set Plausible=0, kommentar+='{:12}' where Jahresab-schluss_ID in (select a.Jahresabschluss_ID from (SELECT (+(+ CASE WHEN MAX([183]) IS NULL THEN 0 ELSE MAX([183]) END)) as wert,p.Jahresabschluss_ID FROM EDAS.Position p pivot (MAX(wert) FOR positionbeschreibung_id IN ([183])) AS p GROUP BY Jahresabschluss_ID) a where a.wert=0) and kommentar is not null;

```
DELETE FROM EDAS.Kennzahl
WHERE  Kennzahlenbeschreibung_ID = 12;

INSERT INTO EDAS.EDAS.Kennzahl
           (WERT,
            DATUM,
            Kennzahlenbeschreibung_ID,
            STATUS,
            Jahresabschluss_ID)
(SELECT ( +( +CASE
              WHEN Max([385]) IS NULL THEN 0
              ELSE Max([385])
            END ) + ( +CASE
                        WHEN Max([663]) IS NULL THEN 0
                        ELSE Max([663])
                      END ) ) / ( +( +CASE
                                     WHEN Max([183]) = 0 THEN 1
                                     ELSE Max([183])
                                   END ) ) AS wert,
        Getdate(),
        12,
        ,OK',
        p.Jahresabschluss_ID
 FROM   EDAS.Position p PIVOT (Max(wert) FOR positionbeschreibung_id IN ([385], [663],
        [183])) AS p
        JOIN EDAS.Jahresabschluss j
          ON p.Jahresabschluss_ID = j.Jahresabschluss_ID
 WHERE  ( ( j.Kommentar NOT LIKE ,%{:12}%' )
          OR ( j.kommentar IS NULL ) )
 GROUP  BY p.Jahresabschluss_ID);
```

```
UPDATE EDAS.Kennzahl
SET    STATUS = ‚ERROR mandatory fields not filled‘
WHERE  Kennzahlenbeschreibung_ID = 12
    AND 2 > (SELECT Count(p.Positionbeschreibung_ID)
          FROM   EDAS.Position p
          WHERE  p.Positionbeschreibung_ID IN( 385, 183 )
              AND EDAS.Kennzahl.Jahresabschluss_ID = p.Jahresabschluss_ID);
```

Anhang 6: Deutsches Jahresabschlussschema

Bilanz					
Aktiva					300001
	Unpaid contributions on subscribed capital				300002
		Called capital			300003
		Capital not called			300004
		Unpaid and due shares in a cooperative			300005
	Accounting convenience				300006
		Start-up and business expansion expenses			300007
		Capitalized expenses due to the change in currency from DM to Euro			300008
		Expenditures for equity acquisition			305002
	Fixed Assets				300009
		Intangible Assets			300010
			Concessions, industrial and similar rights and assets and licenses in such rights and assets		300011
				Concessions	300012
				Trade marks, industrial rights	300013
				Similar rights and assets	300014
				Computer software	300015
				Licenses in rights and assets	300016
			Goodwill		300017
				Purchased goodwill	300018
				Goodwill arising from capital consolidation	300019
			Payments on account		300020
			Other intangible assets		300021
			Merger added value		306738
			Own produced intangible assets		305001
		Tangible Assets			300022
			Land, land rights and buildings, including buildings on third-party land		300023
				Land without buildings	300024
				Rights equivalent to a real property right (without buildings)	300025
				Buildings on own land and rights equivalent to a real property right	300026
				Buildings on third-party land	300027
			Technical equipment and machinery		300028
				Technical equipment	300029
				Machinery and tools bound to machinery	300030
				Installations	300031
				Spare parts	300032
			Other equipment, factory and office equipment		300033
				Other equipment	300034
				Factory equipment	300035
				Office equipment	300036
			Payments on account and assets under construction		300037
				Payments on account on tangible assets	300038
				Buildings under construction	300039
				Technical equipment and machinery under construction	300040
				thereof building preparation costs	307548
			Other tangible assets		300041
				Leased assets (own assets leased to others)	300042
				Finance leasing	309201
				Further other tangible assets	300043
				thereof brutes	307507
				thereof billboards	307509
				thereof ships	307510
		Financial Assets			300044
			Shares in affiliated enterprises		300045
				Shares in company which controls the reporting company or in company, which	300046
				Shares in subsidiaries	300047
			Loans to shareholders		300048
				Loans to shareholders of limited liability company (GmbH) or to a silent partner	300049
				Loans to partners with unlimited liability	300050
				Loans to partners with limited liability (Kommanditisten)	300051
			Loans to affiliated enterprises		300052

Position	Code
Loans to company which controls the reporting company or to company, which	300053
Loans to subsidiaries	300054
Participations	300055
Share in associate companies	300056
Share in joint ventures	300057
Silent participations	300058
Other participations	300059
Loans to enterprises, in which participations are held or which hold a participation in the reporting con	300060
Loans to enterprises, which hold a participation in the reporting company	300061
Loans to enterprises, in which participations are held	300062
Loans to associate companies	300063
Loans to Joint Ventures	300064
Long-term Security Investments	300065
Shares	300066
Warrants	300067
Participating certificates	300068
Mutual investment shares	300069
Bonds	300070
Convertible bonds	300071
Fix income securities	300072
Other long-term investments	300073
Other loans and financial assets	300074
Other loans	300075
Loans to employees	300076
Further other loans	300077
Other financial assets	300078
Profit sharing rights	300079
Long-term shares in cooperatives	300080
Reinsurance claims from life insurances (long-term)	300081
Silent participations	300082
Further other financial assets	300083
Hedging instrument for assets und liabilities	305004
Receivables from future production orders	305005
Assets in between fixed and current assets	300084
Nuclear fuel assemblies	300085
Film rights and similar rights	300086
Overburden of mining / Open-cast mining	300087
Other assets in between fixed and current assets	306739
Current Assets	300088
Stocks	300089
thereof allowance accounted for in inventories	300090
Raw materials, supplies and consumables	300091
Raw materials	300092
Supplies	300093
Consumables	300094
Other raw materials, supplies and consumables	309100
Work in progress	300095
Unfinished goods	300096
Unfinished services	300097
Services not yet invoiced	300098
Orders in progress	300099
Construction orders in progress	300100
thereof building preparation costs	307549
Finished goods and merchandise	300101
Finished goods	300102
Merchandise	300103
Services not yet invoiced	300104
Goods and merchendise not further defined	309203
Other stocks	300105
Stocks leased to others	300106
thereof brutes	307508

Payments received on account on orders (visibly deductec)	300107
Payments on account	300108
Receivables and other assets	300109
thereof due in more than 1 year	309650
thereof allow ance accounted for in receivables and other assets	300110
Trade receivables	300111
due within 1 year	300112
due in more than 1 year	300113
thereof bills receivable	300114
Receivables from shareholders	300115
due within 1 year	300116
due in more than 1 year	300117
thereof trade receivables from shareholders	300118
thereof calls requested on unpaid capital	300119
thereof receivables from shareholders of Lmited Liability Company (GmbH)	300120
thereof receivables from partners with unlimited liability	300121
thereof receivables from partners with Lim ted Liability (Kommanditisten)	300122
thereof receivables from silent partners	300123
Receivables from partners with unlimited and partners with limited liability arising from share of loss nc	300124
Receivables from affiliated enterprises	300125
due within 1 year	300126
due in more than 1 year	300127
thereof trade receivables from affiliated enterprises	300128
thereof receivables from company which controls the reporting company or to c	300129
thereof receivables from subsidiaries	300130
Receivables from, in which participations are held or which hold a participation in the reporting compa	300131
due within 1 year	300132
due in more than 1 year	300133
thereof trade receivables from enterprises in which participations are held or w	300134
thereof receivables from associate companies	300135
Receivables from Joint Ventures	300136
thereof receivables from enterprises, which hold a participation in the reporting	300137
thereof receivables from enterprises, in which a participation is held	300138
thereof receivables from related parties	307513
Other receivables and other assets	300139
due within 1 year	300140
due in more than 1 year	300141
thereof unpaid contributions on subscribed capital recognised as other receivab	300142
thereof profit sharing rights	300143
thereof receivables on secondary or additional payments	300144
thereof s	300145
thereof reinsurance claims from Life Insurances (Short-term)	300146
thereof receivables from value added tax	300147
thereof other receivables from tax offices	300148
thereof receivables from Social Insurance Institutions	300149
thereof receivables from employees	300150
thereof receivables from members of the bodies	300151
thereof receivables from Joint working groups	300152
thereof holiday	307517
thereof deposits	307516
thereod allocation	307518
thereof other receivables not further defined	307536
thereof hospital finance law	307552
thereof other assets not further defined	309209
above 1 year	305006
thereof due within 1 year	305007
Investments from Currents Assets	300153
Shares in affiliated enterprises	300154
Shares in parent company	300155
Shares in subsidiaries	300156
Own shares	300157

Position	Code
Other securities	300158
Shares	300159
Warrants	300160
Participating certificates	300161
Mutual investment share	300162
Bonds	300163
Convertible bonds	300164
Fix income securities	300165
Other current securities	300166
Hedging instrument for assets und liabilities	305008
Cash-in-hand, Central Bank Balances, Bank Balances and Cheques	300167
Cheques	300168
Cash-in-hand	300169
Central bank balances	300170
Bank balances	300171
Balances not further defined	309102
Prepaid expenses and accrued income	300172
Loan redemption premium	300173
Custom duties and excise taxes	300174
Value added taxes relating to payments on account	300175
Prepayments of rent and key money	300176
Other prepaid expenses	300177
Deferred taxes (Prepaid expense)	300178
Long term	309208
Short term	309207
Deficit not covered by equity capital	300179
Share of loss of partner with unlimited liability not covered by capital contribution	300180
Share of loss of partner with limited liability not covered by capital contribution	300181
Deficit not covered by equity capital not further defined	309030
Adjustment item	309121
Other Assets	300182
Special loss account	307515
Assets value discontinued	309206
Passiva	300183
Equity	300184
Subscribed Capital / Capital Account / Share in Capital	300185
Subscribed capital (Corporates)	300186
thereof premium shares	300187
thereof foundation capital	307520
Share in capital of partners with unlimited Liability	300188
Fixed capital account (Partner with Unlimited Liability)	300189
Private account (Sole Proprietorship)	300190
Variable capital account	300191
Account of accumulated losses brought forward	300192
thereof special account	307519
Share in capital of Limited Partner	300193
Fixed capital account (Limited Partner)	300194
Variable capital account	300195
Account of accumulated losses brought forward	300196
Fixed capital account not further defined	309210
Variable capital account not further defined	309211
Unpaid contributions on subscribed capital not called (Openly Deducted)	300197
Paid-up shares in cooperative	300198
of remaining members	300199
of withdrawing members	300200
of cancelled shares in capital	300201
due contributions unpaid on shares in capital - noted	300202
Paid-up not further defined	309103
Loans made by a partner (Equity Character)	300203
Profit sharing rights capital (Corporations - Equity Character)	300204

Capital contribution of Silent Partners (Equity Character)	300205
Capital reserves	300206
Share premium received on the issuance of shares	300207
Premium received on the issuance of w arrants / Options and debentures w ith convertible rights	300208
Contributions in consideration of preferential rights for shares	300209
Other capital contributions	300210
Calls requested (Limited Liability Company / GmbH)	300211
Reserve from capital reduction (Corporation)	300212
Reserves paragraph 27	307523
Reserves (Partnerships)	300213
Revenue Reserves	300214
Legal reserve	300215
Reserve for ow n shares	300216
Statutory reserve	300217
Deducted goodw ill from reserves	300218
Revenue reserve for capitalized start-up and business expansion expenses (blocked income distributi	300219
Revenue reserve for capitalized deferred taxes (blocked income distribution)	300220
Revenue reserve for capitalized expenses due to the change in currency from DM to Euro (blocked in	300221
Other revenue reserves	300222
thereof renovation reserve	307551
Other revenue reserves (cooperatives)	300223
thereof transfered from net retained profits of prior year	300224
thereof payable because of of w ithdraw ing members	300225
thereof reserves paragraph 7	307522
Payment for capital increase computed in equity	309214
thereof paid contributions for increase in capital	300226
Difference from capital consolidation	300227
thereof temporary profit ellimination	307521
Retained profits/accumulated losses brought forw ard	300228
Profit/loss for the period	300229
Balance sheet profit/loss	300230
thereof planned for distribution	300231
Differences from foreign currency translation	300232
Minority interests	300233
Adjustment item deficit not covered by capital	309120
Other comprehensive income	305009
Not realised gains/losses "Available-For-Sale-securities"	305010
Market changing due to Cash Flow Hedges	305011
Correction for accrua for pensions	305012
Reestimated assets	305013
Currency difference	305014
Minority interest	309218
Other equity	309215
Special items with an equity portion	300234
thereof equity share of special items w ith an equity portion	300235
thereof liability share of special items w ith an equity portion	300236
Un-taxed reserves	300237
Reserve for gains on disposal	300238
Reserve for subsidies	300239
Un-taxed reserves not further defined	309104
Replacement reserve	300240
Special-Reserve out of depreciation for small units	300241
Tax relief act reserve	300242
Tax allow ed depreciation	300243
on tangible assets	300244
on financial assets	300245
on current assets	300246
Tax allw oed depreciation not further defined	309105
Special items w ith an equity portion not further defined	309106
Other special items	300247

Position	Code
Special item for investment subsidies	300248
thereof investment	306676
thereof building costs	306677
Special item for capitalized ow n shares (partnerships)	300249
Special item for capitalized accounting conveniences (partnerships)	300250
thereof tax adjustment item	307525
thereof building maintainance	307550
Other special items, not further defined	309107
Provisions	300251
Provisions for pensions and similar obligations	300252
thereof short term amount	300253
thereof long term amount	300254
Single and direct contracted	300255
Obligations to further contributions to pension funds and life insurances	300256
thereof dispatches	307537
Provisions for pensions and similar obligations not further defined	309108
Provision s for tax	300257
thereof short term amount	300258
thereof long term amount	300259
Provision for trade taxes	300260
Provision for corporate income tax	300261
Provision for other taxes (except for deferred taxes)	300262
thereof short term	309220
thereof long term	309221
Provisions for deferred taxes	300263
Other provisions	300264
thereof short term amount	300265
thereof long term amount	300266
Provisions for uncertain liabilities	300267
thereof warranty	307527
thereof financial statement	307528
Provisions for guarantee expenses	300268
Provisions for anticipated losses from uncompleted transactions	300269
Provisions for expenses (no third party involved)	300270
Provisions for foreign currency risks	300271
Provisions for differences from capital consolidation	300272
Further other provisions	300273
Liabilities	300274
thereof due w ithin 1 year	309109
thereof due w ithin 1 to 5 years	309110
thereof due in more than 5 years	309111
Loans	300275
thereof secured by mortgages or other rights	300276
due w ithin 1 year	300277
Convertible loans	300278
Not convertible loans	300279
Profit sharing rights (liability)	300280
thereof debentures	307524
Loans due within 1 year, not further defined	309112
due in more than 1 year	300281
thereof due within 1 and 5 years	300282
thereof due in more than 5 years	300283
Convertible loans	300284
Not convertible loans	300285
Profit sharing rights (liability)	300286
Loans due in more than 1 year, not further defined	309113
thereof profit share rights no term	309222
thereof convertible no term	309223
Liabilities to credit institutions	300287
thereof secured by mortgages or other rights	300288

due within 1 year	300289
due in more than 1 year	300290
due within 1 to 5 years	300291
due in more than 5 years	300292
Payments received on account of orders	300293
thereof secured by mortgages or other rights	300294
due within 1 year	300295
due in more than 1 year	300296
due within 1 to 5 years	300297
due in more than 5 years	300298
Trade payables	300299
thereof secured by mortgages or other rights	300300
due within 1 year	300301
due in more than 1 year	300302
due within 1 to 5 years	300303
due in more than 5 years	300304
Liabilities on bills accepted and drawn	300305
thereof secured by mortgages or other rights	300306
due within 1 year	300307
Liabilities on bills accepted	300308
Liabilities on bills drawn	300309
Not further definedm due within 1 year	309114
due in more than 1 year	300310
due within 1 to 5 years	300311
due in more than 5 years	300312
Liabilities on bills accepted	300313
Liabilities on bills drawn	300314
Bills not further defined, due within 1 year	309115
Liabilities to shareholders	300315
thereof subordinated claim	306678
thereof secured by mortgages or other rights	300316
due within 1 year	300317
Agreed income distribution/ dividends	300318
thereoftrade payables	300319
Liabilities to shareholders of limited liability company or to a silent partner	300320
Liabilities to general partner	300321
Liabilities to limited partner	300322
Liabilities to shareholders due within 1 year, not further defined	309116
due in more than 1 year	300323
due within 1 to 5 years	300324
due in more than 5 years	300325
thereoftrade payables	300326
Liabilities to shareholders of limited liability company or to a silent partner	300327
Liabilities to general partner	300328
Liabilities to limited partner	300329
Liabilities to shareholders due in more than 1 year, not further defined	309117
Payable to affiliated enterprises	300330
thereof secured by mortgages or other rights	300331
due within 1 year	300332
thereoftrade payables	300333
Based on other legal relationships	300334
thereof liabilities to company which controls the reporting company or to company, wh	300335
thereof liabilities to subsidiaries	300336
due in more than 1 year	300337
due within 1 to 5 years	300338
due in more than 5 years	300339
thereoftrade payables	300340
Based on other legal relationships	300341
thereof liabilities to company which controls the reporting company or to company, wh	300342
thereof liabilities to subsidiaries	300343

Position	Code
Payable to enterprises in w hich participations are held	300344
thereof secured by mortgages or other rights	300345
due w ithin 1 year	300346
thereoftrade payables	300347
Liabilities to associate companies	300348
Liabilities to enterprises, which hold a participation in the reporting company	300349
Liabilities to enterprises, in which a participation is held	300350
Payable to enterprises in which participations are held due within 1 year, not fu	309118
due in more than 1 year	300351
due within 1 to 5 years	300352
due in more than 5 years	300353
thereoftrade payables	300354
Liabilities to associate companies	300355
Liabilities to enterprises, which hold a participation in the reporting company	300356
Liabilities to enterprises, in which a participation is held	300357
Payable to enterprises in which participations are held due in more than 1 year,	309119
Other Liabilities	300358
thereof secured by mortgages or other rights	300359
due w ithin 1 year	300360
Liabilities to tax offices	300361
Liabilities relating to social security and similar obligations	300362
Liabilities to employees	300363
Liabilities to members of the bodies	300364
Profit participating loans	300365
Liabilities to joint working groups	300366
Profit sharing rights (liability)	300367
Other Liabilities due within 1 year, not further defined	309124
Financial leasing short term	309230
Discontinued departments	309232
due in more than 1 year	300368
thereof due within 1 to 5 years	300369
thereof due in more than 5 years	300370
Other liabilities to tax offices	300371
Liabilities relating to social security and similar obligations	300372
Liabilities to employees	300373
Liabilities to members of the bodies	300374
Participating loans	300375
Liabilities to joint working groups	300376
Profit sharing rights (liability)	300377
Other Liabilities due in more than 1 year, not further defined	309125
Financial leasing long term	309231
thereof other creditors	307529
thereof benefits taxable	307540
thereof enefits not taxable	307541
thereof benefits part payback	307542
thereof hospital finance law	307553
thereof taxes	309122
thereof social security	309123
Term not defined	309233
Accruals and deferred income	300378

Erfolgsrechnung

- Profit/loss for the period 300385
  - Results from ordinary activities 300386
    - Operating results (TC) 300415
      - Gross results (TC) 300458
        - Total output (TC) 300615
          - Sales (TC) 300671
          - Increase or decrease in finished goods inventories and work in process (TC) 300672
          - Own work capitalized (TC) 300676
        - Material costs (TC) 300616
          - Cost of raw materials, consumables and supplies and of purchased merchandise 300617
          - Cost of purchased services 300621
          - thereof cost of purchased services - affiliated enterprises 300622
          - Material costs, not further defined 309131
      - Personnel expenses (TC) 300459
        - thereof personnel expenses - affiliated enterprises 300460
        - Wages and salaries 300461
          - thereof remuneration in kind 300462
          - thereof voluntary grants 300463
        - Social security and other pension costs 300464
          - Social security costs 300465
          - Costs of old age pensions 300466
          - Relief expenditures 300468
          - Social costs 309235
        - Personnel expenses, not further defined 309132
      - Depreciation (TC) 300469
        - thereof depreciation - affiliated enterprises 300470
        - on intangible fixed assets and tangible assets as well as on capitalized start-up 300471
          - on capitalized start-up and business expansion expenses 300472
          - on intangible fixed assets 300473
          - on goodwill 300474
          - on tangible assets 300475
          - Exceptional and special depreciation 300476
          - Depreciation, not further defined 309133
        - on current assets to the extent that it exceeds depreciation which is normal for 300479
          - thereof depreciation on inventories 300480
          - thereof depreciation on recivables and other assets 300481
      - Other operating income (TC) 300432
        - thereof other operating income - affiliated enterprises 300433
        - Rental and royalty income 300434
        - Income from commissions, licenses and patents 300435
        - Further other operating income 300436
        - Income from reversal of special item with an equity portion 300437
          - thereof saved amortisation 307533
          - thereof untaxed reserves 307546
        - Income from disposals of fixed assets 300438
        - Income from write-ups of fixed assets 300439
          - thereof financial assets appreciation 309126
        - Income from consolidation of intercompany balances 300440
        - Income from consolidation of intercompany profits 300441
        - Assets appreciation 309127
        - Income from disposal/withdrawal from consolidation 300442
        - Income from reversal of accruals 300443
        - Income from disposals of current assets 300444
        - Income from write-ups of current assets 300445
          - Income from write-ups to receivables 309305
          - Income from write-ups of current assets, not further defined 309306
        - Income from mark-downs / reversal of valuation allowance and lump sum valu 300446
          - Single allowance 306704
          - Allowances, not further defined 309300
          - Flat rate allowance 306703

				Code
		Income from capitalization of purchased assets free of charge		300447
		Income from mark-downs of liabilities		300448
		Bad debts recovered		300449
		Reimbursement, refunds and credit entries of prior years		300450
		Income from tax loads of organ companies / affiliated enterprises		300451
		Income from administration expense allocation		300452
		Investment subsidies and grants		300453
			investition subsidy	306708
			Investment subsidies and grants, not further defined	309309
		Insurance recoveries and compensation payments		300454
		Exchange / currency gains		300455
		Income from own consumption		300456
		Other ordinary income		309301
			Other income related to ordinary activities	306691
			Waste recycling	306692
			Employees meal	306693
			Benefits in kind	306694
			Wage subsidy	306696
			Employment subsidy of the Federal Employment Office	309302
			Other ordinary income, not further defined	306695
		Income from cost transfer		309128
		Further non-operating and/or non-periodic income		300457
			Exchange currency	306710
			Income from alienation of licences	306712
			Income from reorganization accruals	306714
			Income from litigation end	306715
			Other aperiodic or non operative income, not further defined	309304
			Income from restructuring	309307
		Other operating income, not further defined		309020
	Other operating expenses (TC)			300482
		Rental and royalty expenses		300484
		Insurance premiums, fees and contributions		300487
		Repairs carried out by third parties and maintenance expenses		300493
		Expenses for transport park		300489
		Advertising expenses		300492
		Further other ordinary operating expenses		300495
		Losses from disposals of fixed assets		300497
		Losses from disposals of current assets		300498
		Transfers to special item with an equity portion		300496
		Energy expenses		300485
		Further other operating expenses		309150
		Other personnel expenses		300488
		Communication expenses		300486
		Commissions		300491
		Normal bad debt allowance		300494
		Expense from consolidation of intercompany balances		300499
		Expense from consolidation of intercompany profits		300500
		Expense from disposal/withdrawal from consolidation		300501
		Transfers to accruals for expenses (no third party involved)		300502
		Exchange / currency losses		300503
		Non-operating and/or non-periodic expenses		300504
		Freight fees and packaging		300490
		thereof other operating expenses - affiliated enterprises		300483
Financial and participation result				300417
	Net result from participations			300613
		Income from participations		300636
			from participations in affiliated enterprises	300637
			from participations in not affiliated enterprises	300638
		Income from profits received based on profit and loss transfer agreements (mc		300640
			Income from profits received based on profit pooling	300641

Position	Code
Income from profits received based on profit and loss transfer agreements and partial	300642
Income from other investments and long term loans	300643
from participations in not affiliated enterprises	300644
from participations in affiliated enterprises	300645
Interest and dividend income	300646
compensation fees as an outstanding shareholder received	300647
Income from other investments, not further defined	309134
Amortization of financial assets and investments classified as current assets	300654
Amortization of financial assets and investments classified as current assets - affiliate	300655
Amortization of financial assets	300656
Valuation allow ance on long-term loans	300657
Lump sum valuation allow ance on long-term loans	300658
Normal and unusual amortization of investments classified as current assets	300659
Expense from loss transfers based on profit and loss transfer agreements (mot	300660
Expense from loss transfers based on profit pooling	300661
Expense from loss transfers based on profit and loss transfer agreements and partial	300662
Patricipation result, not further defined	309135
Net interest result	300614
Other interest and similar income	300648
from participations in not affiliated enterprises	300649
from participations in affiliated enterprises	300650
Interest from bank deposits and from receivables to third parties	300651
Discounts received	300652
Interest and dividend income from investments classified as current assets	300653
Other interest and similar income, not further defined	309136
Interest and similar expenses	300663
to not affiliated enterprises	300664
to affiliated enterprises	300665
Interest	300666
Interest cost included in pension expense	300667
Discounts allow ed	300668
Amortization of share premium, discount or original issue discount	300669
Credit provisions and administrative costs	300670
Otherinterest and similar expenses, not further defined	309137
Interest result, not further defined	309138
thereof discont	309311
Extraordinary result	300387
Extraordinary income	300418
thereof extraordinary income - affiliated enterprises	300419
Gains from dicontinuing operations	300420
Gains from sales of significant land	300421
Gains from sales of significant participations	300422
Gains from mergers and conversions	300423
Other extraordinary income	300424
Extraordinary expense	300425
thereof extraordinary expense - affiliated enterprises	300426
Litigation end	306764
Losses from dicontinuing operations	300427
Losses from mergers and conversions	300428
Losses from extraordinary damages	300429
Restructuring and reorganization costs	300430
Other extraordinary expense	300431
Taxes on income	300388
Taxes on income - affiliated enterprises	300389
Corpoarte income tax	300390
Solidarity surcharge	300391
Trade tax	300392
Capital yields w ithholding tax	300393
Tax back payments of prior years	300394
Tax refunds of prior years	300395

Position	Code
Income from reversals of tax accruals	300396
Deferred taxes	300397
thereof deferred taxes - affiliated enterprises	300398
Recognition of deferred taxes	300399
Reversal of deferred taxes	300400
Taxes on income, not further defined	309139
Other taxes	300401
Other taxes - affiliated enterprises	300402
Consumption and monopoly taxes included in sales	300403
Tax back payments of prior years	300404
Tax refunds of prior years	300405
Income from reversals of tax accruals	300406
Further other taxes	300407
Profit and loss transfer (subsidiary)	300408
Loss transfer	300409
Loss transfer based on profit pooling	300410
Loss transfer based on profit and loss transfer agreements and partial profit transfer agreements	300411
Profit transfer	300412
Profit transfer based on profit pooling	300413
Profit transfer based on profit and loss transfer agreements and partial profit transfer agreements	300414
Minority interest	309312

Anhang 7: Italienisches Jahresabschlussschema

Bilanz							
	Total Assets						1074
		TOTAL receivables due from shareholders					1001
			Called share capital				1002
		TOTAL FIXED ASSETS					1039
			TOTAL INTANGIBLE FIXED ASSETS				1011
				Start-up and expansion costs			1003
				Research and dev. exp.			1004
				Ind. patents and intellect. property rights			1005
				Concessions licenses trademarks and similar rights			1006
				Goodw ill			1007
				Additions in progress and advances			1008
				Others			1009
					(Amortization provision)		1010
			TOTAL TANGIBLE FIXED ASSETS				1018
				Land and buildings			1012
				Plant and machinery			1013
				Indust. and commercial equipment			1014
				Other assets			1015
				Additions in progress and advances			1016
					(Depreciation provision)		1017
			TOTAL FINANCIAL FIXED ASSETS				1038
				Total equity investments			1023
					Subsidiary companies		1019
					Associated companies		1020
					Parent companies		1021
					Other companies		1022
				Total Receivables			1034
					FINANCIAL RECEIV. WITHIN 12 MONTHS		1032
						Due from subsidiary comp.	1024
						Due from assoc. comp.	1026
						Due from parent comp.	1028
						Due from other comp.	1030
					FINANCIAL RECEIV. BEYOND 12 MONTHS		1033
						Due from subs. comp. - beyond 12 months	1025
						Due from assoc. comp. - beyond 12 months	1027
						Due from parent comp. - beyond 12 months	1029
						Due from other comp. - beyond 12 months	1031
				Other securities			1035
				Ow n shares			1036
					Own shares: par value		1037
		TOTAL CURRENT ASSETS					1071
			TOTAL INVENTORIES				1045
				Raw and consumable materials			1040
				Work in progress and semifinished products			1041
				Contract w ork in progress			1042
				Finished products and goods			1043
				Advances			1044
			TOTAL RECEIVABLES				1058
				RECEIV. DUE WITHIN 12 MONTHS			1056
					Trade accounts		3046
					Due from subs. comp.		3048
					Due from assoc. comp.		3050
					Due from parent comp.		3052
					Tax receivables		3180
					Tax receiv. for prepaid taxes		3182

Item	Code
Receiv. due from others	3054
RECEIV. DUE BEYOND 12 MONTHS	1057
Trade accounts - beyond 12 months	3047
Due from subs. comp. - beyond 12 months	3049
Due from assoc. comp. - beyond 12 months	3051
Due from parent comp. - beyond 12 months	3053
Tax receiv. - beyond 12 months	3181
Tax receiv. for prepaid taxes - beyond 12 months	3183
Receiv. due from others - beyond 12 months	3055
TOTAL FINANCIAL ASSETS	1066
Invest. in subs. comp.	1059
Invest. in assoc. comp.	1060
Invest. in parent comp.	1061
Other investments	1062
Own shares	1063
Own shares: par value	1064
Other securities	1065
TOTAL LIQUID FUNDS	1070
Bank and postal deposits	1067
Checks	1068
Cash and cash equivalents	1069
TOTAL ACCRUED INCOME AND PREPAID EXPENSES	1072
Accrued income and prepaid exp.	1073
TOTAL LIABILITIES AND SHAREHOLDERS' FUNDS	1121
Total Shareholder's funds	1084
Group capital stock and reserves	2085
Capital stock	1075
Share premium reserve	1076
Revaluation reserves	1077
Legal reserve	1078
Statutory reserves	1080
Reserve for treasury stock	1079
Other reserves	1081
GROUP consolidation reserve	2082
Retained earnings (losses)	1082
Profit (loss) for the year	1083
MINORITY INTERESTS SHAREHOLDERS' FUNDS	2088
Minority interests in cap. and reserves	2086
Minority interests in profit (loss) for the year	2087
TOTAL PROVISIONS FOR RISKS AND CHARGES	1088
Employee pensions and similar obligations	1085
Taxation (including deferred taxation)	1086
Other provisions	1087
Consolidation provision	2093
SEVERANCE INDEMNITY RESERVE	1089
TOTAL PAYABLES	1118
Payables due within 12 months	1116
Bonds	3090
Convertible bonds	3092
Due to shareholders for loans	3184
Due to banks	3094
Due to other lenders	3096
Advances	3098
Due to suppliers	3100
Negotiable instruments	3102

Item	Code
Due to subsidiary companies	3104
Due to associated companies	3106
Due to parent companies	3108
Tax payable	3110
Due to social security institutions	3112
Other payables	3114
Payables due beyond 12 months	1117
Bonds beyond 12 months	3091
Convertible bonds - beyond 12 months	3093
Due to shareholders for loans - beyond 12 months	3185
Due to banks - beyond 12 months	3095
Due to other lenders - beyond 12 months	3097
Advances - beyond 12 months	3099
Due to suppliers	3101
Negotiable instruments - beyond 12 months	3103
Due to subsidiary companies - beyond 12 months	3105
Due to associated companies -beyond 12 months	3107
Due to parent companies beyond 12 months	3109
Tax payable beyond 12 months	3111
Due to social security institutions - beyonc 12 months	3113
Other payables beyond 12 months	3115
Total payables during period	1903
Total payables after period	1904
TOTAL ACCRUED EXPENSES AND DEFERRED INCOME	1119
Fees on loans	1120
TOTAL MEMORANDUM ACCOUNTS	1122
TOTAL WARRANTIES SUPPLIED	1123

Erfolgsrechnung	
Profit (Loss)	1179
PROFIT (LOSS) THIRD PARTIES	2186
PROFIT (LOSS) GROUP	2187
PROFIT/LOSS BEFORE TAXATION	1177
OPERATING MARGIN	1901
TOTAL VALUE OF PRODUCTION	1130
Revenues from sales and services	1124
Changes in inventories	1125
Changes in contract work in progress	1126
Additions to fixed assets	1127
Other revenue	1128
TOTAL PRODUCTION COSTS	1149
Raw consum. mat. and goods for resale	1131
Services	1132
Use of third parties assets	1133
Total personnel costs	1139
Wages and salaries	1134
Social security charges	1135
Severance indemnities	1136
Pensions and similar obligations	1137
Other costs	1138
Total depreciation amortization and writedowns	1144
Amort. of intangible fixed assets	1140
Depr. of tangible fixed assets	1141
Writedown of fixed assets	1142
Writedown of receivables	1143
Change in inventory of raw and consumable materials	1145
Provisions fo risks and charges	1146
Other provisions	1147
Other operating expenses	1148
Added Value	1902
TOTAL FINANCIAL INCOME AND CHARGES	1161
Total income from equity investments	1150
from Subsidiaries/Associated comp.	1151
from other companies	1934
Total other financial income	1158
From financial receivables	1152
Subs. and assoc. Comp.	1153
From securities held as fixed assets	1154
From securities held as current assets	1155
Income other than the above	1156
Income other than the above (subsidiaries and associates companies)	1157
TOTAL INTERESTS AND FINANCIAL CHARGES	1159
Total Interests and Financial Charges coming from Subsidiaries	1160
Gain/loss from exchange rates	1190
TOTAL FINANCIAL ASSETS ADJUSTMENTS	1170
Total Revaluations	1165
Reval. of equity investments	1162
Reval. of other financial assets	1163
Reval. of securities	1164
Total Writedowns	1169
Writedowns of equity invest.	1166
Writedowns of other fin. Ass.	1167
Writedowns of securities	1168
TOTAL EXTRAORDINARY REVENUES AND CHARGES	1176

Extraordinary revenues	1171
Capital gains	1172
Extraordinary charges	1173
Capital losses	1174
Taxes previous period	1175
Total current deferred and prepaid income taxes	1178
Current taxes	1191
Prepaid and deferred taxes	1192

Anhang 8: Internationales Jahresabschlussschema

	ID	ID_DE	ID_IT			
Bilanz						
Aktiva	991010000000000	300001	1074			
Anlagevermögen / langfristige Vermögenswerte	991010100000000	300009	1039			
Immaterielle Vermögensgegenstände	991010101000000	300010	1011			
Selbst geschaffene gewerbliche Schutzrechte und ähnliche Rechte und Werte	991010101010000	305001	1005			
entgeltlich erworbene Konzessionen, gewerbliche Schutzrechte und ähnliche Rechte und Werte sowie Lizenz	991010101020000	300011	1006			
Geschäfts- oder Firmenwert	991010101030000	300018	1007			
geleistete Anzahlungen	991010101040000	300020	1008			
Geschäfts- und Firmenwert aus der Konsolidierung	991010101050000	300019				
Aufwendungen für die Kosten der Ingangsetzung und Erweiterung des Geschäftsbetriebs	991010101060000	300007	1003			
Aufwendungen für Forschung und Entwicklung	991010101060100		1004			
andere immaterielle Vermögensgegenstände	991010101060100		1009			
Sachanlagen	991010102000000	300022	1018			
Grundstücke, grundstücksgleiche Rechte und Bauten einschließlich der Bauten auf fremden Grundstücken	991010102010000	300023	1012			
technische Anlagen und Maschinen	991010102020000	300028	1013			
andere Anlagen, Betriebs- und Geschäftsausstattung	991010102030000	300033	1014			
geleistete Anzahlungen und Anlagen im Bau	991010102040000	300037	1016			
Finanzanlagen / sonstige langfristige Vermögenswerte	991010103000000	300044	1038			
Anteile an verbundenen Unternehmen	991010103010000	300045	1020			
Ausleihungen an verbundene Unternehmen	991010103020000	300052	1026	1027		
Beteiligungen	991010103030000	300055	1023			
Beteiligungen	991010103030100	300058	1022			
Anteile an Gemeinschaftsunternehmen	991010103030200	300057	1019			
Anteile an assoziierten Unternehmen	991010103030300	300056				
Anteile an Komplementärgesellschaften	991010103030400	300059	1021			
Anteile am Sondervermögen	991010103030500					
Sonstige nach der Equity-Methode bilanzierte Finanzanlagen	991010103030600					
Ausleihungen an Unternehmen mit denen ein Beteiligungsverhältnis besteht	991010103040000	300060	1034			
Ausleihungen an Unternehmen mit denen ein Beteiligungsverhältnis besteht	991010103040100	300061	1024	1025	1028	1029
Ausleihungen an assoziierte Unternehmen	991010103040200	300063				
Ausleihungen an Gemeinschaftsunternehmen	991010103040300	300064	1030	1031		
Ausleihungen an Gesellschafter oder diesen nahestehenden Personen	991010103040400	300048				

Bezeichnung	Code					
Wertpapiere des Anlagevermögens	991010103050000	300065			1035	
Sonstige Ausleihungen und sonstige langfristige Vermögensgegenstände	991010103060000	300074	300075	300078		
Sonstige Ausleihungen	991010103060100					
Forderungen aus Finanzdienstleistungen	991010103060101					
sonstige Ausleihungen und finanzielle Vermögenswerte	991010103060102					
Sonstige langfristige Vermögensgegenstände	991010103060200					
als Finanzinvestitonen gehaltene langfristige Vernögensgegenstände	991010103060201	300080				
Biologische Vermögensgegenswerte	991010103060202					
Zur Veräußerung gehaltene langfristige Vermögenswerte und Vermögensgruppen	991010103060203					
Vermögenswerte verpfändet als Sicherheiten vorbehaltlich Verkauf oder Weiterverpfändung, lang	991010103060204					
Cash eingeschränkt oder verpfändet	991010103060205					
Sicherungsgeschäfte von langfristigen Vermögenswerten	991010103060206					
Forderungen aus Lieferungen und Leistungen und sonstige Forderungen, langfristig	991010103060207					
Vorauszahlungen langfristig	991010103060208					
Effektive Steuererstattungsansprüche	991010103060209					
Aktive latente Steuern	991010103060210					
sonstige Vermögenswerte langfristig	991010103060211					
Umlaufvermögen / kurzfristige Vermögenswerte	991010200000000	300088			1071	
Vorräte	991010201000000	300089			1045	
Roh-, Hilfs- und Betriebsstoffe	991010201010000	300091			1040	
unfertige Erzeugnisse und Leistungen	991010201020000	300095			1041	
Fertigerzeugnisse und Waren	991010201030000	300101			1043	
Fertigerzeugnisse	991010201030100	300102				
Erzeugnisse auf Bestellung	991010201030200				1042	
Vermietete Erzeugnisse	991010201030300					
landwirtschaftliche Erzeugnisse	991010201030400					
Handelswaren	991010201030500	300103				
Sonstige Vorräte	991010201030600	300105				
geleistete Anzahlungen	991010201040000	300108			1044	
erhaltene Anzahlungen auf Bestellungen, offen von den Vorräten abgesetzt	991010201050000	300107				
Forderungen und sonstige Vermögensgegenstände	991010202000000	300109			1058	
Forderungen aus Lieferungen und Leistungen	991010202010000	300111			3046	3047
davon Wertberichtigungen	991010202010100					
mit einer Restlaufzeit größer als ein Jahr	991010202010200	300113			3047	
aus dem Verkauf von Anlagevermögen	991010202010300					
gegenüber Gesellschaftern, verbundenen oder Unternehmen mit denen ein Beteiligungs	991010202010400					
mit einer Restlaufzeit bis zu einem Jahr	991010202010500	300112			3046	

Position	Code								
Forderungen gegenüber verbundenen Untenehmen	991010202020000	300125				3050	3051		
davon mit einer Restlaufzeit größer als ein Jahr	991010202020100	300127				3051			
mit einer Restlaufzeit bis zu einem Jahr	991010202020200	300126				3050			
Forderungen gegenüber Unternehmen mit denen ein Beteiligungsverhältnis besteht	991010202030000	300131				3052	3053	3048	3049
davon mit einer Restlaufzeit größer als ein Jahr	991010202030100	300133				3053	3049		
mit einer Restlaufzeit bis zu einem Jahr	991010202030200	300132				3052	3048		
Forderungen gegenüber Gesellschaftern, diesen nahestehenden Personen, nahestehenden Unternehmen und	991010202040000	300115	300124						
Forderungen gegenüber Gesellschaftern	991010202040100	300115							
davon mit einer Restlaufzeit größer als ein Jahr	991010202040101	300117							
mit einer Restlaufzeit bis zu einem Jahr	991010202040102	300116							
Forderungen gegenüber Gesellschaftern nahestehenden Personen	991010202040200								
davon mit einer Restlaufzeit größer als ein Jahr	991010202040201								
mit einer Restlaufzeit bis zu einem Jahr	991010202040202								
Forderungen gegenüber nahestehenden Unternehmen	991010202040300								
davon mit einer Restlaufzeit größer als ein Jahr	991010202040301								
mit einer Restlaufzeit bis zu einem Jahr	991010202040302								
Einzahlungsverpflichtungen gegenüber Vollhaftern	991010202040400	300124							
Einzahlungsverpflichtungen gegenüber Teilhaftern	991010202040500	300124							
Forderungen gegenüber Gesellschaftsorganen	991010202040600	300120							
davon mit einer Restlaufzeit größer als ein Jahr	991010202040601								
mit einer Restlaufzeit bis zu einem Jahr	991010202040602								
eingeforderte ausstehende Einlagen	991010202050000								
Sonstige Vermögensgegenstände	991010202060000	300139							
effektive Steuererstattungsansprüche	991010202060100	300147				3180	3181	3182	3183
davon mit einer Restlaufzeit größer als ein Jahr	991010202060101					3181	3183		
mit einer Restlaufzeit bis zu einem Jahr	991010202060102					3180	3182		
Rückdeckungsansprüche, Ansprüche an Pensionskassen, Rückkaufswerte von Versicher	991010202060200								
davon mit einer Restlaufzeit größer als ein Jahr	991010202060201								
mit einer Restlaufzeit bis zu einem Jahr	991010202060202	300146							
Forderungen aus Finanzdienstleistungen	991010202060300								
davon mit einer Restlaufzeit größer als ein Jahr	991010202060301								
mit einer Restlaufzeit bis zu einem Jahr	991010202060302								
Sicherungsgeschäfte von kurzfristigen Vermögenswerten	991010202060400								
davon mit einer Restlaufzeit größer als ein Jahr	991010202060401								
mit einer Restlaufzeit bis zu einem Jahr	991010202060402								
Erfolgswirksam zum beizulegenden Zeitwert bewertete finanzielle Vermögenswerte	991010202060500								

Position	Code					
davon mit einer Restlaufzeit größer als ein Jahr	991010202060501					
mit einer Restlaufzeit bis zu einem Jahr	991010202060502					
Vermögensgegenstände aus Finance-Leasing-Verträgen	991010202060600					
davon mit einer Restlaufzeit größer als ein Jahr	991010202060601					
mit einer Restlaufzeit bis zu einem Jahr	991010202060602					
Biologische Vermögenswerte soweit kurzfristig	991010202060700					
davon mit einer Restlaufzeit größer als ein Jahr	991010202060701					
mit einer Restlaufzeit bis zu einem Jahr	991010202060702					
Vermögenswerte verpfändet als Sicherheiten vorbehaltlich Verkauf oder Weiterverpfänc	991010202060800					
davon mit einer Restlaufzeit größer als ein Jahr	991010202060801					
mit einer Restlaufzeit bis zu einem Jahr	991010202060802					
sonstige Vermögensgegenstände, sonstige finanzielle Vermögenswerte	991010202060900	300152	309209			
davon mit einer Restlaufzeit größer als ein Jahr	991010202060901					
mit einer Restlaufzeit bis zu einem Jahr	991010202060902					
Wertpapiere	991010203000000	300153		1066		
Anteile an verbundenen Unternehmen	991010203010000	300154		1060	1059	1061
Eigene Anteile Nennbetrag	991010203020000	300157		1064	1063	
Sonstige Wertpapiere	991010203030000	300158		1065	1062	
Kassenbestand, Bundesbankguthaben, Guthaben bei Kreditinstituten und Schecks	991010204000000	300167		1070		
Barmittel und Guthaben	991010204010000	300169		1069		
Bankguthaben	991010204020000	300170	300171	1067		
Kurzfristige Einlagen	991010204030000	309102				
Andere Zahlungsmittel und Zahlungsmitteläqivalente	991010204040000	300168		1068		
Rechnungsabgrenzungsposten	991010300000000	300172		1072		
Disagio	991010301000000	300173				
Sonstige aktive Rechnungsabgrenzungsposten	991010302000000	300177		1073		
Aktive latente Steuern	991010400000000	300178				
Aktiver Unterschiedsbetrag aus der Vermögensverrechnung	991010500000000					
Sonderposten für negative Kapitalien	991010600000000	300179				
Nicht durch Eigenkapital gedeckter Fehlbetrag	991010601000000	300179				
Nicht durch Vermögenseinlagen gedeckter Verlustanteil persönlich haftender Gesellschafter	991010602000000	300180				
Nicht durch Vermögenseinlagen gedeckter Verlustanteil von Kommanditisten	991010603000000	300181				
sonstige Aktiva	991010604000000	300182				
Passiva	991020000000000	300183		1121		
Eigenkapital	991020100000000	300184		1084		
Gezeichnetes Kapital, haftend und eingezahlt	991020101000000	300185		1075		

Gezeichnetes Kapital	991020101010000	300186							
nicht eingeforderte ausstehende Einlagen	991020101020000	300197	166440						
Eigene Anteile Nennbetrag	991020101030000		19669						
Privatkonto (Einzelunternehmer)	991020101040000	300190							
Gesellschafterdarlehen mit EK-Charakter	991020101050000	300203							
Genussrechtskapital mit EK-Charakter	991020101060000	300204							
Einlagen stiller Gesellschafter mit EK-Charakter	991020101070000	300205							
Kapitalrücklage	991020102000000	300206							
aus der Ausgabe von Anteilen	991020102010000	300207				1076			
aus der Ausgabe von Wandelschuldverschreibungen und Optionsrechten zum Erw erb von Anteilen	991020102020000	300208							
aus der Ausgabe von Vorzugsanteilen	991020102030000	300209							
sonstige Zuzahlungen der Gesellschafter	991020102040000	300210							
Verrechnung Eigene Anteile	991020102050000								
Gew innrücklage	991020103000000	300214							
gesetzliche Rücklage	991020103010000	300215				1078			
Rücklage für Anteile an einem herrschenden oder mehrheitlich beteiligten Unternehmen	991020103020000								
Rücklage für eigene Anteile	991020103030000	300216				1079			
satzungsmäßige Rücklagen	991020103040000	300217				1080			
andere Gew innrücklagen	991020103050000	300222	300223			1081	1077		
Kumuliertes übriges Eigenkapital übrige Rücklagen	991020104000000	309215							
Neubewertungsrücklage	991020105000000								
zur Durchführung der Kapitalerhöhung geleistete Einlagen	991020106000000	300226							
Unterschiedsbetrag aus der Kapitalkonsolidierung	991020107000000	300227							
Kapitalkonten Vollhafter Personengesellschaft	991020108000000	300188							
Festkapital	991020108010000								
Variables Kapital	991020108020000								
ausstehende Einlagen	991020108030000								
Kapitalkonten Teilhafter Personengesellschaft	991020109000000	300193							
Haftkapital	991020109010000								
Variables Kapital	991020109020000								
ausstehende Einlagen	991020109030000								
Rücklagen Personengesellschaft	991020110000000	300213							
Anfangskapital Einzelunternehmen	991020111000000								
Einlagen Einzelunternehmen	991020112000000								
Entnahmen Einzelunternehmen	991020113000000								
Sonstige Kapitaländerung Einzelunternehmen	991020114000000								

Position	Code							
Anteile anderer Gesellschafter	991020115000000	300205						
Genussrechtskapital	991020116000000	300204						
Sonstiges Kapital	991020117000000							
Jahresüberschuss /-fehlbetrag (Bilanz)	991020118000000	300229			1083	-1082		
Bilanzgew inn Bilanzverlust	991020119000000	300230						
Gew innvortrag auf neue Rechnung	991020120000000	300228						
Währungsumrechnungsdifferenzen	991020121000000	300232						
Ausgleichsposten für Anteile anderer Gesellschafter, Minderheitenanteile und Anteile Dritter	991020122000000	300233						
nicht durch Eigenkapital gedeckter Fehlbetrag (Passivausw eis)	991020123000000	309120						
sonstiges Eigenkapital	991020124000000	309215						
Fremdkapital	991020200000000	300251	300274		1088	1089	1118	1119
Konsolidierungsausgleichs- und andere Sonderposten:	991020201000000	300272	300234	300247				
Konsolidierungsausgleichsposten	991020201010000	300272						
Sonderposten mit Rücklageanteil	991020201020000	300234						
Ausgleichsposten für aktivierte eigene Anteile	991020201030000							
Sonstige Sonderposten	991020201040000	300247						
Rückstellungen	991020202000000	300251			1088			
Rückstellungen für Pensionen und pensionsähnliche Verpflichtungen	991020202010000	300252			1085			
Steuerrückstellungen	991020202020000	300257			1086			
Sonstige Rückstellungen	991020202030000	300264			1087	2093		
Abfertigungsfonds für Arbeitnehmer	991020202040000				1089			
Verbindlichkeiten	991020203000000	300274			1118			
Anleihen	991020203010000	300275			3090	3091		
Anleihen, davon mit einer Restlaufzeit größer als ein Jahr	991020203010100	300281			3091			
Anleihen, davon mit einer Restlaufzeit größer als fünf Jahre	991020203010200	300283						
Anleihen, davon konvertibel	991020203010300	300278	300284		3092	3093		
Anleihen, davon mit Laufzeit bis zu einem Jahr	991020203010400	300277			3090			
Anleihen, davon mit einer Restlaufzeit zwischen einem und fünf Jahren	991020203010500	300282						
Verbindlichkeiten gegenüber Kreditinstituten	991020203020000	300287			3094	3095		
davon mit einer Restlaufzeit von mehr als einem Jahr	991020203020100	300290			3095			
davon Kontokorrentverbindlichkeiten	991020203020200							
davon mit einer Restlaufzeit über fünf Jahre	991020203020300	300292						
davon mit Laufzeit bis zu einem Jahr	991020203020400	300289			3094			
davon mit einer Restlaufzeit zwischen einem und fünf Jahren	991020203020500	300291						
Laufzeitkredite mit einer Restlaufzeit bis zu einem Jahr	991020203020600							
Erhaltene Anzahlungen auf Bestellungen	991020203030000	300293			3098	3099		

Position	Schlüssel	Nr.				
Anzahlungen, davon mit einer Restlaufzeit größer als ein Jahr	991020203030100	300296	3099			
Anzahlungen, davon mit einer Restlaufzeit größer als fünf Jahre	991020203030200	300298				
Anzahlungen, davon mit einer Restlaufzeit bis zu einem Jahr	991020203030300	300295	3098			
Anzahlungen, davon mit einer Restlaufzeit zwischen einem und fünf Jahren	991020203030400	300297				
Verbindlichkeiten aus Lieferungen und Leistungen	991020203040000	300299	3100	3101		
davon mit einer Restlaufzeit von mehr als einem Jahr	991020203040100	300302	3101			
davon mit einer Restlaufzeit größer als fünf Jahre	991020203040200	300304				
davon mit einer Restlaufzeit bis zu einem Jahr	991020203040300	300301	3100			
davon mit einer Restlaufzeit zwischen einem und fünf Jahren	991020203040400	300303				
davon aus dem Kauf von Anlagevermögen	991020203040500					
Verbindlichkeiten aus der Annahme gezogener Wechsel und der Ausstellung eigener Wechsel	991020203050000	300305	3102	3103		
davon mit einer Restlaufzeit von mehr als einem Jahr	991020203050100	300310	3103			
davon mit einer Restlaufzeit größer als fünf Jahre	991020203050200	300312				
davon mit einer Restlaufzeit bis zu einem Jahr	991020203050300	300307	3102			
davon mit einer Restlaufzeit zwischen einem und fünf Jahren	991020203050400	300311				
Verbindlichkeiten gegenüber verbundenen Unternehmen	991020203060000	300330	3106	3107		
davon mit einer Restlaufzeit von mehr als einem Jahr	991020203060100	300337	3107			
davon mit einer Restlaufzeit größer als fünf Jahre	991020203060200	300339				
davon mit einer Restlaufzeit bis zu einem Jahr	991020203060300	300332	3106			
davon mit einer Restlaufzeit zwischen einem und fünf Jahren	991020203060400	300338				
Verbindlichkeiten gegenüber Unternehmen, mit denen ein Beteiligungsverhältnis besteht	991020203070000	300344	3104	3105	3106	3107
davon mit einer Restlaufzeit von mehr als einem Jahr	991020203070100	300351	3105	3107		
davon mit einer Restlaufzeit größer als fünf Jahre	991020203070200	300353				
davon mit einer Restlaufzeit bis zu einem Jahr	991020203070300	300346	3104	3106		
davon mit einer Restlaufzeit zwischen einem und fünf Jahren	991020203070400	300352				
Verbindlichkeiten gegenüber Gesellschaftern	991020203080000	300315	3108	3109		
davon mit einer Restlaufzeit von mehr als einem Jahr	991020203080100	300323	3109			
davon mit einer Restlaufzeit größer als fünf Jahre	991020203080200	300325				
davon mit einer Restlaufzeit bis zu einem Jahr	991020203080300	300317	3108			
davon mit einer Restlaufzeit zwischen einem und fünf Jahren	991020203080400	300324				
Sonstige Verbindlichkeiten	991020203090000	300358				
Verbindlichkeiten im Rahmen sozialer Sicherheit	991020203090100	309123	3112	3113		
davon mit einer Restlaufzeit von mehr als einem Jahr	991020203090101	300372	3113			
davon mit einer Restlaufzeit größer als fünf Jahre	991020203090102					
davon mit einer Restlaufzeit bis zu einem Jahr	991020203090103	300362	3112			
davon mit einer Restlaufzeit zwischen einem und fünf Jahren	991020203090104					

Effektive Steuerverbindlichkeiten	991020203090200	309112	3110	3111		
davon mit einer Restlaufzeit von mehr als einem Jahr	991020203090201	300371	3111			
davon mit einer Restlaufzeit größer als fünf Jahre	991020203090202					
davon mit einer Restlaufzeit bis zu einem Jahr	991020203090203	300361	3110			
davon mit einer Restlaufzeit zwischen einem und fünf Jahren	991020203090204					
Verbindlichkeiten aus Finanzdienstleistungen	991020203090300		3184	3185		
davon mit einer Restlaufzeit von mehr als einem Jahr	991020203090301		3185			
davon mit einer Restlaufzeit größer als fünf Jahre	991020203090302					
davon mit einer Restlaufzeit bis zu einem Jahr	991020203090303		3184			
davon mit einer Restlaufzeit zwischen einem und fünf Jahren	991020203090304					
Verbindlichkeiten aus Zins-, Währungs- und Optionsgeschäften	991020203090400					
davon mit einer Restlaufzeit von mehr als einem Jahr	991020203090401					
davon mit einer Restlaufzeit größer als fünf Jahre	991020203090402					
davon mit einer Restlaufzeit bis zu einem Jahr	991020203090403					
davon mit einer Restlaufzeit zwischen einem und fünf Jahren	991020203090404					
Verbindlichkeiten aus Finance-Leasing-Verträgen	991020203090500					
davon mit einer Restlaufzeit von mehr als einem Jahr	991020203090501					
davon mit einer Restlaufzeit größer als fünf Jahre	991020203090502					
davon mit einer Restlaufzeit bis zu einem Jahr	991020203090503					
davon mit einer Restlaufzeit zwischen einem und fünf Jahren	991020203090504					
Verbindlichkeiten im Zusammenhang mit zur Veräußerung bestimmten Vermögenswerte	991020203090600					
davon mit einer Restlaufzeit von mehr als einem Jahr	991020203090601					
davon mit einer Restlaufzeit größer als fünf Jahre	991020203090602					
davon mit einer Restlaufzeit bis zu einem Jahr	991020203090603					
davon mit einer Restlaufzeit zwischen einem und fünf Jahren	991020203090604					
Verbindlichkeiten aus beschlossenen Gewinnverteilungen	991020203090700					
davon mit einer Restlaufzeit von mehr als einem Jahr	991020203090701					
davon mit einer Restlaufzeit größer als fünf Jahre	991020203090702					
davon mit einer Restlaufzeit bis zu einem Jahr	991020203090703					
davon mit einer Restlaufzeit zwischen einem und fünf Jahren	991020203090704					
Übrige Verbindlichkeiten	991020203090900		3096	3097	3114	3115
davon mit einer Restlaufzeit von mehr als einem Jahr	991020203090901		3097	3115		
davon mit einer Restlaufzeit größer als fünf Jahre	991020203090902					
davon mit einer Restlaufzeit bis zu einem Jahr	991020203090903		3096	3114		
davon mit einer Restlaufzeit zwischen einem und fünf Jahren	991020203090904					
Passive latente Steuern	991020204000000					
Rechnungsabgrenzungsposten	991020205000000	300378	1119			

Effektive Steuerverbindlichkeiten	991020203090200	309112			3110	3111		
davon mit einer Restlaufzeit von mehr als einem Jahr	991020203090201	300371			3111			
davon mit einer Restlaufzeit größer als fünf Jahre	991020203090202							
davon mit einer Restlaufzeit bis zu einem Jahr	991020203090203	300361			3110			
davon mit einer Restlaufzeit zwischen einem und fünf Jahren	991020203090204							
Verbindlichkeiten aus Finanzdienstleistungen	991020203090300				3184	3185		
davon mit einer Restlaufzeit von mehr als einem Jahr	991020203090301				3185			
davon mit einer Restlaufzeit größer als fünf Jahre	991020203090302							
davon mit einer Restlaufzeit bis zu einem Jahr	991020203090303				3184			
davon mit einer Restlaufzeit zwischen einem und fünf Jahren	991020203090304							
Verbindlichkeiten aus Zins-, Währungs- und Optionsgeschäften	991020203090400							
davon mit einer Restlaufzeit von mehr als einem Jahr	991020203090401							
davon mit einer Restlaufzeit größer als fünf Jahre	991020203090402							
davon mit einer Restlaufzeit bis zu einem Jahr	991020203090403							
davon mit einer Restlaufzeit zwischen einem und fünf Jahren	991020203090404							
Verbindlichkeiten aus Finance-Leasing-Verträgen	991020203090500							
davon mit einer Restlaufzeit von mehr als einem Jahr	991020203090501							
davon mit einer Restlaufzeit größer als fünf Jahre	991020203090502							
davon mit einer Restlaufzeit bis zu einem Jahr	991020203090503							
davon mit einer Restlaufzeit zwischen einem und fünf Jahren	991020203090504							
Verbindlichkeiten im Zusammenhang mit zur Veräußerung bestimmten Vermögenswert	991020203090600							
davon mit einer Restlaufzeit von mehr als einem Jahr	991020203090601							
davon mit einer Restlaufzeit größer als fünf Jahre	991020203090602							
davon mit einer Restlaufzeit bis zu einem Jahr	991020203090603							
davon mit einer Restlaufzeit zwischen einem und fünf Jahren	991020203090604							
Verbindlichkeiten aus beschlossenen Gewinnverteilungen	991020203090700							
davon mit einer Restlaufzeit von mehr als einem Jahr	991020203090701							
davon mit einer Restlaufzeit größer als fünf Jahre	991020203090702							
davon mit einer Restlaufzeit bis zu einem Jahr	991020203090703							
davon mit einer Restlaufzeit zwischen einem und fünf Jahren	991020203090704							
Übrige Verbindlichkeiten	991020203090900				3096	3097	3114	3115
davon mit einer Restlaufzeit von mehr als einem Jahr	991020203090901				3097	3115		
davon mit einer Restlaufzeit größer als fünf Jahre	991020203090902							
davon mit einer Restlaufzeit bis zu einem Jahr	991020203090903				3096	3114		
davon mit einer Restlaufzeit zwischen einem und fünf Jahren	991020203090904							
Passive latente Steuern	991020204000000							
Rechnungsabgrenzungsposten	991020205000000	300378			1119			

Erfolgsrechnung

Position	Code			
Betriebsergebnis	992010000000001	300415	1901	
Rohergebnis	992010000000002	300458		
Umsatzerlöse	992010000000000	300671	1124	
davon aus verbundenen Unternehmen	992010100000000			
davon aus fremden Unternehmen	992010200000000			
Erhöhung oder Verminderung des Bestands an fertigen und unfertigen Erzeugnissen	992020000000000	300672	1125	
Erhöhung oder Verminderung des Bestands an Roh- Hilfs undBetriebsstoffen sowie Waren	992020000000001		1145	
andere aktivierte Eigenleistungen	992030000000000	300676	1126	1127
davon Aktivierung von Entwicklungskosten als immaterielle Vermögensgegenstände	992030100000000			
Forschungs- und Entwicklungskosten	992030200000000			
in das Anlagevermögen aktivierte Herstellungskosten der Vorräte	992030300000000			
Gesamtleistung	992040000000000	300615	1130	
sonstige betriebliche Erträge	992050000000000	300432	1128	1161
betrieblich und eher regelmäßige Nebenerträge	992050100000000			
neutral und eher regelmäßige Erträge	992050200000000			
finanzwirksame und eher unregelmäßige Erträge	992050300000000			
Verkaufserlöse aus dem Verkauf von Anlagevermögen	992050301000000	300438		
Buchwert aus dem Verkauf von ImmateriellemAnlagevermögen	992050302000000	300435		
Buchwert aus dem Verkauf von Sachanlagevermögen	992050303000000			
Buchwert aus dem Verkauf von Finanzanlagevermögen	992050304000000			
Verkaufserlöse aus dem Verkauf von Umlaufvermögen	992050305000000	300444		
Verkaufserlöse aus dem Verkauf von Wertpapieren des Umlaufvermögens	992050306000000			
Buchwert aus dem Verkauf von Wertpapieren des Umlaufvermögens	992050307000000			
Zuschüsse, Entschädigungen, Eingang abgeschriebener Forderungen und andere finanzwirksame Erträge	992050308000000			
finanzunwirksame und eher unregelmäßige Erträge	992050400000000			
Zuschreibungen zum immateriellen Anlagevermögen	992050401000000			
Zuschreibungen zum Sachanlagevermögen	992050402000000	300439		
Zuschreibungen zum Finanzanlagevermögen	992050403000000	309126		
Erträge aus der Herabsetzung der Wertberichtigungen zu Forderungen	992050404000000			
Erträge aus der Auflösung von Rückstellungen	992050405000000	300443		
Erträge aus Steuererstattungen	992050406000000			
Erträge aus Zuschreibungen zum Umlaufvermögen	992050407000000	300445		
Erträge Werterhöhungen von Rückdeckungen, Kursdifferenzen, Werterhöhungen von Finanzmittelfonds	992050408000000			
Erträge aus der Währungsumrechnung	992050409000000	300455		
sonstige finanzunwirksame Erträge	992050410000000	309301		
sonstige betriebliche Erträge	992050410000001	309020		

Position	Schlüssel						
Materialaufwand	992060000000000	300616				1131	1132
Aufwendungen für Roh-, Hilfs- und Betriebsstoffe und für bezogene Waren	992060100000000	300617				1131	
davon verbundene Unternehmen	992060101000000	300618					
Aufwendungen für bezogene Leistungen	992060200000000	300621	300622			1132	
davon verbundene Unternehmen	992060201000000	300622					
Personalaufwand	992070000000000	300459				1139	
Löhne und Gehälter	992070100000000	300461				1134	
soziale Abgaben und Aufwendungen für Altersversorgung und für Unterstützung	992070200000000	300464				1135	
davon für Altersversorgung	992070300000000	300466				1137	
davon für Geschäftsführung	992070400000000						
davon nicht näher definiert	992070600000000	309235					
Abfindungszahlungen	992070700000000					1136	
Personalaufwand - verbundene Unternehmen	992070500000000	300460				1138	
Abschreibungen	992080000000000	300469				1144	
auf immaterielle Vermögensgegenstände des Anlagevermögens und Sachanlagen	992080100000000	300471					
davon auf immaterielle Vermögensgegenstände	992080200000000	300473	300474			1140	
davon auf Sachanlagen	992080300000000	300475				1141	
davon außerplanmäßige Abschreibungen	992080400000000	300477					
davon planmäßige Abschreibungen auf immaterielle Vermögensgegenstände und auf Sachanlagen	992080500000000						
auf Vermögensgegenstände des Umlaufvermögens, soweit diese die in der Kapitalgesellschaft üblicher	992080600000000	300479					
Abschreibung - verbundene Unternehmnen	992080700000000	300470					
sonstige betriebliche Aufwendungen	992090000000000	300482					
sonstige betriebliche Aufwendungen, soweit betrieblich und eher regelmäßig	992090100000000						
Raumkosten	992090101000000						
Grundstückaufwendungen	992090102000000	300484					
Versicherungen und Beiträge	992090103000000	300487					
laufend übliche Risikovorsorge über Rückstellungen	992090104000000						
Instandhaltungen und Reparaturen	992090105000000	300493					
Fahrzeugkosten	992090106000000	300489					
Werbekosten	992090107000000	300492					
Reisekosten	992090108000000						
Kosten der Warenabgabe	992090109000000	300490					
Energiekosten	992090110000000	300485					
Mietkosten	992090120000000					1133	
Kommunikationskosten	992090111000000	300486					
Sonstige Kosten	992090112000000	300488	300491	300494	300495		

sonstige betriebliche Aufwendungen, soweit neutral und eher regelmäßig	992090200000000		1148	
sonstige betriebliche Aufwendungen, soweit finanzwirksam aber eher unregelmäßig	992090300000000			
Verkaufserlöse aus dem Verkauf von Anlagevermögen	992090301000000	300497		
Buchwert aus dem Verkauf von Immateriellem Anlagevermögen	992090302000000			
Buchwert aus dem Verkauf von Sachanlagevermögen	992090303000000			
Buchwert aus dem Verkauf von Finanzanlagevermögen	992090304000000			
Verkaufserlöse aus dem Verkauf von Wertpapieren des Umlaufvermögens	992090305000000	300498		
Buchwert aus dem Verkauf von Wertpapieren des Umlaufvermögens	992090306000000			
Restrukturierungsaufwendungen	992090307000000			
Sonstige finanzwirksame aber eher unregelmäßige oder periodenfremde Aufwendungen	992090308000000			
sonstige betrieblichen Aufwendungen, soweit finanzunwirksam und eher unregelmäßig	992090400000000			
Wertminderungen von Rückdeckungen, Kursdifferenzen, Wertminderungen von Finanzmittelfonds	992090401000000			
Aufwand aus Umrechnungsdifferenzen	992090402000000			
Forderungsverluste	992090403000000			
Abschreibungen auf Umlaufvermögen ausser Vorräte und Wertpapiere des Umlaufvermögens	992090404000000			
Einstellung in Einzel- und Pauschalwertberichtigungen zu Forderungen	992090405000000		1146	
Einstellung in Rückstellungen, soweit eher ungewöhnlich	992090406000000	300502	1147	
Aufwand aus der Währungsumrechnung	992090407000000	300503	1190	
Sonstige finanzunwirksame und eher unregelmäßige oder periodenfremde Aufwendungen	992090408000000	300504		
sonstige betriebliche Erträge - verbundene Unternehmen	992090500000000	300483		
Erträge aus Beteiligungen	992100000000000	300636	1150	
davon aus verbundenen Unternehmen	992100100000000	300637	1934	1151
Aufgrund einer Gewinngemeinschaft, eines Gewinnabführungs- oder Teilgewinnabführungsvertrags erhaltene Gewinne	992110000000000	300640		
Erträge aus anderen Wertpapieren und Ausleihungen des Finanzanlagevermögens	992120000000000	300643	1154	1155
davon aus verbundenen Unternehmen	992120100000000	300645		
sonstige Zinsen und ähnliche Erträge	992130000000000	300648	1158	
davon Erträge aus der Abzinsung von Rückstellungen	992130100000000			
davon Erträge aus der Abzinsung von Verbindlichkeiten	992130200000000			
davon andere finanzunwirksame Erträge	992130300000000		1156	
davon sonstige Zinsen und ähnliche Erträge soweit finanzwirksam	992130400000000		1152	
davon sonstige Zinsen und ähnliche Erträge soweit finanzunwirksam	992130500000000			
davon aus verbundenen Unternehmen	992130600000000	300650	1153	
davon nicht näher definiert	992130700000000	309136		
Abschreibungen auf Finanzanlagen und auf Wertpapiere des Umlaufvermögens	992140000000000	300654	1170	
davon Abschreibungen auf Finanzanlagen	992140100000000	300656		
davon Abschreibungen auf Wertpapiere des Umlaufvermögens	992140200000000	300659		

Zinsen und ähnliche Aufwendungen	992150000000000	300663				1159
davon Aufwendungen aus der Aufzinsung von Rückstellungen	992150100000000					
davon Aufwendungen aus der Aufzinsung von Verbindlichkeiten	992150200000000					
davon Aufwendungen aus der Aufteilung eines Disagios	992150300000000					
davon andere finanzunwirksame Zinsaufwendungen	992150400000000					
davon Summe finanzunwirksamer Zinsaufwendungen	992150500000000					
davon Summe finanzwirksamer Zinsaufwendungen	992150600000000					
davon Zinsaufwand aus Kontokorrentverzinsung	992150700000000					
davon Zinsaufwand aus verbundenen Unternehmen	992150800000000	300665				1160
Netto-Zinsergebnis	992160000000000	300614				1161
Aufwand aus Verlustübernahme	992170000000000	300660				
Gesamtaufwendungen Produktion	992170000000001					1149
Ergebnis der gewöhnlichen Geschäftstätigkeit	992180000000000	300386				
Ergebnis vor Steuern	992180000000001					1177
außerordentliche Erträge	992190000000000	300418	300457			1171
außerordentliche Aufwendungen	992200000000000	300425				1173
Steuern vom Einkommen und Ertrag	992210000000000	300388				1178
davon latente Steuern	992210100000000	300397				
davon Steuervorauszahlungen	992210200000000					1192
davon Steuernachzahlungen	992210300000000	300394				
davon Steuererstattungen	992210400000000	300395				
sonstige Steuern	992220000000000	300401				
Gewinn- /Verlustvortrag	992220000000001	300701				
Jahresüberschuss/ -fehlbetrag	992220000000002	300385				1179
Erträge aus Verlustübernahme	992230000000000	300409				
Aufgrund einer Gewinngemeinschaft, eines Gewinnabführungs- oder Teilgewinnabführungsvertrags abgeführte Gewinne	992240000000000	300412				

Quellenverzeichnis

Verzeichnis der Aufsätze und Monographien

Abdullah, N. A. H.; Halim, A.; Ahmad, H.; Rus, R. (2008) Predicting corporate failure of Malaysia's listed companies: comparing multiple discriminant analysis, logistic regression and the moral hazard. International Research Journal of Finance and Economics (15): 201–217.

Adèr, H. J.; Mellenbergh, G. J.; Hand, D. J. (2008) Advising on research methods : a consultant's companion. Johannes van Kessel, Huizen.

Allen, L.; Saunders, A. (2002) A survey of cyclical effects in credit risk measurement models. New York University, New York.

Altman, E. I.; Haldeman, R. G.; Narayanan, P. (1977) ZETA analysis: a new model to identify bankruptcy risk of corporations. Journal of Banking and Finance 1 (1): 29–54.

Altman, E. I.; Levallee, M. Y. (1980) Business failure classifications in Canada. Journal of Business Administration 12 (1): 147–164.

Altman, E. I. (1977) Predicting performance in the savings and loan association industry. Journal of Monetary Economics 3 (4): 443–446.

Altman, E. I. (1968) Financial ratios, discriminant analysis and the prediction of corporate bankcruptcy. Journal of Finance 23 (4): 589–609.

Backhaus, K. (2010) Multivariate Analysemethoden: eine anwendungsorientierte Einführung. 13. vollst. überarb. Aufl., Springer, Berlin.

Baesens, B.; van Gestel, T.; Viaene, S.; Stepanova, M.; Suykens, J. A. K.; Vanthienen, J. (2003) Benchmarking state-of-the-art classification algorithms for credit scoring. Journal of the Operational Research Society 54 (6): 627–635.

Baetge, J.; Kirsch, H.-J.; Thiele, S. (2011a) Bilanzen. 11. voll aktualisierte Aufl., IDW-Verlag, Düsseldorf.

Baetge, J.; Kirsch, H.-J.; Thiele, S. (2011b) Konzernbilanzen. 9. überarb. Aufl., IDW-Verlag, Düsseldorf.

Baetge, J.; Kirsch, H.-J.; Thiele, S. (2004) Bilanzanalyse. 2. vollst. überarb. und erw. Aufl., IDW-Verlag, Düsseldorf.

Baetge, J.; Kirsch, H.-J.; Solmecke, H. (2009) Auswirkungen des BilMoG auf die Zwecke des handelsrechtlichen Jahresabschlusses. Die Wirtschaftsprüfung (24): 1211–1222.

Baetge, J.; Kirsch, H.-J. (2002 ff.) Kapitel 4. Rn. 47. In: Küting, K.; Pfitzer, N.; Weber, C. (Hrsg.) Handbuch der Rechnungslegung – Einzelabschluss. 5. Aufl., Loseblatt, Stuttgart.

Baetge, J.; Heitmann, C. (2000) Creating a fuzzy rule-based indicator for the review of credit standing. Schmalenbach Business Review 52 (4): 318–343.

Baetge, J.; Schmedt, U.; Hüls, D.; Krause, C.; Uthoff, C. (1994) Bonitätsbeurteilung von Jahresabschlüssen nach neuem Recht (HGB 1985) mit Künstlichen Neuronalen Netzen auf der Basis von Clusteranalysen. Der Betrieb 47 (7): 337–343.

Baetge, J.; Erxleben, K.; Feidicker, M.; Koch, H.; Kraus, C.; Mertens, P. (1992) Klassifikation von Unternehmen. Zeitschrift für Betriebswirtschaft (11): 1237–1264.

Baetge, J.; Huß, M.; Niehaus, H. (1988) The use of statistical analysis to identify the financial strenght of corporations in Germany. Studies in Banking and Finance 1988: 183–196.

Baetge, J.; Huß, M.; Niehaus, H. (1986) Die statistische Auswertung von Jahresabschlüssen zur Informationsgewinnung bei der Abschlußprüfung. Die Wirtschaftsprüfung 1986: 605–613.

Baetge, J.; Jerschensky, A. (1996) Beurteilung der wirtschaftlichen Lage von Unternehmen mit Hilfe von modernen Verfahren der Jahresabschlußanalyse: Bilanzbonitäts-Rating von Unternehmen mit Künstlichen Neuronalen Netzen. Der Betrieb 49 (32): 1581–1591.

Baetge, J.; Krause, C. (1994) Der Einsatz künstlicher neuronaler Netze zur Kreditwürdigkeitsprüfung. In: Schiemenz, B. (Hrsg.) Interaktion – Modellierung, Kommunikation und Lenkung in komplexen Organisationen. Duncker & Humblot Verlag, Berlin: 31–54.

Baetge, J. (1976) Rechnungslegungszwecke des aktienrechtlichen Jahresabschlusses. In: Baetge, J.; Moxter, A.; Schneider, D. (Hrsg.) Bilanzfragen. Festschrift zum 65. Geburtstag von Prof. Dr. Ulrich Leffson. Düsseldorf: 11–30.

Bankhofer, U.; Praxmarer, S. (1998) Zur Behandlung fehlender Daten in der Marktforschungspraxis. Marketing, Zeitschrift für Forschung und Praxis 20 (2): 109–118.

Bankhofer, U. (1995) Unvollständige Daten- und Distanzmatrizen in der multivariaten Datenanalyse. Eul, Bergisch Gladbach u. a.

Baseler Ausschuss für Bankenaufsicht (2004) Internationale Konvergenz der Kapitalmessung und Eigenkapitalanforderungen, Überarbeitete Rahmenvereinbarung, Übersetzung der deutschen Bundesbank.

Beaver, W. H. (1966) Financial Ratios as Predictors of Failure. Journal of Accounting Research 4: 71–111.

Benston, G. J. (1966) Multiple regression analysis of cost behavior. The Accounting Review 41 (4): 657–672.

Botterweck, B. (2007) Makroökonomische Faktoren im internen Rating: eine empirische Untersuchung zur Überprüfung der Unternehmensbonität. 1. Aufl., Eul, Lohmar u. a.

Brier, G. W. (1950) Verification of forecasts expressed in terms of probability. Monthly Weather Review 78 (1): 1–3.

Budde, W. D.; Pankow, M. (1995) Beck'scher Bilanz-Kommentar: Handels- und Steuerrecht; §§ 238 bis 339 HGB. 3. völlig neubearb. Aufl. des von Max Pankow mitbegr. Kommentars. Beck, München.

Burzan, N. (2005) Quantitative Methoden der Kulturwissenschaften: eine Einführung. UVK Verlagsgesellschaft, Konstanz.

Buse, M. (2002) Reform des italienischen Gesellschaftsrechts. Recht der internationalen Wirtschaft (9): 677.

Coenenberg, A. G.; Haller, A.; Schultze, W. (2009) Jahresabschluss und Jahresabschlussanalyse: Betriebswirtschaftliche, handelsrechtliche, steuerrechtliche und internationale Grundsätze – HGB, IFRS, US-GAAP. 21. Aufl., Schäffer-Poeschel, Düsseldorf.

Colombo, G. E. (2004) Trattato delle società per azioni. Utet, Torino.

Deutsche Bundesbank (2003) Monatsbericht September 2003. Validierungsansätze für interne Ratingsysteme. Monatsberichte der Deutschen Bundesbank 55 (9): 61–74.

Eikenberg, T. (2008) Der Jahresabschluss deutscher und italienischer Kapitalgesellschaften. Lang, Frankfurt am Main u. a.

Eisenbeis, R. A. (1977) Pitfalls in the application of discriminant analysis in business, finance, and economics. The Journal of Finance 32 (3) 875–900.

Emmrich, M. (1999) Ansätze und Perspektiven einer Reform der externen Rechnungslegung in Deutschland. Shaker, Aachen.

Europäische Union (2002) Verordnung Nr. 1606/2002 des Europäischen Parlaments und des Rates vom 17. Juli 2002 betreffend der Anwendung internationaler Rechnungslegungsstandards. Amtsblatt Nr. L 243 vom 11.09.2002.

Federmann, R. (2000) Bilanzierung nach Handelsrecht und Steuerrecht: Gemeinsamkeiten, Unterschiede und Abhängigkeiten von Handels- und Steuerbilanz unter Berücksichtigung internationaler Rechnungslegungsstandards. 11. neu bearb. u. erw. Aufl., Schmidt, Berlin.

Fey, D. (1987) Imparitätsprinzip und GoB-System im Bilanzrecht 1986. Duncker & Humblot, Berlin.

Fitzpatrick, P. J. (1932) A comparison of ratios of successful industrial enterprises with those of failed firms. Certified Public Accountant 1932: 598–605.

Fleege-Althoff, F. (1930) Die notleidende Unternehmung. Poeschel, Stuttgart.

Gebhardt, G. (1980) Insolvenzprognosen aus aktienrechtlichen Jahresabschlüssen: eine Beurteilung der Reform der Rechnungslegung durch das Aktiengesetz 1965 aus der Sicht unternehmensexterner Adressaten. Gabler, Wiesbaden.

Gelhausen, H. F.; Kirsch, H.-J. J.; Fey, G. (2010) Übergang auf die Rechnungslegungsvorschriften des Bilanzrechtsmodernisierungsgesetzes. Die Wirtschaftsprüfung (1): 24–33.

Gemünden, H. G. (2000) Defizite der statistischen Insolvenzprognose. In: Hauschildt,J.; Leker, J. (Hrsg.) Krisendiagnose durch Bilanzanalyse. 2., neu bearb. und erw. Aufl., Otto Schmidt Verlag, Köln: 144–167.

Gordon, L.; Peterson, J. I.; Burtt, B. P. (1955) Coprecipitation of thallium with silver-chloride precipitated from homogeneous solution. Analytical Chemistry 27 (11): 1770–1774.

Greene, W. H. (2003) Econometric analysis. 5th edition, Prentice-Hall, Upper Saddle River, NJ u. a.

Greenless, J. S.; Reece, W. S.; Zieschang, K. D. (1982) Imputation of missing values when the probability of response depends on the variables being imputed. Journal of the American Statistical Association 77 (378): 251–261.

Greving, C. (1994) Vergleich wesentlicher Buchführungs- und Bilanzierungsgrundsätze in Deutschland und Italien. 1. Aufl., Deutsch-Italienische Handelskammer, Mailand.

Günter, J. R. (2009) Bankenrating: Einsatz empirisch-induktiver Ratingverfahren zur aufsichtlichen Erkennung bestandsgefährdeter Universalbanken. 1. Aufl., Gabler, Wiesbaden.

Günther, T.; Grüning, M. (2000) Einsatz von Insolvenzprognoseverfahren bei der Kreditwürdigkeitsprüfung im Firmenkundenbereich. Die Betriebswirtschaft 60 (1): 39–59.

Hamerle, A.; Knapp, M.; Liebig, T.; Wildenauer, N. (2005) Incorporating prediction and estimation risk in point-in-time credit portfolio models. Discussion Paper Series 2. Deutsche Bundesbank, Frankfurt am Main.

Hauschildt, J.; Leker, J. (2001) Kreditwürdigkeitsprüfung. In: Gerke, W.; Steiner, M., (Hrsg.) Handwörterbuch des Bank- und Finanzwesens. 3. Aufl., Schäffer-Poeschel, Stuttgart: 1460–1472.

Hauschildt, J. (2000) Krisendiagnose durch Erfolgsquellenspaltung. In: Hauschildt, J.; Leker, J. (Hrsg.) Krisendiagnose durch Bilanzanalyse. 2. neu bearb. u. erw. Aufl., Otto Schmidt Verlag, Köln: 33–48.

Hauschildt, J. (1996) Erfolgs-, Finanz- und Bilanzanalyse: Analyse der Vermögens-, Finanz- und Ertragslage von Kapital- und Personengesellschaften. 3. völlig überarb. Aufl., Otto Schmidt Verlag, Köln.

Hauschildt, J.; Leker, J.; Clausen, S. (1995) Auf dem Bau herrschen andere Gesetze. Die Betriebswirtschaft 55 (3): 287–301.

Hauschildt, J.; Gemünden, H. G. (1988) Krisendiagnose durch Bilanzanalyse. Otto Schmidt Verlag, Köln.

Hauschildt, J.; Grape, C.; Schindler, M. (2006) Typologie von Unternehmenskrisen im Wandel. Die Betriebswirtschaft 66 (1): 22–28.

Hauschildt, J.; Leker, J. (1995) Bilanzanalyse unter dem Einfluß moderner Analyse- und Prognoseverfahren. Betriebswirtschaftliche Forschung und Praxis 47 (3): 249–268.

Henkel, K. (2010) Rechnungslegung von Treasury-Instrumenten nach IAS/IFRS und HGB: ein Umsetzungsleitfaden mit Fallstudien und Tipps. 1. Aufl., Gabler, Wiesbaden.

Henking, A.; Bluhm, C.; Fahrmeir, L. (2006) Kreditrisikomessung: statistische Grundlagen, Methoden und Modellierung. Springer, Berlin.

Hosmer, D. W.; Lemeshow, S. (2000) Applied logistic regression. 2. Aufl., Wiley, New York u. a.

Hsu, W.; Murphy, A. H. (1986) The attributes diagram: a geometrical framework for assessing the quality of probability forecasts. International Journal of Forecasting 2 (3): 285–293.

Hüls, D. (1995) Früherkennung insolvenzgefährdeter Unternehmen. IDW-Verlag, Düsseldorf.

Husemann, W.; Jungen, D. (1989) Der handelsrechtliche Jahresabschluß in Italien. Die Wirtschaftsprüfung (9): 264–274.

Jerschensky, A. (1998) Messung des Bonitätsrisikos von Unternehmen: Krisendiagnose mit künstlichen neuronalen Netzen. IDW-Verlag, Düsseldorf.

Kehrel, U.; Leker, J. (2009) Unternehmenskrisen. Zeitschrift Führung + Organisation 78 (4): 200–205.

Kehrel, U.; Leker, J.; Mahlstedt, D.; Trustorff, J. (2009) Effekte der IFRS-Rechnungslegung auf das Bilanzrating. Zeitschrift für betriebswirtschaftliche Forschung 61 (5): 283–309.

Kirsch, H.-J.; Steinhauer, L. (2004) Zum Einfluss der internationalen Rechnungslegung auf das Controlling. In: Freidank, C.-C. (Hrsg.) Corporate Governance and Controlling. Physica-Verlag, Heidelberg: 169–190.

Kirsch, H.-J. (2003) Zur Frage der Umsetzung der Mitgliedsstaatenwahlrechte der EU-Verordnung zur Anwendung der IAS/IFRS. Die Wirtschaftsprüfung (6): 275–278.

Kirsch, H.-J.; Dohrn, M.; Wirth, J. (2002) Rechnungslegungs- und Prüfungspraxis der DAX-100-Unternehmen – Bestandsaufnahme und Auswirkungen der EU-Verordnung zur Anwendung internationaler Rechnungslegungsstandards. Die Wirtschaftsprüfung (22): 1217–1231.

Kirsch, H.-J.; Koelen, P. (2007) IFRS-Rechnungslegung und Unternehmensbewertung – Möglichkeiten und Grenzen für Ersteller und Analysten. In: v. Heyd, R.; v. Keitz, I. (Hrsg.) IFRS-Management – Interessenschutz auf dem Prüfstand – Treffsichere Unternehmensbeurteilung – Konsequenzen für das Management. München: 279–301.

Kirsch, H.-J.; Meth, D. (2007) Adressaten einer IFRS-Rechnungslegung für mittelständische Unternehmen. Betriebsberater (62): 7–12.

Kirsch, H.-J.; Dohrn, M. (2003) Aktuelle Entwicklungen der internationalen Rechnungslegung – Implikationen für das Corporate Finance. In: Wiedmann, K.; Heckemüller, C. (Hrsg.) Ganzheitliches Corporate Finance Management – Konzept – Anwendungsfelder – Praxisbeispiele. Gabler, Wiesbaden: 157–176.

Kirsch, H.-J.; Siefke, K.; Ewelt, C. (2002) § 277 HGB Vorschriften zu einzelnen Posten der Gewinn- und Verlustrechnung. In: Baetge, J.; Kirsch, H.; Thiele, S., (Hrsg.) Bilanzrecht. Bonn/Berlin.

Kirsch, H.-J.; Siefke, K.; Ewelt, C. (2002) § 276 Größenabhängige Erleichterungen. In: . Baetge, J.; Kirsch, H.-J.; Thiele, S., (Hrsg.) Bilanzrecht. Bonn/Berlin.

Kocagil, A. E.; Imming, R.; Glormann, F.; Escott, P. (2003) RiskcalcTM for Private Companies: The Austrian Model. Moody's KMV Company, New York :1–32.

Krehl, H.; Schneider, R.; Fischer, A. (2006) Branchenrating 2006: Benchmarks für Branchen. Datev, Nürnberg.

Küting, K.; Weber, C.; Boecker, C. (2009) Die Bilanzanalyse: Beurteilung von Abschlüssen nach HGB und IFRS. 9. überarb. Aufl., Schäffer-Poeschel, Stuttgart.

Lasko,T. A.; Bhagwat, J. G.; Zou, K. H.; Ohno-Machado, L. (2005) The use of receiver operating characteristic curves in biomedical informatics. Journal of Biomedical Informatics (38): 404–415.

Leffson, U. (1987) Die Grundsätze ordnungsmäßiger Buchführung. 7. rev. u. erw. Aufl., IDW-Verlag, Düsseldorf.

Leffson, U. (1970) Die Grundsätze ordnungsmäßiger Buchführung. 2. verä. u. erw. Aufl., IDW-Verlag, Düsseldorf.

Leffson, U. (1970) Cash Flow – weder Erfolgs- noch Finanzierungsindikator! In: Forster, K. H.; Schuhmacher, P. (Hrsg.) Aktuelle Fragen der Unternehmensfinanzierung und Unternehmensbewertung. Poeschel, Stuttgart: 108–127.

Leker, J.; Mahlstedt, D. (2004) Praxis der bilanziellen Krisendiagnose – geeignete Indikatoren zum Selbst-Check und zur Kundenbeurteilung. Bilanzbuchhalter und Controller 5 (28): 101–104.

Leker, J. (2001) Bilanzratingsysteme zwischen Theorie und Praxis. In: Hamel, W.; Gemünden, H. G. (Hrsg.) Außergewöhnliche Entscheidungen – Festschrift für Jürgen Hauschildt. Vahlen, München: 275–303.

Leker, J.; Wieben, H. (1998) Unternehmensbewertung unter Anwendung traditioneller und neuer Verfahren der Bilanzanalyse. Der Betrieb 51 (12): 585–590.

Leker, J.; Trustorff, J.; Konrad, P. M. (2011) Credit risk prediction using support vector machines. Review of Quantitative Finance and Accounting 36 (4): 565–581.

Leker, J.; Mahlstedt, D.; Kehrel, U. (2008) Auswirkungen der IFRS-Rechnungslegungsstandards auf das Jahresabschlussbild. Internationale und Kapitalmarktorientierte Rechnungslegung (6): 379–388.

Leker, J. (2007) Krisenmanagement. In: Köhler, R., Küpper, H., Pfingsten, A. (Hrsg.) Handwörterbuch der Betriebswirtschaft. Schäffer-Poeschel, Stuttgart: 1006–1014.

Leker, J.; Schewe, G. (1998) Beurteilung des Kreditausfallrisikos im Firmenkundengeschäft der Banken. Schmalenbachs Zeitschrift für betriebswirtschaftliche Forschung 10/1998 50 (10): 877–891.

Leker, J. (1993) Fraktionierende Frühdiagnose von Unternehmenskrisen: Bilanzanalysen in unterschiedlichen Krisenstadien. Otto Schmidt Verlag, Köln.

Liebig, T.; Baritsch, V.; Bennett, R. L.; Birn, M.; Blochwitz, S.; Bos, J. W. B. (2008) Studies on the validation of internal rating systems. Bank for International Settlements, Basel.

Liebig, T.; Porath, D.; Weder, B.; Wedow, M. (2005) Basel II and bank lending to emerging markets: micro evidence from German banks. Centre for Economic Policy Research, London.

Lingo, N., Winkler G. (2008) Discriminatory power: an obsolete validation criterion? Journal of Risk Model Validation (2): 45–71.

Lippmann, K.; Leffson, U. (1970) Der Beitrag des ökonomischen Gewinns zur Theorie und Praxis der Erfolgsermittlung. IDW-Verlag, Düsseldorf.

Little, R. J. A.; Rubin, D. B. (1987) Statistical analysis with missing data. 4th edition, Wiley, New York u. a.

Magrini, P. P. (2004) Italienisches Gesellschaftsrecht: das neue Recht und seine erweiterten Aufbau- und Finanzierungsformen. Sellier European Law Publishers, München.

Mahlstedt, D. (2008) IFRS und Bilanzrating: eine empirische Untersuchung auf Basis von IFRS-Erstanwendern. 1. Aufl., Eul, Lohmar.

Mazars (2008) The IFRS for SMEs accounting standard: perceptions and expectations across europe. Mazars, Bangkok.

Miller, M. E; Langefeld, C. D.; Tierney, W. M.; Hui, S. L.; McDonald, C. J. (1993) Validation of probabilistic predictions. Medical Decision Making 13: 49–58.

Moxter, A. (1978) Aktivierungsgrenzen bei immateriellen Anlagewerten. Betriebsberater 33: 821–825.

Moxter, A. (2003) Grundsätze ordnungsgemäßer Rechnungslegung. IDW-Verlag, Düsseldorf.

Moxter, A. (1984) Bilanzlehre. 3. Aufl. ff., Gabler, Wiesbaden.

Muche, R.; Ring, C.; Ziegler, C. (2005) Entwicklung und Validierung von Prognosemodellen auf Basis der logistischen Regression. 1. Aufl., Shaker, Aachen.

Murphy, A. H. (1972) Scalar and vector partitions of the probability score: part I. Two-state situation. Journal of Applied Meterology 11 (2): 273–282.

Niehaus, H. (1987) Früherkennung von Unternehmenskrisen: die statistische Jahresabschlußanalyse als Instrument der Abschlußprüfung. IDW-Verlag, Düsseldorf.

Odom, M.; Sharda, R. (1990) A neural network model for bankruptcy prediction. Proceedings of international joint conference neural networks (2): 163–168.

Oelerich, A. (2005) Robuste Ratingverfahren: Zur Steigerung der Prognosequalität quantitativer Ratingverfahren. 1. Aufl., Deutscher Universitätsverlag, Wiesbaden.

Österreichische Nationalbank (2004) Leitfaden zum Kreditrisiko – Ratingmodelle- und validierung. Österreichische Nationalbank, Wien.

Pacioli, L (1494) Summa de Arithmetica, Geometria, Proportioni et Proportionalita. Venedig.

Papaioannou, T.; Ferentinos, K.; Tsairidis, C. (2007) Some information theoretic ideas useful in statistical inference. Methodology And Computing In Applied Probability 9 (2): 307–323.

Peek, N.; Arts, D. G. T.; Bosmann, R. J.; van der Voort, P. H. J.; de Keizer, N. F. (2007) External validation of prognistic models for critically ill patients requiered substantial sample sizes. Journal of Clinical Epidemiology (60): 491–501.

Peel, D. A.; Peel, M. J. (1988) A multilogic approach to predicting corporate failure – Some evidence for the UK corporate sector. Omega International Journal of Management Science 16 (4): 309–318.

Peemöller, V. H. (2001) Bilanzanalyse und Bilanzpolitik: Einführung in die Grundlagen. 2. voll überarb. u. erw. Aufl., Gabler, Wiesbaden.

Perlitz, M. (1972) Die Prognosefähigkeit von Kennzahlen aus Jahresabschlüssen und Kapitalflussrechnungen für das Wachstum von Unternehmen: eine empirische Untersuchung deutscher Aktiengesellschaften. Schmalenbachs Zeitschrift für betriebswirtschaftliche Forschung 1972: 1–21.

Plöger, H. (1984) Die Solvenzdiagnose im Gesamtinsolvenzverfahren – dargestellt am Beispiel der Textilindustrie. Lang, Frankfurt am Main u. a.

Pompe, P. P. M.; Bilderbeek, J. (2005) The prediction of bankruptcy of small- and medium-sized industrial firms. Journal of business venturing 20 (6): 847–868.

PwC Deutsche Revision (2004) IAS/IFRS – Kapitalmarktorientierte Unternehmen in Deutschland. PwC, Frankfurt am Main.

Rauhmeier, R. (2004) Validierung und Performancemessung bankinterner Ratingsysteme. 1. Aufl., Uhlenbruch, Bad Soden/Ts.

Redelmeier,D. A.; Bloch, D. A.; Hickam, D. H. (1991) Assessing Predictive Accuracy: how to compare brier scores. Journal of Clinical Epidemiology 44 (11): 1141–1146.

Riley, C. M.; Rosanske, T. W. (1996) Development and validation of analytical methods. 1. Aufl., Pergamon, Tarrytown, N.Y.

Ripley, B. D. (2005) Pattern recognition and neural networks. 8th edition, Cambridge University Press, Cambridge u. a.

Rösler, J. (1988) Krisendiagnose unter Verwendung prognostizierter Jahresabschlüsse. In: Hauschildt ,J. (Hrsg.) Krisendiagnose durch Bilanzanalyse. Otto Schmidt Verlag, Köln: 153–173.

Rösler, J. (1986) Bilanzanalyse durch Vergleich von projizierten mit realisierten Jahresabschlüssen: eine empirische Untersuchung über Projektionstechniken in der Bilanzauswertung und ihre Einsatzmöglichkeiten. JR-Verlag, Kiel.

Rösler, P.; Mackenthun, T.; Pohl, R. (2002) Handbuch Kreditgeschäft. 6. Aufl., Gabler, Wiesbaden.

Rost, P. (1991) Der internationale Harmonisierungsprozeß der Rechnungslegung: Theorie, Praxis, Perspektiven. Lang, Frankfurt am Main u. a.

Rummel, K. (1949) Einheitliche Kostenrechnung auf der Grundlage einer vorausgesetzten Proportionalität der Kosten zu betrieblichen Grössen. 3. durchges. u. erw. Aufl., Verlag Stahleisen, Düsseldorf.

Sachs, L.; Hedderich, J. (2009) Angewandte Statistik: Methodensammlung mit R. 13 aktualisierte u. erw. Aufl., Springer, Berlin.

Saunders, A.; Allen, L. (2002) Credit risk measurement: new approaches to value at risk and other paradigms. 2. Aufl., Wiley, New York.

Schmalenbach, E.; Bauer, R. (1953) Dynamische Bilanz. 11. Aufl., Westdeutscher Verlag, Köln, Opladen.

Schneider, D. (1985) Eine Warnung vor Frühwarnsystemen – Statistische Jahresabschlussanalysen als Prognosen zur finanziellen Gefährdung einer Unternehmung? Der Betrieb 38 (29): 1489–1494.

Schuhmacher, M. (2006) Rating für den deutschen Mittelstand: neue Ansätze zur Prognose von Unternehmensausfällen. 1. Aufl., Deutscher Universitätsverlag, Wiesbaden.

Shapiro, D. E. (1999) The interpretation of diagnostic tests. Statistical Methods in Medical Research 8 (2): 113–134.

Sobehart, J. R.; Keenan, S. C.; Stein, R. M. (2000) Benchmarking quantitative default risk models: a validation methodology. In: Moodys KMV (Hrsg.) Moodys Rating Methodology. Moody‘s Investors Service, New York: 1–20.

Spiegelhalter, D. J. (1986) Probabilistic prediction in patient management and clinical trials. Statistics in medicine 5 (5): 421–433.

Stockstrom, C.; Herstatt, C. (2009) Planung und Umsetzung von Innovationsprojekten: zur Wirkung des Coalignment. 1. Aufl., Gabler, Wiesbaden.

Thabe, T. (2007) Bewertung von Kreditrisiko bei unvollständiger Information: Zahlungsunfähigkeit, optimale Kapitalstruktur und Agencykosten. 1. Aufl., Deutscher Universitätsverlag, Wiesbaden.

Thomas, K. (1985) Aussagen quantitativer Kreditnehmeranalysen. In: Krümmel, H. J.; Rudolph, B. (Hrsg.) Innovationen im Kreditmanagement. Knapp Fritz GmbH, Frankfurt am Main: 196–204.

Trustorff, J.; Botterweck, B. (2009) Bankinterne Ratingverfahren. In: Everling, O.; Hohlschuh, K.; Leker, J. (Hrsg.) Credit Analyst. 1. Aufl., Oldenbourg Wissenschaftsverlag, München.

Trustorff, J. (2010) Der Einsatz von Support Vector Machines zur Kreditwürdigkeitsbeurteilung von Unternehmen. Logos-Verlag, Berlin.

Uthoff, C. (1997) Erfolgsoptimale Kreditwürdigkeitsprüfung auf der Basis von Jahresabschlüssen und Wirtschaftsauskünften mit künstlichen neuronalen Netzen. M & P Verlag für Wissenschaft und Forschung, Stuttgart.

v. Stein, J. H.; Ziegler, W. (1984) The prognosis and surveillance of risks from commercial credit borrowers. Journal of Banking and Finance 8 (2): 249–268.

Vossen, G. (2008) Datenmodelle, Datenbanksprachen und Datenbankmanagementsysteme. 5. überarb. u. erw. Aufl., Oldenbourg Wissenschaftsverlag, München.

Wagner, C. (2009) Validierung von Ratingverfahren. In: Everling, O.; Hohlschuh, K.; Leker, J. (Hrsg.) Credit Analyst. 1. Aufl., Oldenbourg Wissenschaftsverlag, München: 103–123.

Watrin, C. (2001) Internationale Rechnungslegung und Regulierungstheorie. 1. Aufl., Deutscher Universitätsverlag, Wiesbaden.

Weinrich, G. (1978) Kreditwürdigkeitsprognosen: Steuerung des Kreditgeschäfts durch Risikoklassen. Gabler, Wiesbaden.

Weischer, C. (2007) Sozialforschung. 1. Aufl., UVK Verlagsgesellschaft, Konstanz.

Wilcke, E. (1993) Rechnungslegung, Publizität und Abschlussprüfung in Italien. In: v. Boehmer, H. (Hrsg.) Deutsche Unternehmen in Italien: Leitfaden für die Rechts- und Wirtschaftspraxis. Schäffer-Poeschel, Stuttgart: 155–226.

Woywode, M. (1998) Determinanten der Überlebenswahrscheinlichkeit von Unternehmen: eine empirische Überprüfung organisationstheoretischer und industrieökonomischer Erklärungsansätze. 1. Aufl., Nomos Verlagsgesellschaft, Baden-Baden.

Yates, F. (1980) Decomposition of the mean probability score. Organizational Behaviour and Human Performance 30: 132–156.

Zimmerer, C. (1981) Die Bilanzwahrheit und die Bilanzlüge. 2. neubearb. Aufl., Gabler, Wiesbaden.

Gesetzesverzeichnis/Rechtsquellen

4. Richtlinie 78/660/EWG des Rates vom 25. Juli 1978 aufgrund von Artikel 54 Absatz 3 Buchstabe g) des Vertrages über den Jahresabschluss von Gesellschaften bestimmter Rechtsformen, in: Amtsblatt Nr. L 222 vom 14/08/1978 S. 0011–0031.

Aktiengesetz (AktG) vom 06.05.1965, BGBl. I 1965, S. 1089–1184, zuletzt geändert durch Gesetz vom 09.12.2010, BGBl. S. 1900.

Codice civile (C.C.), R.D. 16 marzo 1942, n. 262 Approvazione del testo del Codice Civile, Ultimo aggiornamento: 30. Giugno (Juni) 2004.

Delcreto legislativo 127/91 (disciplina del bilancio consoldato): modifiche apportate dal decreto legislative, 3 novembre 2008, n. 173.

Delcreto legislativo n. 6 del 17.01. riforma organica della disciplina delle societa' di capitali e societa' cooperative, in attuazione della legge n. 366 del 03.10.2001.

Einführungsgesetz zum Handelsgesetzbuch (EGHGB) vom 10.05.1897, RGBl. 1897 S. 437, zuletzt geändert durch Gesetz vom 31.07.2009, BGBl. I S. 2509.

Förschle, G.; Kropp, M. (1998), Beck'scher Bilanzkommentar § 256 HGB, Rn. 5–16.

IASB, Conceptual Framework for Financial Reporting 2010, September 2010.

Insolvenzordnung (InsO) vom 05.10.1994, BGBl. I 1994, S. 2866–2910, zuletzt geändert durch Gesetz vom 09.12.2010, BGBl. I S. 1885.

Handelsgesetzbuch (HGB) vom 10.05.1987, RGBl. 1897, S. 219–436, zuletzt geändert durch Gesetz vom 04.12.2004, BGBl. I S. 3166.

Handelsgesetzbuch (HGB) vom 10.05.1987, RGBl. 1897, S. 219, zuletzt geändert durch Gesetz vom 31.07.2009, BGBl. I S. 2512.

Principio Contabile n. 24, le immobilizzazioni immateriali nella legislazione civilistica e fiscal.

Richtlinie 2006/46/ EG des europäischen Parlaments und des Rates vom 14. Juni 2006 betreffend die Jahresabschlüsse bestimmter Rechtsformen und konsolidierten Abschlüssen, von Unternehmen, Banken und Finanzinstituten, in: Amtsblatt der EG vom 16.08.2006, Nr. L 224/1.

Verordnung (EG) Nr. 1606/2002 des Europäischen Parlaments und des Rates vom 19.07.2002 betreffend die Anwendung internationaler Rechnungslegungsstandards, in: Amtsblatt der EG vom 11.09.2002, Nr. L 243 (Verordnung (EG) Nr. 1606/2002).

Rechnungslegung und Wirtschaftsprüfung

Herausgegeben von Prof. (em.) Dr. Dr. h. c. Jörg Baetge, Münster, Prof. Dr. Hans-Jürgen Kirsch, Münster, und Prof. Dr. Stefan Thiele, Wuppertal

Band 31
Daniel Siegel
Die Bilanzierung latenter Steuern im handelsrechtlichen Jahresabschluss nach § 274 HGB
Lohmar – Köln 2011 ◆ 300 S. ◆ € 59,- (D) ◆ ISBN 978-3-8441-0058-7

Band 32
Martin Jonas
Die Bildung von Bewertungseinheiten im handelsrechtlichen Jahresabschluss – Eine auslegende Untersuchung des § 254 HGB zur Bilanzierung von Sicherungszusammenhängen bei Industrie- und Handelsunternehmen
Lohmar – Köln 2011 ◆ 288 S. ◆ € 58,- (D) ◆ ISBN 978-3-8441-0090-7

Band 33
Jan-Hendrik Gnändiger
Abbildungsmöglichkeiten komplexer Lieferantenbeziehungen der Automobilindustrie in der Rechnungslegung nach HGB und IFRS
Lohmar – Köln 2011 ◆ 400 S. ◆ € 66,- (D) ◆ ISBN 978-3-8441-0101-0

Band 34
Jana Hecker
Kapitalausweis nach IFRS unter besonderer Berücksichtigung von Residualkapitalderivaten
Lohmar – Köln 2011 ◆ 240 S. ◆ € 56,- (D) ◆ ISBN 978-3-8441-0115-7

Band 35
Andreas Fischer
Entwicklung eines länderübergreifenden Bilanzratingmodells – Eine empirische Untersuchung anhand deutscher und italienischer Jahresabschlüsse
Lohmar – Köln 2012 ◆ 312 S. ◆ € 62,- (D) ◆ ISBN 978-3-8441-0119-5

JOSEF EUL VERLAG